MPU – (k)ein Problem

Das notwendige Wissen für eine schnelle
und erfolgreiche MPU-Vorbereitung

MPU – (k)ein Problem

Das notwendige Wissen für eine schnelle und erfolgreiche MPU-Vorbereitung

Auf dem aktuellen Stand der Fahreignungsbegutachtung

Dirk-Antonio Harms

2. Auflage

KIRSCHBAUM VERLAG BONN

25 000
LEBEN RETTEN
Europäische Charta
für die Straßenverkehrssicherheit

ISBN 978-3-7812-1934-2

Siegfriedstraße 28, 53179 Bonn,
Telefon 02 28/9 54 53-0, Internet www.kirschbaum.de
Satz: DTP – Unternehmer Medien GmbH · verlag@unternehmermagazin.de
Druck: Medienhaus Plump GmbH, Rheinbreitbach
Mai 2015 · Bestell-Nr. 1934

Bildnachweis Umschlag: © Fiedels/Fotolia – © Monkey Business/Fotolia

Vorwort

Das Projekt *Führerscheindoktor®* ist eine Kooperation zwischen Anwälten für Verkehrsrecht mit auf Fahreignung spezialisierten Verkehrspsychologen sowie Fahrschulen im Großraum Braunschweig. Ist z. B. aufgrund vieler Flensburg-Punkte oder anderer Auffälligkeiten ein Führerscheinentzug zu befürchten, kann oft nur ein spezialisierter Anwalt die Interessen des Betroffenen gegenüber dem Gericht oder der Fahrerlaubnisbehörde in bestmöglicher Form vertreten und die Fahrerlaubnisakte einsehen. Die seit 2014 geltenden Fahreignungsseminare zum Punkteabbau bestehen aus einem verkehrspädagogischen und einem verkehrspsychologischen Teil. Hier arbeiten Fahrlehrer und Verkehrspsychologe zusammen.

Wird die medizinisch-psychologische Untersuchung (MPU) angeordnet, liegt es in der Verantwortung des Betroffenen, mithilfe des MPU-Gutachters zu beweisen, dass die Zweifel der Behörde an der Eignung zum Autofahren (inzwischen wieder) unbegründet sind. Vielen Menschen misslingt dies aber in der MPU, wenn sie nicht schon zuvor bereits qualifizierte Beratung in Anspruch genommen haben. Mitunter sind qualifizierte therapeutische oder beratende Maßnahmen wie z. B. eine „Verkehrstherapie" sogar eine zentrale Voraussetzung für ein positives Ergebnis. Dies gilt insbesondere, wenn eine psychische Störung, ein Alkohol- oder Drogenmissbrauch bzw. eine gesteigerte Aggressivität die Eignungsbedenken ausgelöst haben.

Wenn jemand mit Drogen aufgefallen ist, muss in fast allen Fällen der Verzicht auf Betäubungsmittel über spezielle Testverfahren auch nachgewiesen werden. Lösen Alkoholauffälligkeiten die Bedenken an der Eignung aus, sind oftmals ebenfalls Belege für einen Alkoholverzicht vorzulegen. *Führerscheindoktor®* hilft durch kompetente Ansprechpartner vor Ort und das dazugehörige Kooperationsnetzwerk, das Mobilitätsproblem einzelfallspezifisch möglichst schnell, sicher und langfristig zu lösen – und dies nach dem Prinzip „alles aus einer Hand".

Das vorliegende Buch *MPU – (k)ein Problem* wurde für dieses Projekt entwickelt und berücksichtigt die 3. Auflage der Beurteilungskriterien aus 2013 sowie die Punktereform vom 1.5.2014. Es dient hierbei als Begleitlektüre der verkehrspsychologischen Beratung und Therapie.

Der Autor

Dr. Dirk-Antonio Harms, Jahrgang 1967, studierte zunächst in Hannover 4 Semester Humanmedizin und wechselte dann zur Technischen Universität in Braunschweig, wo er Psychologie studierte. Während seiner 9-jährigen Studienzeit verdiente er sich seinen Lebensunterhalt als Taxifahrer und mit einem Studentenjob als Testassistent in einer MPU-Stelle.

Nach seinem Diplom in Psychologie arbeitete er noch 5 Jahre an der Hochschule als wissenschaftlicher Mitarbeiter in der Verkehrspsychologie und promovierte 2003. Bereits 1999 gründete er parallel seine noch heute bestehende verkehrspsychologische und psychotherapeutische Praxis. 2001 qualifizierte er sich zum Fachpsychologen für Verkehrspsychologie (BDP) und wurde 2005 als verkehrspsychologischer Berater zum Punkteabbau amtlich anerkannt. Von 2003–2009 war er als MPU-Gutachter in verschiedenen Begutachtungsstellen für Fahreignung tätig, zuletzt in leitender Funktion.

Im Zusammenhang mit der zum 1.7.2009 gesetzlich verordneten Trennung von Begutachtung und Beratung von Kraftfahrern stellte er seine MPU-Gutachter-Tätigkeit ein und konzentrierte sich fortan ausschließlich auf die Psychotherapie sowie auf die Beratung und Rehabilitation auffällig gewordener Kraftfahrer. Er bildete sich weiter zum Kursleiter für Nachschulungen gemäß § 70 FeV und zum zertifizierten Heilkundlichen Verkehrstherapeuten. 2014 erhielt er die Erlaubnis, als Seminarleiter für die verkehrspsychologische Teilmaßnahme der Fahreignungsseminare tätig zu werden. In seiner Berufspraxis hat er viele Hundert Kraftfahrer begutachtet und noch sehr vielen mehr geholfen, die MPU erfolgreich zu absolvieren – und den Führerschein danach auch langfristig zu behalten.

Dr. Dirk-Antonio Harms, Diplom-Psychologe

- Fachpsychologe für Verkehrspsychologie (BDP)
- Heilkundlicher Verkehrstherapeut (zertifiziert durch EURAC, Luxembourg)
- Amtlich anerkannter verkehrspsychologischer Berater gemäß § 4 Abs. 9 StVG
- Kursleiter für Nachschulungen nach § 70 FeV
- Zulassung zur Psychotherapie (HPG)
- Seminarleiter für die verkehrspsychologische Teilmaßnahme der Fahreignungsseminare nach § 4a StVG und § 42 FeV

Verkehrspsychologische und psychotherapeutische Praxis
Friedrich-Wilhelm-Straße 51 · 38100 Braunschweig· www.führerscheindoktor.de

Inhaltsverzeichnis

1 **Hilfe, mein Führerschein ...** 9

2 **Zum Aufbau des Buches** 10

3 **Ablauf einer MPU** 13
3.1 Vor der MPU 13
3.2 Ärztliche Untersuchung 17
3.3 Leistungstest 19
3.4 Psychologisches Gespräch 21
3.5 Verkehrspsychologische Fahrverhaltensbeobachtung 22
3.6 Nach der MPU 23

4 **Wissenstest** 25
4.1 Fragen zum Thema Alkohol 25
4.2 Fragen zum Thema Drogen 36
4.3 Fragen zum Thema Punkte 38
4.4 Fragen zum MPU-Gespräch allgemein 40

5 **Auflösung der Wissensfragen und Erläuterungen** 42
5.1 Antworten zum Thema Alkohol 42
5.2 Antworten zum Thema Drogen 113
5.3 Antworten zum Thema Punkte 123
5.4 Antworten zum MPU-Gespräch allgemein 132

6 **Test ausgewertet – wie geht es jetzt weiter?** 137

7 **Woran erkennt man einen guten (Verkehrs-)Therapeuten?** 144

8 **Was leistet eine Verkehrstherapie?** 154
8.1 Praxisbeispiele Alkohol 160
8.2 Praxisbeispiele Drogen 183
8.3 Praxisbeispiele Punkte/Straftaten 192

9 **Wann liegt die Fahreignung (wieder) vor?** 208
9.1 Haarproben und Urinkontrollen als Nachweis für den Verzicht auf Alkohol und/oder Drogen 211
9.2 Anforderungen in der Alkohol-MPU 216

9.3 Anforderungen in der Drogen-MPU 220
9.4 Anforderungen in der Punkte-/Strafrecht-MPU 223
9.5 Was für die Eignung noch wichtig ist 227
9.6 Verwertbarkeit von Delikten 228

10 Verkürzung der Sperrfrist durch Verkehrstherapie 231

11 Negative MPU – was tun? 232

12 Die Punktereform zum 1.5.2014 237

13 Literatur- und Quellenverzeichnis 243

1 Hilfe, mein Führerschein ...

Ihnen wurde die Fahrerlaubnis entzogen und Sie wissen nicht, was noch auf Sie zukommt? Sie müssen sich auf Veranlassung der Fahrerlaubnisbehörde einer medizinisch-psychologischen Untersuchung (MPU) unterziehen?

Sie haben den Führerschein zwar noch, aber die Behörde erlegt Ihnen kurzfristig eine Eignungsüberprüfung auf (verkehrsmedizinisches Gutachten oder MPU)?

Sie sind bei der medizinisch-psychologischen Untersuchung (MPU) durchgefallen?

Sie brauchen Ihren Führerschein, und zwar dringend, da Ihnen ansonsten eklatante Nachteile in Beruf, Alltag und Freizeit entstehen?

Dann hilft Ihnen dieses Buch, Ihre Chancen auf den Führerschein zu verbessern. Es kann sowohl zur eigenständigen MPU-Vorbereitung dienen als auch zum Einstieg in eine Verkehrstherapie. Auf diese Weise bereiten Sie sich gezielt auf Ihre MPU vor, egal, ob Sie wegen Alkohol, Drogen oder zu vielen Flensburg-Punkten aufgefallen sind.

2 Zum Aufbau des Buches

Das Buch gibt Ihnen einen Überblick zu den wesentlichen Voraussetzungen, die Sie für eine positive Beurteilung Ihrer MPU mindestens mitbringen sollten. Dabei wird auch auf die wichtigsten Vorschriften für die Sachverständigen (MPU-Gutachter) eingegangen, die Ihre Fahreignung beurteilen werden. Alles auf dem neuesten Stand, denn 2013 und 2014 sind neue Vorschriften veröffentlicht worden (Beurteilungskriterien, 3. Auflage, Punktereform). Eine wichtige Voraussetzung für das Bestehen der Begutachtung ist es, sich in den Gutachter mit seinen Fragen hineinversetzen zu können. Wer den Sinn der MPU verstanden hat, wer weiß, mit welchen Fragen er aus welchem Grund zu rechnen hat, ist im Vorteil.

Nach einer kurzen Beschreibung des Ablaufs der MPU folgt ein umfangreicher Wissenstest (31 Fragen, zum Teil mit Unterpunkten). Die Auflösung liefert Ihnen bereits die wichtigsten Informationen zur („Psycho-Logik" der) MPU. Daneben wird mit vielen verbreiteten Irrtümern und Vorurteilen aufgeräumt, die unnötige Ängste schüren. Für die häufigsten Anlässe der Anordnung einer MPU, nämlich Alkohol im Straßenverkehr, Drogengebrauch, Punkte und Straftaten, gibt es an dieser Stelle Fakten und wertvolle Informationen.

Im Kapitel zur Verkehrstherapie finden sich zahlreiche Praxisbeispiele, die helfen, das Gelesene auf Ihr Leben und Ihre spezielle Situation anzuwenden. Zuvor erhalten Sie Hinweise, worauf Sie bei der Wahl eines passenden Verkehrstherapeuten oder einer seriösen Beratungsstelle besonders achten sollten, um in gute Hände zu kommen.

Kapitel 9 fasst dann die wichtigsten Vorschriften und Anforderungen in der MPU für Abstinenznachweise (Haarproben, Urinkontrollen, Blutwerte) sowie getrennt für Alkohol, Drogen, Punkte- und Straftaten systematisch zusammen.

Sie coachen sich selbst, Schritt für Schritt mehr von der MPU-Psychologie zu verstehen oder nutzen die Literatur idealerweise als Einstieg, um sich später auf Basis guter Vorarbeit fachkundig auf Ihrem Weg zum Führerschein unterstützen zu lassen. Eventuell können Sie durch die rechtzeitige Inanspruchnahme einer Verkehrstherapie sogar eine bestehende Sperrfrist für die Neuerteilung der Fahrerlaubnis verkürzen (Kapitel 10). In jedem Fall können Sie durch eine gute eigenständige Einarbeitung mit diesem Buch in einer späteren Beratung/Verkehrstherapie Zeit und Geld sparen.

Was am besten zu tun ist, wenn Sie ein negatives Gutachten erhalten haben, erfahren Sie im Kapitel 11.

Das Buch behandelt bestimmte Themen, die auch im Zusammenhang mit dem Führerscheinentzug und der MPU stehen, nur am Rande (z. B. EU-Führerschein, spezielle rechtliche Bestimmungen, Kurse nach §§ 36, 43 und 70 FeV, Erlasse der Bundesländer zum Umgang mit der Fahreignung drogenauffälliger Fahrer, Tilgungs- und Verjährungsfristen, Systematik der Beurteilungskriterien und der Begutachtungs-Leitlinien zur Kraftfahrereignung, Leistungstests und verkehrsmedizinische Beurteilung von gesundheitlichen Störungen, Fahrverhaltensbeobachtung, Therapieansätze für Alkoholabhängigkeit, Missbrauch, Gefährdung). Diese Themen stellen einerseits nicht die fachliche Kernkompetenz des Autors dar, andererseits findet sich hierzu bereits einiges an informativer Literatur im Buchhandel.

Insbesondere, wenn Sie sich vertiefend mit der Thematik des Alkohols beschäftigen möchten, sei auf das Buch *Lieber schlau als blau* von Lindenmeyer (2001) hingewiesen.

Sofern Sie sich für das Fahrerlaubnisrecht interessieren, finden Sie sehr differenzierte Darstellungen im *Handbuch des Fahrerlaubnisrechts,* 4. Auflage, von Dauer, Glowalla, Brauckmann (2013).

Die Systematik der für alle MPU-Gutachter verbindlichen „Beurteilungskriterien" wird beschrieben in *Grundriss Fahreignungsbegutachtung* von Brenner-Hartmann et al. (2011).

Die *Beurteilungskriterien,* 3. Auflage (2013), selbst sind im Kirschbaum Verlag erschienen. Es handelt sich in erster Linie um ein Fachbuch für Ärzte und Psychologen und eignet sich daher nur bedingt für eine MPU-Vorbereitung.

Schwerpunkt des vorliegenden Buches ist daher der psychologische Teil der MPU, gewissermaßen der Kern der Untersuchung. Das notwendige Wissen zum Bestehen dieses Prüfungsteils fehlt bei vielen Betroffenen. Dieser Untersuchungsabschnitt bedarf einer besonders akribischen Vorbereitung, vor allem über das psychologische Untersuchungsgespräch gibt es die meisten Irrtümer und Vorurteile, doch gerade dieser Untersuchungsteil ist zumeist der entscheidende.

In der aktuellen Literatur und immer öfter auch in den Fahrerlaubnisbehörden wird inzwischen bevorzugt der umfassendere Begriff der „Fahreignungsbegutachtung" verwendet, da diese Begutachtung mehrere Formen kennt. Wegen der allgemeinen Bekanntheit und weil in den meisten Fällen die Fahreignungsbegutachtung in Form einer MPU durchzuführen ist, spricht dieses Buch zumeist synonym von „MPU".

3 Ablauf einer MPU

Die medizinisch-psychologische Untersuchung, kurz MPU, dient dazu, der Fahrerlaubnisbehörde wissenschaftlich fundierte und differenzierte Informationen über die „Fahreignung" einzelner Personen zu geben, nachdem diese (durch ihr Verhalten) Bedenken an ihrer Eignung zum Führen von Kraftfahrzeugen ausgelöst haben. Zumeist geht es dabei um die sogenannte „charakterliche Eignung". Diverse Statistiken bestätigen beispielsweise, dass Menschen, die bereits als Verkehrsteilnehmer negativ aufgefallen sind, auch künftig eine gegenüber bislang unauffälligen Kraftfahrern weitaus höhere Wahrscheinlichkeit haben, sich erneut negativ zu verhalten und gar Unfälle zu verursachen.

Sofern das Gesetz keine eindeutige Regelung vorsieht, ob einem Kraftfahrer eine Fahrerlaubnis zu erteilen oder zu belassen ist, fehlt es den Mitarbeitern der Fahrerlaubnisbehörde an fachlicher (medizinischer und psychologischer) Kompetenz, um eine einzelfallspezifische Entscheidung zu treffen, die allen Seiten (Betroffener, Verkehrssicherheit) gerecht wird. Eine Statistik trifft eben nicht zwangsläufig auf jedermann zu. Daher fordert die Behörde ein MPU-Gutachten einer Begutachtungsstelle für Fahreignung an, um den jeweiligen Einzelfall auszuleuchten und so eine qualifizierte Entscheidungshilfe zu bekommen.

Der eigentlichen MPU gehen zunächst einige Schritte voraus. Unter Umständen sind Fristen zu beachten. Die MPU selbst besteht aus drei wesentlichen Untersuchungsteilen: der verkehrsmedizinischen Untersuchung, dem Test der sogenannten psycho-physischen (seelisch-körperlichen) Leistungsfähigkeit und dem verkehrspsychologischen Untersuchungsgespräch. In den meisten MPU-Instituten haben Sie zusätzlich einige kurze Fragebögen auszufüllen (z. B. zur Biografie und Gesundheit). Auch nach der MPU sind je nach Ergebnis Ihrerseits weitere Schritte notwendig.

3.1 Vor der MPU

Zur MPU kommt man nur äußerst selten „wie die Jungfrau zum Kinde". Die Anlässe zur Durchführung der Begutachtung sind gesetzlich klar geregelt, und nur unzureichend informierte Menschen werden von einer plötzlichen MPU-Anordnung durch die zuständige Fahrerlaubnisbehörde gewissermaßen aus allen Wolken gerissen.

Der Staat hat die Aufgabe, bestmöglich für die Verkehrssicherheit zu sorgen. Dazu gehört auch, Personen nicht (mehr) zum Führen von Kraftfahrzeugen zuzulassen, wenn von diesen eine weit überdurchschnittliche Gefahr ausgeht, Unfälle zu verursachen oder zumindest erheblich gegen Verkehrsregeln zu verstoßen, die der Sicherheit aller Verkehrsteilnehmer dienen. Die Fahrerlaubnisbehörde einer jeden Kommune hat diese konkrete Aufgabe umzusetzen. Sie muss im Einzelfall entscheiden, welche Gefahr z. B. von jemandem ausgeht, dem z. B. die Fahrerlaubnis wegen einer Alkoholfahrt gerichtlich entzogen wurde und der nun seine Fahrerlaubnis wieder beantragt.

Eine behördliche MPU-Anordnung für Kraftfahrer, die ihren Führerschein noch in der Tasche haben („Inhaber" genannt), erfolgt im Wesentlichen nur bei stark alkoholisierten Fahrradfahrern oder bei Menschen, die wiederholt durch Verkehrsordnungswidrigkeiten mit Promillezahlen unter 1,1 aufgefallen sind. Recht selten kommt es vor, dass wiederholte Verstöße gegen § 24a StVG dergestalt vorliegen, dass jemand einmal wegen einer Fahrt unter Betäubungsmitteln aufgefallen ist und später wegen einer Alkoholfahrt unter 1,1 ‰ (oder in umgekehrter Reihenfolge). Ebenso selten kommt es vor, dass jemand außerhalb des Straßenverkehrs mit einem sehr hohen Alkoholwert auffällt, die Fahrerlaubnisbehörde hiervon in Kenntnis gesetzt wird und daraufhin eine MPU verlangt.

Wenn z. B. ein Mensch noch fähig ist, mit 1,6 ‰ oder mehr Rad zu fahren, deutet dies auf eine weit überdurchschnittliche Alkoholtrinkfestigkeit hin, die nur durch häufiges Trinken entsprechender Mengen an Alkohol erworben worden sein kann. Wenn jemand wiederholt mit unzulässig viel Alkohol im Blut ein Kraftfahrzeug geführt hat, liegen ganz offensichtlich Probleme vor, Alkoholkonsum und Teilnahme am motorisierten Straßenverkehr zu trennen. In beiden Fällen ist im Interesse der Verkehrssicherheit zu klären, ob zwischenzeitig vom Betroffenen eine entscheidende positive Veränderung im Konsumverhalten und auf Basis entsprechender Kenntnisse sowie Kompetenzen ein hinreichendes Trennvermögen erreicht werden konnte.

Bei Fahrern, die im Zusammenhang mit Drogen auffällig wurden, erfolgt in vielen Fällen nicht immer gleich ein Entzug der Fahrerlaubnis durch ein Gericht oder die Fahrerlaubnisbehörde, sondern eine Zuweisung zu einer verkehrsmedizinischen Untersuchung oder einer MPU (hier gelten teilweise unterschiedliche rechtliche Bestimmungen der Bundesländer). In seltenen Fällen kann es auch Inhaber treffen, die zwar noch keine 8 „neuen" Flensburg-Punkte (früher 18 Punkte) erreicht haben, dafür aber in sehr kurzer Zeit wiederholt oder sehr schwerwiegend aufgefallen sind. Kraftfahrer, die ein positives MPU-Gutachten bekommen haben, können auch danach bei vereinzelten Verkehrsverstößen erneut zur Begutachtung aufgefordert werden, wenn sie relativ kurzfristig wieder in ähnlicher Weise aufgefallen sind. Dies gilt besonders für Fahrer in der Probezeit.

In allen anderen Fällen wird die MPU angeordnet, wenn bei erstmaliger Alkoholfahrt ein Wert von mindestens 1,6 ‰ vorgelegen hat, wenn wiederholt andere Straftaten im Straßenverkehr oder Alkoholfahrten begangen wurden oder wenn die Fahrerlaubnis wegen zu vieler Punkte in Flensburg entzogen wurde. Wird Ihnen die Fahrerlaubnis z. B. wegen Trunkenheit im Verkehr im Wege eines Strafbefehls entzogen, legt das Gericht auch eine Sperrfrist fest. Diese Frist bedeutet, dass die Führerscheinstelle Ihnen vor Ende der Frist keinesfalls eine neue Fahrerlaubnis erteilen darf. Wird Ihnen die Fahrerlaubnis aufgrund zu vieler Punkte entzogen, tritt automatisch eine sechsmonatige Sperre in Kraft.

Drei Monate vor Ablauf der Sperrfrist dürfen Sie frühestens die sogenannte Neuerteilung der Fahrerlaubnis nach Entziehung bei der zuständigen Stelle (Fahrerlaubnisbehörde des 1. Wohnsitzes) beantragen. In den dann kommenden Wochen wird die Behörde die verwaltungsrechtlich notwendigen Informationen über Sie einholen (z. B. Registerauszüge des Kraftfahrtbundesamtes und des Bundeszentralregisters, Führungszeugnis genannt) und entscheiden, ob und ggf. mit welcher/welchen Fragestellung/en sie eine MPU von Ihnen verlangt.

Sie selbst müssen dann schriftlich Ihr Einverständnis dazu erklären (tun Sie es nicht, wird man Ihnen keinen Führerschein geben) und eine der MPU-Stellen in Ihrer Region mit der Untersuchung beauftragen. Sie dürfen auch eine andere, weiter entfernte Begutachtungsstelle für Fahreignung mit der Untersuchung beauftragen. Daraufhin schickt die Fahrerlaubnisbehörde (auch Führerscheinstelle genannt) Ihre Fahrerlaubnisakte (auch als Führerscheinakte bezeichnet) zu der von Ihnen ausgewählten MPU-Stelle, formuliert die Fragestellungen für die Untersuchung und setzt Ihnen im Allgemeinen auch eine Frist, bis wann Sie das Gutachten vorzulegen haben (in der Regel 3 Monate). Bei Fahrerlaubnisinhabern werden mitunter kürzere Fristen verlangt. Fristverlängerungen sind bei ausreichender Begründung ebenfalls nicht ausgeschlossen.

Sind Ihre Akte und der spezielle Untersuchungsauftrag im MPU-Institut eingetroffen, erhalten Sie von dort aus Post mit einer Zahlungsaufforderung und weiteren Hinweisen für die Untersuchung. Insbesondere wird man Sie darüber informieren, dass

- die Untersuchung nur dann durchgeführt wird, wenn Sie komplett gezahlt haben,
- Sie sich zu Beginn der Untersuchung ausweisen müssen,
- ein Dolmetscher auf Ihre Kosten hinzugezogen wird, sofern Sie die deutsche Sprache nicht gut beherrschen (auf die Auswahl des Dolmetschers haben Sie keinen Einfluss),
- Sie alle wichtigen Befunde zu Ihrem Fall (z. B. Bescheinigungen über Rehabilitationsmaßnahmen, ärztliche Atteste, medizinische Tests von Blut, Urin, Haaren) zur Untersuchung mitführen sollen,
- Sie bestimmte Speisen oder Medikamente meiden sollten, wenn ein Drogentest gemacht werden muss.

Sobald Sie die gesetzlich festgelegte Untersuchungsgebühr bezahlt haben, bekommen Sie einen Termin. In der Regel besteht auch die Möglichkeit, den anvisierten Termin nach Ihren Wünschen telefonisch einzurichten. Manche Institute ermöglichen auch eine Barzahlung der Untersuchungsgebühr am Untersuchungstag, sozusagen „auf den letzten Drücker".

Für die gesamte Untersuchung sollten Sie zwischen 3 und 5 Stunden einplanen. Zwischen den einzelnen, im Folgenden beschriebenen Untersuchungsabschnitten müssen Sie immer wieder mit gewissen Pausen rechnen.

Jeder Untersuchungsteil (ärztliche Untersuchung, Leistungstest, psychologisches Gespräch) muss dann zu einem für Sie positiven Ergebnis führen. Man kann leider durch besonders gute Ergebnisse in einem Untersuchungsteil keine Defizite in anderen Untersuchungsteilen ausgleichen.

3.2 Ärztliche Untersuchung

Die verkehrsmedizinische Untersuchung erfolgt – wie die anderen Untersuchungsteile auch – anlassbezogen. Das bedeutet, der Arzt wird, je nachdem, ob es sich um Alkohol, Drogen, Punkte oder gesundheitliche Probleme handelt, unterschiedlich untersuchen und befragen. Unabhängig von der Fragestellung der Behörde jedoch wird in jeder MPU eine Befragung zum Gesundheitszustand, zu eventuell bestehenden Erkrankungen und Medikamenteneinnahmen durchgeführt (Anamnese).

Bei Alkohol- oder Drogenfragestellungen wird darüber hinaus untersucht bzw. abgefragt:

- Alter, Körpergröße, Gewicht
- Blutdruck, Puls, Abhören des Herzens
- Reflexe
- Koordinationsvermögen
- Tagessehschärfe (falls nicht schon beim Optiker oder Augenarzt geschehen), Pupillenreaktion
- ggf. Hörvermögen
- vegetatives (unwillkürliches) Nervensystem.

Handelt es sich um eine Alkohol-MPU, wird der Arzt zusätzlich Ihren früheren und aktuellen Umgang mit Alkohol erfragen, Ihre

Leber abtasten sowie Blut abnehmen, um die Leberfunktionswerte (GGT, GOT, GPT) bestimmen zu lassen. Des Weiteren wird er Ihre Haut, insbesondere im Gesicht, am Hals und der Brust, genauer ansehen, um festzustellen, ob dort durch Alkohol verursachte Veränderungen sichtbar sind. Er wird auch prüfen, ob die Nervenbahnen bereits durch zu viel Alkohol angegriffen sind.

Bei einer MPU aufgrund von Drogen gibt es eine ähnliche weiterführende Befragung und Untersuchung wie im Alkoholbereich. Es wird das Hautbild untersucht (z. B. liegen Einstichstellen vor, Beschaffenheit der Nasenschleimhäute?) und eine Urinprobe unter Sichtkontrolle abgegeben. Auf eine Blutprobe wird oft verzichtet, jedoch kann – sollten bislang keine ausreichenden Nachweise für einen Drogenverzicht vorliegen – eine Haaranalyse durchgeführt werden.

Spielen Alkohol- oder Drogenkonsum in der aktenkundigen Vorgeschichte keine wesentliche Rolle (Verkehrs- oder Strafrechtfragestellung), wird die medizinische Untersuchung kürzer ausfallen und sich neben der allgemeinen Anamnese im Wesentlichen nur auf folgende Bereiche beziehen:

- Blutdruck, Puls
- Hinweise auf psychopathologische Befunde.

Sollten Sie verschreibungspflichtige Medikamente einnehmen, empfiehlt es sich, die ärztliche Verschreibung mitzubringen. Als Brillenträger sollten Sie Ihre Augengläser dabeihaben.

Die ärztliche Untersuchung dauert je nach Komplexität des Falls zwischen 10 und 40 Minuten.

Der Arzt muss sich, ebenso wie der Psychologe, an die von der Behörde vorgegebene Fragestellung halten. Werden jedoch durch die MPU erst bestimmte für die Fahrtauglichkeit relevante Erkrankungen bekannt, kann dies zu einer Erweiterung der Fragestellung, zu einer erneuten MPU, zu fachärztlichen Nachuntersuchungen oder zu Auflagen führen. Bestehen oder bestanden bei Ihnen eine oder mehrere der folgenden gesundheitlichen Beeinträchtigungen, informieren Sie sich unbedingt noch vor einer MPU bei Ihrem Arzt oder einem Verkehrspsychologen über Ihre Situation und die bestmögliche weitere Vorgehensweise:

- Herz-Kreislauferkrankungen (insbesondere hoher Blutdruck, Herzinfarkt, unregelmäßige Herztätigkeit, koronare Herzkrankheit, Schlaganfall)
- Gleichgewichtsstörungen
- Bewegungsbehinderungen
- Diabetes
- Nierenerkrankungen
- Organtransplantationen
- Lungenerkrankungen
- Nervenkrankheiten, Rückenmarksverletzung
- Parkinsonsche Krankheit
- Multiple Sklerose
- Hirnverletzungen, Hirnoperation, frühkindliche Hirnschädigung
- Anfallsleiden (z. B. Epilepsie, Ohnmachten)
- ADS und ADHS
- Essstörungen
- Demenz
- Psychische Störungen (Manie, Depressionen, Psychose)
- Arzneimittelabhängigkeit
- stationäre Behandlung wegen Alkohol-, Drogen- oder Medikamentenabhängigkeit
- Substitutionsbehandlung aufgrund von Opiatabhängigkeit.

Sollten Sie ärztliche Berichte zu Behandlungen wegen Gesundheitsbeeinträchtigungen haben, sollten Sie diese sicherheitshalber parat haben.

3.3 Leistungstest

Aufgabe der Leistungstestung ist es, zu prüfen, ob die psychisch-funktionalen Voraussetzungen für ein sicheres Fahren (noch) vorliegen. Wichtige Fähigkeiten hierzu sind:

- psychische Belastbarkeit
- Orientierungsvermögen

- Konzentration und Aufmerksamkeit
- Reaktionsvermögen.

Nur in wenigen Fällen (sofern es sich nicht um eine Alkohol- oder Drogen-MPU handelt, die Fahrerlaubnisbehörde nicht ausdrücklich nach dem Leistungsvermögen fragt und die Aktenlage keine Hinweise auf mögliche Leistungsbeeinträchtigungen als mitursächlich für Regelverstöße liefert) kann auf einen Leistungstest verzichtet werden.

Der Test erfolgt an einem computergestützten Testgerät anhand von verschiedenen relativ einfachen Aufgabentypen, die genau diese Fähigkeiten testen. Die MPU-Stellen arbeiten stets mit einem der folgenden drei Testsysteme:

- ACT+REACT Testsystem ART 2020
- Wiener Testsystem (Firma Schuhfried)
- Testsystem Corporal (Firma Vistec AG).

Ihre Testung wird ca. 10–25 Minuten in Anspruch nehmen. Vor jedem Testlauf, der gewertet wird, haben Sie zunächst eine Übungsphase, in welcher Sie den Aufgabentyp kennenlernen. Erst, wenn Sie verstanden haben, was Sie tun müssen, beginnt die Testphase.

Der Test ist bewusst so ausgelegt, dass er auch die Leistungsgrenzen nach oben erfasst, auch wenn durchschnittliche Leistungen ausreichen. Also bloß keine Panik, wenn Ihnen Fehler unterlaufen oder Sie einmal verspätet reagieren. Die beste Strategie ist hier, bemüht zu sein, wenige Fehler zu machen, sich hierfür aber auch wieder nicht zu viel Zeit zu gönnen. Wenn Sie falsch gedrückt haben, auf keinen Fall hinterher noch einmal korrigieren (der Fehler ist bereits gespeichert)! Sie riskieren sonst, dass sich eine regelrechte Fehlerkette entwickelt, denn der Computer wird Ihren Korrekturversuch bereits als die nächste Antwort auf die kommende Aufgabe werten usw.

Es geht im Leistungstest auch keinesfalls darum, einen neuen Weltrekord aufzustellen. Es reicht völlig aus, wenn Sie mit Ihrem Leistungsbild noch zu den besseren ⅔ der Bevölkerung gehören. Dies sollte Ihnen, wenn Sie nicht wesentlich älter als 50 sind, zumeist noch recht problemlos gelingen, denn der wichtigste Einflussfaktor für das Testergebnis ist das Lebensalter. Verständlicherweise spielt gelegentlich Prüfungsnervosität bei unzureichenden Ergebnissen eine Rolle. Aber auch, wenn die Testergebnisse nicht ausreichend sind, bedeutet dies nicht automatisch das Ende für die MPU und den Führerschein. Wenn Sie in der ärztlichen und psychologischen Untersuchung ansonsten gut abschneiden, können Sie später über eine „Verkehrspsychologische Fahrverhaltensbeobachtung" immer noch beweisen, dass Sie ausreichend sicher Auto fahren können. Die Mehrzahl dieser Praxisfahrten endet mit einem günstigen Ergebnis. Die einzigen Nachteile dabei sind, dass hierdurch nochmals Kosten entstehen (ca. 250–400 €) und sich die Fertigstellung des Gutachtens um einige Zeit verzögert.

3.4 Psychologisches Gespräch

Der Kern der MPU ist die Befragung durch den Psychologen, wenn es um Alkohol, Drogen, Regelübertretungen und Straftaten geht. Er wird nicht nur viele Fragen stellen, sondern Ihre Aussagen, zumindest die wesentlichen, aufzeichnen. Im MPU-Gutachten werden Sie dann eine ausführliche Darstellung des Gesprächs auf ca. 2–6 DIN-A4-Seiten wiederfinden. Bezüglich der wirklich wichtigen Fragen des Psychologen befassen Sie sich am besten mit dem kommenden Wissenstest. Daher folgt hier nur ein kurzer Überblick zu den Themenbereichen des Gesprächs:

- Biografie (Schule, Ausbildung, Beruf, Familienstand, Hobbys, Verkehrsteilnahme)
- aktenkundige Delikte
- Ursachen, Hintergründe und Motive (Beweggründe) für das problematische Verhalten
- erreichte Einstellungs- und Verhaltensänderungen, Motivation und Stabilität der Verhaltensänderungen
- Rückfallgefahren und Strategien zur Vermeidung von Rückfällen
- bei Drogen- und Alkohol-MPU zusätzlich eine ausführliche Erörterung des früheren und ggf. jetzigen Konsumverhaltens
- bei Alkoholfragestellung/Drogenfragestellung und der Angabe, inzwischen kontrolliert zu trinken (bzw. Cannabiskonsum von der motorisierten Verkehrsteilnahme trennen zu können), Er-

kundung der Kenntnisse und Kompetenzen zur Trennung von Alkohol-(Cannabis-)Konsum und Verkehrsteilnahme.

Am Ende des psychologischen Gesprächs (nach ca. 30–70 Minuten) wird sich der Gutachter bemühen, Ihnen eine Rückmeldung zum vorläufigen Ergebnis zu geben. Diese ist aber zunächst noch unverbindlich, denn im Gutachten müssen später alle Befunde (insbesondere auch die medizinischen) berücksichtigt werden. Des Weiteren muss der Psychologe in vielen Fällen seine schriftlichen Aufzeichnungen zum Gespräch später in Ruhe noch ein- bis zweimal durchgehen, ggf. auch noch einmal die Fahrerlaubnisakte prüfen, um sich wirklich sicher zu sein, dass er nichts Wichtiges übersehen hat.

3.5 Verkehrspsychologische Fahrverhaltensbeobachtung

Diese Fahrprobe steht Ihnen nur dann bevor, wenn Sie im Leistungstest weit unterdurchschnittliche Werte erreichen, ansonsten aber die MPU bestanden hätten. In der Regel 1–3 Wochen nach der eigentlichen MPU wird nach einer Identitätskontrolle eine ca. 50–70-minütige Testfahrt, bei welcher Sie am Steuer sitzen, durchgeführt. Anwesend sind dabei neben Ihnen selbst ein Fahrlehrer mit entsprechendem Fahrschulfahrzeug und ein geschulter Verkehrspsychologe, der Ihr Fahrverhalten beobachtet und Merkmale Ihrer Fahrsicherheit registriert.

Sie fahren zumeist auf einer festgelegten Route, auf der bestimmte, auch im Fahralltag vorkommende Schwierigkeitsgrade enthalten sind. Muss der Fahrlehrer eingreifen, um z. B. einen Unfall zu verhindern, gilt die Testfahrt als nicht bestanden. Erscheinen Sie aufgrund Ihrer körperlichen Verfassung nicht fahrtüchtig oder haben Sie einen erheblichen Regelverstoß begangen (z. B. Rotlichtmissachtung trotz guter Sicht), wird die Testfahrt ebenfalls zu Ihrem Nachteil abgebrochen.

Ansonsten müssen Sie keinesfalls so fehlerfrei fahren wie ein Fahrschüler bei seiner Führerscheinprüfung. Wichtiger ist vielmehr, dass Sie in der Lage sind, hinreichend sicher und routiniert im Verkehr mitzufahren, ohne dabei andere zu gefährden. Mitschwimmen im Verkehr bedeutet jedoch nicht, dass Sie ganz unkritisch eine ggf.

überhöhte Geschwindigkeit anderer Verkehrsteilnehmer übernehmen sollen. Halten Sie sich möglichst genau an die zulässige Höchstgeschwindigkeit und alle Verkehrsregeln. Fahren Sie im Zweifelsfall lieber etwas vorsichtiger und umsichtiger und versuchen Sie nicht, die Gutachter durch ein besonders forsches, selbstbewusstes Fahrverhalten zu beeindrucken.

Die Fahrprobe soll ja nicht zeigen, dass die unterdurchschnittlichen Computertestwerte ein Irrtum waren und Sie in Wirklichkeit absolut reaktionsschnell und handlungssicher sind. Die Fahrprobe soll vielmehr ergeben, dass Sie durch ein besonders sicherheitsbetontes, vorausschauendes, konfliktvermeidendes Fahren auch mit längeren Reaktionszeiten im Straßenverkehr noch ausreichend gut zurechtkommen.

3.6 Nach der MPU

Das Gutachten kommt in der Regel ca. 1–2 Wochen nach dem Test mit der Post zumeist in doppelter Ausführung zu Ihnen, außer Sie haben am Tag der Untersuchung schriftlich bestätigt, dass die Fahrerlaubnisbehörde eine Gutachtenausfertigung erhält. Ansonsten erhalten Sie beide Gutachtenausfertigungen, damit Sie selbst ein Exemplar bei der Fahrerlaubnisbehörde abgeben und eines für sich behalten können. Ist das Gutachten für Sie positiv ausgegangen, geben Sie es schnellstmöglich bei der Führerscheinstelle ab. Häufig dauert es allerdings noch 1–2 Tage, bis die Behörde Ihre Fahrerlaubnisakte wieder vorliegen hat, nachdem Sie Ihre Gutachten bereits erhalten haben. Erst wenn ihr beides vorliegt (Akte und das Gutachten), kann die Behörde Ihnen die Fahrerlaubnis erteilen oder belassen.

Enthält das Gutachten eine negative Prognose, jedoch mit Empfehlung eines Nachschulungskurses nach § 70 FeV (Fahrerlaubnis-Verordnung), sollten Sie es ebenfalls umgehend der Fahrerlaubnisbehörde vorlegen. Diese muss dann nämlich das Gutachten zunächst prüfen und der Teilnahme an einer solchen Nachschulung schriftlich zustimmen.

Ist das Gutachten negativ, lassen Sie sich am besten kurzfristig verkehrspsychologisch beraten, wie weiter zu verfahren ist. Besonders im Fall einer negativen Prognose können Sie nämlich vieles falsch machen und wertvolle Chancen vertun (siehe Kapitel 11 „Negative MPU – was tun?").

Sollten Sie als Inhaber einer Fahrerlaubnis ein negatives Gutachten erhalten haben, beachten Sie die von der Behörde gesetzte Frist zur Einreichung des Gutachtens. Liegt dort bis dahin das Gutachten nicht vor, so wird die Behörde das Verfahren zur kostenpflichtigen Entziehung bzw. Versagung der Fahrerlaubnis einleiten. In diesem Fall ist es günstiger, auf die Fahrerlaubnis (kostenfrei) zu verzichten. Auch hier hilft eine vorherige verkehrspsychologische Beratung weiter, denn in speziellen Fällen kann es strategisch auch von Vorteil sein, sich die Fahrerlaubnis kostenpflichtig entziehen zu lassen.

4 Wissenstest

Der folgende Fragenkatalog dient als Orientierungshilfe und vermittelt Ihnen einen Eindruck von Ihrem derzeitigen Kenntnisstand zu den Themen MPU, Alkohol, Drogen, Punkte und Straßenverkehr. Je mehr richtige Antworten Sie haben, desto besser.

Gerade bei der Alkohol-MPU wird in vielen Fällen (sofern es nicht um einen kompletten Alkoholverzicht geht) ein guter Kenntnisstand zur Bedeutung des Alkohols für die Verkehrsteilnahme gefordert, um Trinken und Autofahren erfolgreich trennen zu können. Sollten ausschließlich Kenntnismängel und ansonsten gute Ansätze einer Einsicht und Änderung vorliegen, kann immerhin ein Nachschulungskurs empfohlen werden, was besser als eine komplett neue MPU wäre. Die Fragen des Wissenstests dienen weiterhin der Erörterung vieler für Ihre MPU relevanter Themen und der Klärung von Irrtümern. Bei den folgenden Fragen sind immer mehrere Antwortmöglichkeiten vorgegeben. **Mindestens eine der Antworten trifft zu, es können aber auch mehrere richtig sein.** Bitte markieren Sie durch Ankreuzen jeweils alle Ihrer Meinung nach zutreffenden Antworten. Die Auflösung der Fragen erfolgt im Kapitle 5 ab Seite 42.

4.1 Fragen zum Thema Alkohol

1 Welche Auswirkungen können einige alkoholische Getränke auf das Denken und Verhalten eines Menschen haben?

- ☐ *Man überschätzt sich selbst*
- ☐ *Man schätzt die Alkoholwirkung falsch ein*
- ☐ *Man hat weniger Hemmungen*
- ☐ *Man beachtet gute Vorsätze nicht mehr*

2 Wie viele Menschen werden in Deutschland jährlich wegen einer Fragestellung im Zusammenhang mit Alkohol zu einer MPU aufgefordert?

☐ *10.000*	☐ *200.000*
☐ *50.000*	☐ *1.000.000*

3 Wie viele Fahrten unter Alkoholeinfluss (0,5 ‰ oder mehr) finden in Deutschland statistisch statt, bis mal eine aufgedeckt wird?

- ☐ *1 von 3 Fahrten wird aufgedeckt*
- ☐ *1 von 20 Fahrten wird aufgedeckt*
- ☐ *1 von 50 Fahrten wird aufgedeckt*
- ☐ *1 von 400 Fahrten wird aufgedeckt*
- ☐ *1 von 2000 Fahrten wird aufgedeckt*

4 a Wie viel Gramm reinen Alkohols sind ungefähr in einem Glas Bier à 0,3 Liter (Pils) enthalten?

- ☐ *3 Gramm*
- ☐ *7 Gramm*
- ☐ *12 Gramm*
- ☐ *20 Gramm*

4 b Wie viel Gramm reinen Alkohols sind ungefähr in einem Glas Wein à 0,2 Liter enthalten?

- ☐ *3 Gramm*
- ☐ *7 Gramm*
- ☐ *12 Gramm*
- ☐ *20 Gramm*

4 c Wie viel Gramm reinen Alkohols sind ungefähr in einem Glas Schnaps à 0,02 Liter enthalten?

- ☐ *3 Gramm*
- ☐ *7 Gramm*
- ☐ *12 Gramm*
- ☐ *20 Gramm*

5 Ab wie viel Gramm Alkohol täglich sind gesundheitliche Folgen und Langzeitschäden nach derzeitigem Stand der Wissenschaft für Männer und Frauen wahrscheinlich (riskanter Konsum)?

Männer:
- ☐ *Ab ca. 13 g pro Tag*
- ☐ *Ab ca. 25 g pro Tag*
- ☐ *Ab ca. 60 g pro Tag*
- ☐ *Ab ca. 120 g pro Tag*

Frauen:
- ☐ *Ab ca. 13 g pro Tag*
- ☐ *Ab ca. 25 g pro Tag*
- ☐ *Ab ca. 60 g pro Tag*
- ☐ *Ab ca. 120 g pro Tag*

6 Welche Aspekte sind für die Höhe des Promillewertes nach Alkoholgenuss verantwortlich?

- ☐ *Wie man sich gerade fühlt (Tagesform)*
- ☐ *Körpergewicht und Körperbau*
- ☐ *Alkoholgehalt und Menge der verzehrten Getränke*
- ☐ *Ob man ausgeschlafen oder müde ist*
- ☐ *Das Tempo beim Trinken und die Zeit, die seit Trinkbeginn verstrichen ist*
- ☐ *Das Geschlecht*

7 a Ab welchem Promillewert müssen Sie bereits mit strafrechtlichen Folgen (z. B. Führerscheinentzug, Geldstrafe, Sperre) rechnen, sofern Sie durch Ihre Fahrweise auffallen oder gar einen Unfall verursachen?

- ☐ *In der Probezeit bei mehr als 0,0 ‰*
- ☐ *Ab 0,3 ‰*
- ☐ *Ab 0,5 ‰*
- ☐ *Ab 0,8 ‰*
- ☐ *Ab 1,1 ‰*

7 b Ab welchem Promillewert liegt auch bei unauffälliger Fahrweise eine Ordnungswidrigkeit vor, die bestraft wird (Bußgeld, Punkte, Fahrverbot)?

- ☐ *In der Probezeit bei mehr als 0,0 ‰*
- ☐ *Ab 0,3 ‰*
- ☐ *Ab 0,5 ‰*
- ☐ *Ab 0,8 ‰*
- ☐ *Ab 1,1 ‰*

8 Wie lange dauert es, bis ein Blutalkoholwert von 1,2 ‰ vollständig vom Körper abgebaut ist (vom Zeitpunkt des Trink-Endes an gerechnet)?

- ☐ *2–3 Stunden*
- ☐ *4–5 Stunden*
- ☐ *10–12 Stunden*
- ☐ *15–17 Stunden*

9 Inwiefern beeinflusst Alkoholgenuss das Sehvermögen?

- ☐ *Der Genuss von 1–2 Gläsern Bier (0,3 Liter) verbessert das Sehvermögen leicht*
- ☐ *Der Genuss von 2–3 Gläsern Bier (0,3 Liter) hat noch keinen negativen Einfluss*
- ☐ *Die sichere Wahrnehmung für Entfernungen und Geschwindigkeiten nimmt ab*
- ☐ *Das Auge braucht länger, um sich auf Hell und Dunkel einzustellen*
- ☐ *Der Bereich scharfen Sehens wird kleiner, er verengt sich von den Rändern her*

10 Wie viele Menschen sterben jährlich auf deutschen Straßen infolge von alkoholbedingten Unfällen?

- ☐ *200*
- ☐ *400*
- ☐ *3.000*
- ☐ *10.000*

11 Wie viel Mal höher ist die Wahrscheinlichkeit, einen Unfall zu verursachen, wenn Sie mit 1,4 ‰ unterwegs sind, anstatt nüchtern zu fahren?

- ☐ *Genauso hoch wie nüchtern*
- ☐ *Doppelt so hoch wie nüchtern*
- ☐ *8 x so hoch wie nüchtern*
- ☐ *15 x so hoch wie nüchtern*

12 Welche Unfallarten sind nach Alkoholgenuss besonders typisch?

- ☐ *Aus der Kurve „fliegen"*
- ☐ *Auffahrunfälle*
- ☐ *Zusammenstöße mit entgegenkommenden Fahrzeugen*

13 Zu welchen Beeinträchtigungen beim Führen eines Fahrzeugs kann Alkoholgenuss vor Fahrtantritt führen?

- ☐ *Die Reaktionszeit verlängert sich*
- ☐ *Bewegungen werden unkoordinierter, unpräziser und ruckartiger*
- ☐ *Die Wahrnehmung (Sehen, Fühlen, Hören) ist eingeschränkt*
- ☐ *Konzentrationsschwächen*
- ☐ *Plötzliche Müdigkeit, Sekundenschlaf*

14 Was können Sie tun, um Fahrten unter Alkohol zu vermeiden?

- ☐ *Zu Anlässen, bei denen ich gewöhnlich trinke, grundsätzlich ohne Fahrzeug erscheinen*
- ☐ *Bereits vor einer Feier An- und Abfahrt organisieren und sicherstellen, wie ich nach Hause komme, ohne selbst fahren zu müssen*
- ☐ *Grundsätzlich keinen Alkohol mehr trinken*
- ☐ *Wenn ich zu viel getrunken habe, den Schlüssel jemand anderem geben (z. B. Wirt, Kumpel)*
- ☐ *Zu Trinkanlässen am besten immer mit dem Fahrrad fahren*

15 Welche Strategien können helfen, das Ablehnen von Alkohol zu erleichtern?

- ☐ *Langatmige Erklärungen und Rechtfertigungen vermeiden, sondern kurz und präzise argumentieren*
- ☐ *Keine Anzeichen von Unentschlossenheit zeigen*
- ☐ *Sich zu 2–3 alkoholischen Getränken bereit erklären und dann auf antialkoholische Getränke umsteigen*

16 Können Sie auch als alkoholisierter Radfahrer zur MPU geschickt werden?

- ☐ *Nein, denn das hat ja nichts mit dem Autofahren zu tun*
- ☐ *Ja, ab 0,5 ‰*
- ☐ *Ja, ab 1,6 ‰*
- ☐ *Ja, ab 2,5 ‰*

17 Warum fordert die Fahrerlaubnisbehörde bei Alkoholfahrten ab 1,6 ‰ oder bei mehreren Alkoholfahrten, auch wenn der Promillewert geringer ist, ein medizinisch-psychologisches Gutachten, bevor über eine Erteilung der Fahrerlaubnis entschieden wird?

- ☐ *Als Form von Strafe, die zum Nachdenken und zur Besserung anregen soll*
- ☐ *Weil angezweifelt wird, dass man die Verkehrsregeln kennt und ein sicherer Autofahrer ist*
- ☐ *Damit die Stadt oder der Landkreis mehr Geld in die Kasse bekommt*
- ☐ *Weil angezweifelt wird, ob man in Zukunft Fahrten unter Alkoholeinfluss sicher vermeiden kann*
- ☐ *Weil nicht auszuschließen ist, dass übermäßiger Alkoholkonsum bereits körperliche oder geistige Schäden verursacht hat, die sich beim Fahren gefährlich auswirken können*

18 Was versteht man unter „kontrolliertem Trinken“ bzw. „kontrolliertem Alkoholkonsum“, mit dem man in der MPU positiv beurteilt werden kann?

- ☐ *So etwas wie Kontrolle beim Trinken gibt es nicht. Man muss grundsätzlich völlig auf Alkohol verzichten, sonst schafft man die MPU nicht*
- ☐ *Im Vorfeld planen, bei welchem Anlass man Alkohol konsumieren wird*
- ☐ *Größere Alkoholmengen, die zu einem Rausch führen, sind nur erlaubt, wenn man einen Fahrer (z. B. Partner, Freund, Eltern) für den Heimweg dabeihat*
- ☐ *Man darf nur noch Alkohol trinken, wenn man einen „Kontrolleur“ (z. B. Partner, guten Freund) dabeihat, der aufpasst und einem sagt, wann Schluss ist*
- ☐ *Man darf nur noch alleine trinken, damit andere einen nicht zum Vieltrinken überreden*
- ☐ *Immer mitzählen und genau wissen, wie viel man getrunken hat*
- ☐ *Eine verbindliche (geringe) Obergrenze beim Trinken haben und diese konsequent einhalten*

- ☐ *Man darf nur so viel trinken, bis man eine starke Alkoholwirkung bemerkt (z. B. Torkeln, Lallen) und muss dann gehen*
- ☐ *Die Obergrenze sollte nur im Bereich eines gesundheitlich unbedenklichen Konsums liegen (z. B. 2–3 kleine Bier oder 1–2 kleine Glas Wein)*
- ☐ *Es sind höchstens 2–3 Ausnahmen pro Jahr gestattet (z. B. Geburtstag, Silvester), an denen man mal deutlich mehr trinken darf*
- ☐ *Größere Alkoholmengen, die zu einem Rausch führen, sind nur zuhause gestattet, wenn man nicht mehr fahren muss*
- ☐ *Täglich 1–2 Bier zum Feierabend sind akzeptabel, wenn man hinterher nicht mehr fährt*
- ☐ *Spirituosen, insbesondere Mixgetränke (z. B. Wodka-E, Cocktails) sind zu meiden, besser sind Alsterwasser, Bier, Wein, Sekt*
- ☐ *Nach 3 Tagen, an denen man getrunken hat, mindestens einen alkoholfreien Tag einlegen, bevor man wieder trinkt*
- ☐ *Pro Stunde immer nur einen Drink nehmen (z. B. 4 Bier à 0,5 l, d. h. 2,0 l Bier müsste man auf 4 Stunden aufteilen), damit man nicht richtig betrunken wird*

19 Wie viele Bier à 0,5 l oder Gläser Wein à 0,25 l müsste ein durchschnittlicher Mann (80 kg)/eine durchschnittliche Frau (60 kg) in ca. 3 Stunden mindestens trinken, um 2,0 ‰ zu erreichen?

Männer:

- ☐ *2 Bier à 0,5 l oder 2 Wein à 0,25 l*
- ☐ *4 Bier à 0,5 l oder 3 Wein à 0,25 l*
- ☐ *6 Bier à 0,5 l oder 4 Wein à 0,25 l*
- ☐ *10 Bier à 0,5 l oder 6 Wein à 0,25 l*

Frauen:

- ☐ *2 Bier à 0,5 l oder 2 Wein à 0,25 l*
- ☐ *4 Bier à 0,5 l oder 3 Wein à 0,25 l*
- ☐ *6 Bier à 0,5 l oder 4 Wein à 0,25 l*
- ☐ *10 Bier à 0,5 l oder 6 Wein à 0,25 l*

20 Was versteht man unter einem „Alkoholproblem"?

- ☐ *Alkoholproblem bedeutet immer, dass jemand Alkoholiker ist und jeden Tag trinken muss*
- ☐ *Ein Alkoholproblem liegt nur dann vor, wenn jemand ohne Alkohol Entzugserscheinungen (z. B. Zittern, Schweißausbrüche, Nervosität) bekommt*
- ☐ *Wenn jemand sich selbst oder anderen durch seinen Alkoholkonsum Schaden zugefügt hat (z. B. Führerscheinentzug, Schlägereien, Anzeigen usw.)*
- ☐ *Wenn jemand 1–2 x pro Woche 2–3 Flaschen Bier à 0,33 l trinkt*
- ☐ *Wenn jemand fast jeden Abend ein Bier oder 1 Glas Wein trinkt*
- ☐ *Wenn jemand mit 1,6 ‰ oder mehr noch gefahren ist*
- ☐ *Wenn jemand im Straßenverkehr schon mehrfach wegen Alkohols aufgefallen ist (z. B. einmal mit 0,9 ‰ und dann mit 0,7 ‰)*
- ☐ *Wenn jemand zwar noch nie im Straßenverkehr wegen Alkohols aufgefallen ist, sich aber schon einmal einer Alkoholtherapie (z. B. Entgiftung, stationäre oder ambulante Maßnahme) unterzogen hat*
- ☐ *Wenn jemand 2–3 Mal im Monat betrunken ist*
- ☐ *Wenn jemand häufig verstärkt Alkohol trinkt, um seinen Stress oder seine Probleme zu verdrängen*
- ☐ *Wenn jemand oft Streit mit dem Partner oder der Familie hat, weil diese befürchten, dass er zu viel trinkt*
- ☐ *Wenn jemand ein paar Mal zu spät zur Arbeit gekommen ist, weil er am Vortag zu lange gefeiert hat, oder morgens mit einer „Fahne" zur Arbeit kommt*
- ☐ *Wenn jemand öfter nach starkem Trinken einen „Filmriss" (Erinnerungslücken) hatte*
- ☐ *Wenn sich jemand beim oder nach dem Trinken oft schuldig fühlt und deshalb auch heimlich trinkt*
- ☐ *Wenn jemand regelmäßig nach 3–4 Drinks richtig auf den Geschmack kommt und dann weiter trinkt*

21 Wie kann man ein „Alkoholproblem" überwinden?

- ☐ *Das Alkoholproblem ist überwunden, wenn der Arzt sagt, dass man gesund ist und die Blutwerte in Ordnung sind*
- ☐ *Das Alkoholproblem ist überwunden, wenn man ein halbes Jahr gar keinen Alkohol mehr getrunken hat*
- ☐ *Das Alkoholproblem ist überwunden, wenn man es über mehrere Monate geschafft hat, sich nicht mehr zu betrinken, sondern mit 2–3 Drinks auszukommen*
- ☐ *Das Alkoholproblem ist überwunden, wenn man eine Therapie absolviert hat*
- ☐ *Das Alkoholproblem ist überwunden, wenn man schon länger eine Selbsthilfegruppe besucht*
- ☐ *Das Alkoholproblem ist erst überwunden, wenn man sein Leben ohne Alkohol richtig schön findet*
- ☐ *Ein Alkoholproblem geht nie mehr weg, man muss lernen, damit zu leben*
- ☐ *Das Alkoholproblem ist überwunden, wenn man verstanden hat, welches die Gründe für das übermäßige Trinken gewesen sind (z. B. Stressabbau, schwere Kindheit, Freundeskreis)*
- ☐ *Damit das Alkoholproblem überwunden werden kann, muss man zuerst seinen Freundeskreis ändern und seine ganze Freizeitgestaltung umstellen*
- ☐ *Das Alkoholproblem ist dann überwunden, wenn man gelernt hat, die Finger vom Lenkrad zu lassen, wenn man zu viel getrunken hat*
- ☐ *Das Alkoholproblem ist überwunden, wenn man in der MPU positiv beurteilt wurde*

22 Mit welchen „Strategien" können Sie die MPU-Gutachter am besten überzeugen, Ihre Alkohol-MPU positiv zu bewerten?

- ☐ *Ich muss unbedingt die ganz außergewöhnlichen Umstände, die zur Auffälligkeit führten, deutlich machen*
- ☐ *Ich darf keinesfalls zugeben, dass ich oft viel getrunken habe, ansonsten glauben die Gutachter, ich bin ein unverbesserlicher „Schluckspecht"*
- ☐ *Ich sollte den Alkoholkonsum vor der Alkoholfahrt und das Fahren unter Alkoholeinfluss als unglückliche Ausnahmen darstellen,*

damit die Gutachter verstehen, dass von mir normalerweise keine Gefahr ausgeht und ich ein verantwortungsbewusster Mensch bin und kein Verbrecher

- ☐ *Ich sollte auf die vielen Jahre hinweisen, in denen ich nie aufgefallen bin, weil das ins Verhältnis zu dem einen Ausrutscher, den ich hatte, zu setzen ist*
- ☐ *Ich muss sie davon überzeugen, dass bei mir im Großen und Ganzen ein völlig normaler Alkoholkonsum vorlag und dass der Promillewert bei der Auffälligkeit untypisch hoch für mich war*
- ☐ *Ich muss klarstellen, dass ich sofort nach der Tat total auf Alkohol verzichtet habe, weil ich ab da keine Lust mehr darauf hatte und es nicht mehr geschmeckt hat*
- ☐ *Ich darf auf keinen Fall sagen, dass ich sofort nach der Tat total auf Alkohol verzichtet habe oder auch in Zukunft verzichten will, weil das sowieso keiner glauben würde*
- ☐ *Ich muss auf jeden Fall sagen, dass ich Alkoholiker bin, weil das für die Gutachter durch meine Akte sowieso schon feststeht*
- ☐ *Ich muss klarmachen, dass ich früher oft zu viel getrunken habe, dies aber seit geraumer Zeit geändert habe*
- ☐ *Ich muss genau beschreiben, wie oft und wie viel ich früher getrunken habe und was ich konkret geändert habe*
- ☐ *Ich muss erklären, welche persönlichen Gründe ich für das Vieltrinken hatte*
- ☐ *Ich muss verdeutlichen, dass ich kein Alkoholiker bin und deshalb auch nichts Wesentliches ändern muss*
- ☐ *Ich muss klarmachen, dass ich aus der Auffälligkeit gelernt habe, wie ich künftig auch im betrunkenen Zustand in der Lage sein werde, nie wieder Auto zu fahren*
- ☐ *Ich sollte eine Bescheinigung vorlegen, dass ich eine Schulung oder Therapie gemacht habe*
- ☐ *Ich sollte durch medizinische Befunde (z. B. Bluttests der Leberwerte, Urinkontrollen, Haarproben) belegen, dass ich meinen Alkoholkonsum geändert habe*
- ☐ *Ich muss darlegen, dass es ganz leicht war, weniger zu trinken oder ganz zu verzichten, sonst denken die Gutachter, ich bin Alkoholiker oder ein Mensch mit schwachem Willen*
- ☐ *Ich sollte die persönlichen Gründe für eine Veränderung meines Umgangs mit Alkohol und meine Erfahrungen mit der Änderung ausführlich beschreiben können*

23 Was bezwecken die MPU-Gutachter damit, wenn sie Sie nach „Rückfallgefahren" oder „Rückfallvorbeugung" fragen?

- ☐ *Die Gutachter wollen testen, ob ich unsicher bin. Ich muss auf jeden Fall sagen, dass ein Rückfall absolut kein Thema ist, weil ich alles unter Kontrolle habe*
- ☐ *Wenn die Gutachter das zum Schluss fragen, bedeutet es, dass ich durchgefallen bin, weil sie mir nicht geglaubt haben*
- ☐ *Rückfälle können nur bei Alkoholikern vorkommen, deshalb muss ich sagen, dass bei mir ein Rückfall ausgeschlossen ist, sonst denken die Gutachter, ich bin doch Alkoholiker*
- ☐ *Damit ich so eine Frage verhindern kann, muss ich auf jeden Fall eine Selbsthilfegruppe besuchen und darüber eine Bescheinigung vorlegen, egal wie viel ich früher getrunken habe*
- ☐ *Die Gutachter gehen davon aus, dass jeder ein gewisses Rückfallrisiko trägt und sich damit auseinandersetzen muss*
- ☐ *Ich sollte meine grundsätzliche Rückfallgefahr verdeutlichen und erklären, worin ich sie sehe und wie ich dagegen vorgehe*
- ☐ *Wenn ich ein Rückfallrisiko einräume, denken die Gutachter automatisch, ich habe einen schwachen Willen und muss deswegen eine Therapie machen*
- ☐ *Ich sollte meine Rückfallrisiken insbesondere auf die früheren Ursachen für hohen Alkoholkonsum beziehen*
- ☐ *Wenn ich frühere Ursachen für das Vieltrinken auch als künftiges Risiko darstelle, denken die Gutachter, ich habe das Problem nicht in den Griff bekommen und bewerten die MPU negativ*
- ☐ *Ich muss sagen, dass mein Rückfallrisiko auch bei 30–50 % liegt, weil das genau der Statistik entspricht, wie oft Alkoholfahrer rückfällig werden*
- ☐ *Ich muss sagen, dass ich viel stärker rückfallgefährdet bin als andere in meiner Situation, damit die Gutachter sehen, wie stark mich das Thema beschäftigt und wie vorsichtig ich bin*

4.2 Fragen zum Thema Drogen

24 Wie lange muss man mit dem Fahren warten, wenn man einen Joint (Cannabis) geraucht hat, ohne mit einer Anzeige rechnen zu müssen?

- ☐ *2–3 Stunden, bis der deutlich spürbare Rausch abgeklungen ist*
- ☐ *6–8 Stunden, wenn man sich wieder richtig klar fühlt*
- ☐ *24 Stunden, dann kann nichts mehr im Urin oder Blut nachgewiesen werden*
- ☐ *2–3 Tage, bei starken Konsumenten mindestens eine Woche*
- ☐ *Unregelmäßige Konsumenten 2 Wochen, starke mindestens 3–4 Wochen*

25 Wenn man zur Drogen-MPU muss: Welche Anforderungen stellen die Sachverständigen an den Nachweis für den Drogenverzicht?

- ☐ *Bei ausschließlichen Cannabiskonsumenten in der Regel 6 Monate Abstinenz*
- ☐ *Wenn bei Cannabiskonsumenten bei der Drogenfahrt auch Alkohol im Spiel war, müssen sie meist sogar 1 Jahr Drogenabstinenz nachweisen*
- ☐ *Wenn es nur um Cannabis geht, ist es egal, wie oft man Stress mit der Polizei hatte, der Drogennachweis geht immer über 6 Monate*
- ☐ *Bei harten Drogen (Kokain, Amphetamin, XTC, Heroin usw.) in der Regel mindestens 12 Monate Abstinenz*
- ☐ *Ob man Joints, Pfeifen oder Bongs raucht, hat keinen Einfluss darauf, wie lange man Drogenfreiheit nachweisen muss, weil es nur darum geht, dass man keine harten Drogen genommen hat*
- ☐ *Der Nachweis kann nur über Urinproben oder Haaranalysen geführt werden*
- ☐ *Für die Nachweise gibt es festgelegte und geprüfte Qualitätsstandards*
- ☐ *Am besten ist es, wenn man einen Nachweis von seinem Hausarzt beibringt, weil der einen am längsten kennt und deshalb auch am besten bescheinigen kann, dass man clean ist*

- ☐ *Neben einem ausreichend langen Nachweis der Drogenfreiheit wird in vielen Fällen auch eine zusätzliche Drogentherapie oder Schulung verlangt*
- ☐ *Da der reine Konsum von Cannabis inzwischen nicht mehr bestraft wird, braucht man als ausschließlicher Cannabiskonsument gar keinen Nachweis. Es reicht, wenn man dem Gutachter plausibel macht, wie man künftig Drogenfahrten vermeidet*
- ☐ *Man sollte auch Alkoholnachweise machen lassen, um zu zeigen, dass der Verzicht auf Drogen nicht zu stärkerem Trinken geführt hat*
- ☐ *Wenn man belegen kann, dass man nur in Holland gekifft hat, braucht man gar keinen Nachweis zu erbringen, weil es dort ja geduldet wird*

26 Welche Aussagen zur Drogen-MPU treffen zu?

- ☐ *Wenn ich zugebe, dass ich öfter Drogen genommen habe, als in meiner Akte steht, wird eine neue Anzeige gegen mich erstattet*
- ☐ *Ich muss den Gutachtern klarmachen, dass ich gleich bei der 1. oder 2. Drogenfahrt aufgefallen bin, sonst halten sie mich für unverbesserlich*
- ☐ *Bei Drogendelikten ist von einer hohen Dunkelziffer auszugehen, insofern glaubt man mir kaum, dass ich fast nie was mit Drogen zu tun hatte*
- ☐ *In der Drogen-MPU bekomme ich vergleichbare Fragen und es gelten ganz ähnliche Beurteilungskriterien wie in der Alkohol-MPU, z. B. hinsichtlich Glaubwürdigkeit, Problembewusstsein, Ursachenanalyse und Rückfallvorbeugung*
- ☐ *Ich sollte sagen, dass ich inzwischen lieber mal richtig einen trinken gehe und insofern von den illegalen Drogen geheilt bin*
- ☐ *Als Drogenkonsument darf ich auf keinen Fall sagen, dass ich auch nur einen Tropfen Alkohol anrühre*
- ☐ *Ich sollte den Gutachtern klarmachen, wie ich künftig Drogenkonsum und Autofahren trenne, da die mir sowieso nicht glauben werden, dass ich nie wieder was nehme*
- ☐ *Bei der ersten Drogen-MPU fallen sowieso 90 % durch, weil die Gesellschaft illegale Drogen viel negativer bewertet als Alkohol*
- ☐ *Ich sollte immer sagen, dass mein Freundeskreis oder die Gesellschaft Schuld hatte, dass ich Drogen genommen habe*

- ☐ *Ich muss sagen, dass ich ein Junkie (drogenabhängig) war, weil die Gutachter mir was anderes sowieso nicht abnehmen würden*
- ☐ *Ich muss den Gutachtern erklären können, weshalb meine Drogenfahrt nicht so gefährlich war, als wenn einer betrunken Auto fährt*
- ☐ *Da es keine vernünftigen Gründe gibt, illegale Drogen zu nehmen, sollte ich sagen, dass ich es heute selbst nicht mehr nachvollziehen kann, weshalb ich mal welche konsumiert habe*
- ☐ *Ich muss unbedingt verdeutlichen, dass ich inzwischen überhaupt kein Rückfallrisiko mehr habe, damit die Gutachter sich keine Sorgen machen*
- ☐ *Was in der Führerscheinakte steht (z. B. Verurteilung wegen Drogenhandels), sollte ich als Justizirrtum hinstellen, den ich nur auf Anraten des Anwalts hingenommen habe, weil das Gericht mich sonst noch härter bestraft hätte (z. B. Gefängnis statt Bewährungsstrafe)*

4.3 Fragen zum Thema Punkte

27 Wie viele Geschwindigkeitsüberschreitungen finden in Deutschland statistisch statt, bis mal eine aufgedeckt wird?

- ☐ *1 von 3 Tempoverstößen wird aufgedeckt*
- ☐ *1 von 50 Tempoverstößen wird aufgedeckt*
- ☐ *1 von 200 Tempoverstößen wird aufgedeckt*
- ☐ *1 von 1.000 Tempoverstößen wird aufgedeckt*
- ☐ *1 von 10.000 Tempoverstößen wird aufgedeckt*

28 In welchen Personengruppen findet man überdurchschnittlich viele Menschen mit hohem Punktestand?

- ☐ *Hausfrauen*
- ☐ *Berufskraftfahrer*
- ☐ *Selbstständige, Außendienstler*
- ☐ *Rentner*
- ☐ *Personen mit schlechten Perspektiven und Chancen auf ein gutes Leben*

29 Mit welchen „Strategien“ können Sie die MPU-Gutachter am besten überzeugen, Ihre Punkte-MPU (z. B. Telefonieren am Steuer, Geschwindigkeitsüberschreitungen) positiv zu beurteilen?

- ☐ *Ich muss die ganz außergewöhnlichen Umstände, die zur jeweiligen Auffälligkeit führten, deutlich machen, z. B. die Schuldanteile anderer Verkehrsteilnehmer*
- ☐ *Ich darf keinesfalls sagen, dass ich sehr oft zu schnell gefahren bin, sonst glauben die Gutachter, ich bin ein unverbesserlicher „Raser“*
- ☐ *Ich sollte den Stress vor der Punktefahrt und das Schnellfahren als unglückliche Ausnahmen darstellen, damit die Gutachter verstehen, dass von mir normalerweise keine Gefahr ausgeht und ich ein verantwortungsbewusster Mensch bin und kein Verbrecher*
- ☐ *Ich sollte auf die vielen Jahre hinweisen, in denen ich nie aufgefallen bin, weil das ins Verhältnis zu den wenigen Ausrutschern, die ich hatte, zu setzen ist*
- ☐ *Ich muss sie davon überzeugen, dass bei mir im Großen und Ganzen ein völlig normales Fahrverhalten vorlag und ich ein besonders fähiger und vorausschauender Autofahrer bin*
- ☐ *Ich muss sagen, dass ich sofort nach der letzten Tat meinen Fahrstil total verändert habe und dass es mir überhaupt nicht schwergefallen ist, mich an die Regeln zu halten*
- ☐ *Ich muss erklären, inwiefern sich mein (früherer) Umgang mit Problemen auf meinen Fahrstil ausgewirkt hat*
- ☐ *Ich muss sagen, welche negativen Gewohnheiten sich in meinem Fahrstil gefestigt haben und warum dies trotz wiederholter Bestrafungen geschehen konnte*
- ☐ *Ich muss erklären, wie ich künftig Auffälligkeiten konkret zu vermeiden gedenke*
- ☐ *Ich muss verdeutlichen, dass ich damit rechne, dass es auch Schwierigkeiten geben wird, meine guten Vorsätze konsequent umzusetzen*
- ☐ *Ich muss klarmachen, dass mein Verhalten zwar regelwidrig, aber keinesfalls gefährlich war, weil die Verkehrssituation es ermöglichte, z. B. schneller als zulässig zu fahren oder zu telefonieren*
- ☐ *Ich sollte eine Bescheinigung vorlegen, dass ich eine Schulung oder Therapie gemacht habe*

- ☐ *Ich muss verdeutlichen, dass der Schilderwald und die verstärkten Kontrollen der letzten Jahre nicht der Verkehrssicherheit, sondern der Abzocke dienen*
- ☐ *Was in der Führerscheinakte steht (z. B. Verurteilung wegen Drängeln, Unfallflucht), sollte ich, wo es geht, als Justizirrtum hinstellen, den ich nur auf Anraten des Anwalts hingenommen habe, weil wir nicht dagegen angekommen sind*
- ☐ *Ich muss erklären, weshalb ich ein besserer Autofahrer bin als die meisten anderen und daher auch nicht alle Regeln so genau beachten muss*
- ☐ *Am besten ist immer zu sagen, ich kann mich an den Vorfall nicht mehr erinnern, damit die Gutachter mir keinen Strick aus meinen Aussagen drehen können*
- ☐ *Ich muss denen klarmachen, dass ich einfach nur ein „Pechvogel" bin und dafür auch einige Beispiele aus anderen Lebensbereichen anführen*
- ☐ *Ich muss auf die Stärken meines Fahrzeugs hinweisen, die Sicherheitsreserven bieten (z. B. Sportfahrwerk, breite Reifen, gute Bremsen, starker Motor)*

4.4 Fragen zum MPU-Gespräch allgemein

30 Wie reagieren Sie, wenn Sie am Anfang der MPU gefragt werden, warum Sie überhaupt zur MPU müssen und weshalb Sie hier sind?

- ☐ *Ich sage, dass das Verkehrsamt es so von mir verlangt hat*
- ☐ *Ich mache deutlich, dass ich es für eine große Ungerechtigkeit halte, dass man mir überhaupt diese Begutachtung auferlegt, nur weil ich 1–2-mal etwas falsch gemacht habe*
- ☐ *Ich sage, dass ich die MPU für eine Abzocke halte und dass mit mir nicht zu spaßen ist*
- ☐ *Ich mache dem Gutachter klar, dass ich sowieso nicht glaube, dass es möglich ist, einen Menschen in einem so kurzen Test richtig zu beurteilen*
- ☐ *Ich sage, dass ich zur MPU muss, weil ich ein ganz schlechter Mensch bin und nun um Gnade bitten will, mir noch einmal eine Chance zu geben*

- ☐ *Ich sage, dass ich früher aufgrund von Mängeln in Einstellung und Verhalten zwangsläufig negativ aufgefallen bin und im Test zeigen will, dass ich mich inzwischen gebessert habe*

31 Wie reagieren Sie, wenn Sie am Schluss der MPU gefragt werden, ob Sie noch etwas sagen oder hinzufügen möchten?

- ☐ *Diese Frage ist ein Test. Ich sage nichts, sonst glauben die Gutachter, ich sei mir meiner Sache nicht sicher oder habe vorher gelogen*
- ☐ *Ich frage den Gutachter jetzt nachdrücklich, wie meine Begutachtung gelaufen ist. Ich gebe mich nicht mit ausweichenden Antworten zufrieden. Der Gutachter will nun sehen, wie ernst es mir mit dem Führerschein wirklich ist*
- ☐ *Sofern vorher noch nicht geschehen, mache ich deutlich, welche positiven Seiten ich meinem Führerscheinproblem rückblickend abgewinne (z. B. kein schlimmer Unfall passiert, endlich Fehler eingesehen und korrigiert)*
- ☐ *Ich frage den Gutachter, wie er es selbst mit Alkohol, Drogen und Verkehrsregeln hält und demonstriere so noch einmal, dass niemand ein Engel ist*
- ☐ *Jetzt muss ich noch einmal ganz ausdrücklich betonen, wie wichtig der Führerschein für mich ist und dass bei einem negativen Ausgang der Untersuchung mein ganzes Leben verpfuscht ist*
- ☐ *Nun ist der Moment, in dem ich Stärke und Selbstbewusstsein demonstrieren muss. Ich weise darauf hin, dass ich überzeugt bin, die Untersuchung gemeistert zu haben und dass ich für den Fall, dass etwas schiefgeht, meinen Anwalt einschalte*
- ☐ *Ich danke jetzt dem Gutachter ausdrücklich für sein Verständnis, mache ihm Komplimente und lobe ihn als äußerst kompetenten Fachmann*
- ☐ *Die Frage ist ein Wink mit dem Zaunpfahl, dass meine Story nicht angekommen ist. Ich widerrufe meine zuvor gemachten Aussagen und versuche eine andere Variante*
- ☐ *Die Frage zeigt an, dass der Gutachter jetzt Geld will, um mich positiv zu beurteilen. Ich halte einen Umschlag mit ca. 500 € bereit, den ich diskret unter vier Augen überreiche*

5 Auflösung der Wissensfragen und Erläuterungen

Im Folgenden werden die 31 Fragen beantwortet. Vergleichen Sie Ihre Ergebnisse mit den korrekten Lösungen. Allzu viele Fehler können Sie sich allerdings nicht leisten, wenn Sie eine positive Beurteilung erhalten möchten. Wenn die Fragen Sie nur am Rande interessieren, schauen Sie nur auf die Auflösung. Wenn Sie mehr erfahren möchten, lesen Sie auch die Erläuterungen und Begründungen zu der jeweiligen Frage bzw. richtigen oder falschen Antwort.

5.1 Antworten zum Thema Alkohol

1 Welche Auswirkungen können einige alkoholische Getränke auf das Denken und Verhalten eines Menschen haben?

☑ *Man überschätzt sich selbst*
☑ *Man schätzt die Alkoholwirkung falsch ein*
☑ *Man hat weniger Hemmungen*
☑ *Man beachtet gute Vorsätze nicht mehr*

Das oft schwierigste Kapitel einer Verkehrstherapie (psychologische Gespräche zum besseren Verständnis des eigenen Verhaltens, zur Unterstützung von Einstellungs- und Verhaltensänderungen, zur Vorbereitung auf eine MPU) ist es, dem Alkoholfahrer klarzumachen, dass die MPU-Gutachter eine für viele Betroffene schwer zu verstehende Sichtweise des zugrunde liegenden Problems haben. Überspitzt ausgedrückt: Man unterscheidet stark zwischen Kraftfahrern, die trinken können und trotzdem nicht fahren, und solchen, denen es (nach Aktenlage) eben gerade nicht gelungen ist, im Alkoholrausch ihr Fahrzeug (auch Fahrrad) stehen zu lassen.

Der springende Punkt ist: Wer laut Akte schon einmal unter zu viel Alkohol gefahren ist, gilt ab diesem Zeitpunkt für mindestens 10–15 Jahre als Mensch, dem es nicht zuzutrauen ist, nach Lust und Laune zu trinken und dann zuverlässig Alkoholfahrten zu vermeiden. Auch eine Lernfähigkeit wird nur unter ganz bestimmten Voraussetzungen unterstellt. Nur dann, wenn nach sehr strengen Regeln zuverlässig nur geringe Mengen Alkohol konsumiert werden oder jemand sogar ganz verzichtet, kann er aus wissenschaftlich bestätigter Sicht der MPU-Gutachter überhaupt wieder für die Fahrerlaubnis geeignet sein. Nur dann wird ihm zugetraut, nicht betrunken zu fahren (weil er ja gar nicht mehr betrunken ist, sondern allenfalls einen ganz geringen Alkoholpegel aufweist). Wer nicht betrunken ist, kann auch nicht betrunken fahren, so lautet die einfache Logik.

Was hat das für Konsequenzen? Ganz einfach: Wer in der MPU angibt, dass er ab und zu noch mal gedenkt, ordentlich einen zu trinken, fällt durch. Und das hat seine Berechtigung: Wenn der bewiesenermaßen unter Alkohol zum Leichtsinn neigende Alkoholfahrer erstmal wieder eine gewisse Menge Alkohol im Körper hat, dann ändert sich sein Verhalten. Die Gefahr ist groß, dass er die Alkoholwirkung auf sich selbst erneut falsch einschätzt. Viele Menschen neigen dazu, im Rausch die Alkoholwirkung zu unterschätzen („so betrunken bin ich doch gar nicht"), vor allen Dingen, wenn sie an Alkohol gewöhnt sind. Alkohol macht Menschen oft überheblich, leichtsinnig und weniger selbstkritisch. Und in diesem Zustand fällt es manchmal schwer, die im nüchternen Zustand gefassten guten und ehrlich gemeinten Vorsätze („wenn ich getrunken habe, fahre ich nicht mehr") auch immer und immer wieder konsequent einzuhalten.

Denn Alkohol wirkt entfesselnd. Über den Blutkreislauf wird er in alle Organe und Zellen geleitet. Im gut durchbluteten Gehirn zeigt er als Betäubungsmittel schnell seine Wirkung auf die empfindlichen Nervenzellen. Vergleichen Sie es mit dem Zahnarztbesuch, wenn man Ihnen vor der Behandlung eine Spritze gibt. Die Nervenzellen werden dadurch betäubt und leiten deshalb keine Informationen mehr weiter (Sie empfinden keine Schmerzen beim Bohren).

Warum der Alkohol eine so enthemmende und angstlösende Wirkung auf den menschlichen Organismus hat, lässt sich am besten verstehen, wenn man sich den Aufbau und die Aufgaben der Gehirnteile vor Augen hält.

Wirkung des Alkohols auf unser Gehirn

Das Großhirn ist der in der Menschheitsgeschichte jüngste und modernste Teil unseres Denkorgans. Mit ihm steuern wir unser Denken, das soziale Verhalten und unsere Skelettmuskeln. Hier befindet sich auch das Zentrum unseres Willens. Das darunter liegende Zwischenhirn ist älter und primitiver. Es ist zuständig für unsere Triebe, unsere instinktiven Bedürfnisse und unsere Gefühle. Im ältesten Hirnteil, dem Stammhirn, werden die lebenswichtigen Grundfunktionen unseres Organismus wie Kreislauf, Atmung und Herztätigkeit gesteuert. Diese unterliegen nicht unserem Willen, sie laufen sozusagen automatisch (autonom) ab.

Das Großhirn versucht alles zu speichern, was wir im Laufe unseres Lebens gelernt haben. Unser Gedächtnis und unsere daraus resultierende Fähigkeit, gemachte Erfahrungen in unser künftiges Verhalten einzubauen, ist ein gewaltiger evolutionärer Vorteil der Menschheit gegenüber anderen Wesen. Unser modernes Leben in diversen kleinen und großen menschlichen Gemeinschaften (z. B. Familie, Kindergarten, Schule, Sportverein, Freundeskreis, Arbeitskollegen, Firma, Religionsgemeinschaft, Stadt, Gesellschaft schlechthin) macht es erforderlich, sehr viele Regeln und Vorschriften zu kennen und zu beherzigen. Unser Wissen hierüber ebenso wie Anstand, Moral, Logik und Vernunft sitzen im Großhirn.

Das Großhirn sorgt somit dafür, dass wir als Teil der menschlichen Gemeinschaft funktionieren und die uns zugewiesene Rolle spielen. Wer dies nicht tut, bekommt sehr bald die Konsequenzen seiner fehlenden Anpassungsfähigkeit zu spüren. Man wird als Sonderling oder Psychopath ausgegrenzt, zum Arzt geschickt, man verliert Achtung und Perspektiven. Im schlimmsten Fall werden Regelbrüche auch mit Freiheitsentzug bestraft (oder Führerscheinentzug).

Das Großhirn sorgt entsprechend ständig dafür, dass wir unsere nicht statthaften Bedürfnisse unterdrücken. Wir haben uns unter Kontrolle. Gerade auch im Straßenverkehr ist es wichtig, dass sehr viele Regeln beachtet werden und wir uns nicht nach Gefühlen, Stimmungen und Wünschen richten.

Aber was ist mit unseren Gefühlen, mit spontanen Wünschen, Trieben und Gelüsten aus dem Zwischenhirn? Warum wird der eine im Alkoholrausch zum Alkoholfahrer und der andere nicht?

Lassen Sie uns das Großhirn einmal mit einem Herrchen und das Zwischenhirn mit seinem Hund vergleichen. Das Herrchen legt seinem Hund beim Spaziergang in der Öffentlichkeit die Leine an, lässt ihn aber z. B. beim Joggen am Waldrand oder beim Radfahren in der Natur auch mal frei laufen. Es erzieht ihn, versorgt ihn, kümmert sich um eine artgerechte Entwicklung und Lebensweise (gute Ernährung, genügend Spiel und Auslauf) – im Idealfall zumindest. Wenn das Verhältnis zwischen beiden ausgewogen ist, kommen beide zu ihrem Recht: Die Triebe des wilden und auf seine momentanen Stimmungen und Bedürfnisse ausgerichteten Hundes können sich oft genug, aber kontrolliert und ohne Schaden anzurichten entfalten.

Probleme entstehen im Grunde nur, wenn hier ein Ungleichgewicht besteht. Wird ein Hund erst gar nicht erzogen, wird er sich unangemessen und zügellos benehmen. Wird der Hund zu streng erzogen, geschlagen oder gequält, kann aus einem gutmütigen Tier ein unberechenbares Wesen werden, das zu Ausbrüchen neigt.

Je stärker also das Ungleichgewicht zwischen der Selbstkontrolle und Disziplin auf der einen Seite und den Entfaltungsmöglichkeiten für unsere emotionalen Bedürfnisse auf der anderen Seite ist, desto größer auch das Risiko, gerade unter der enthemmenden Wirkung des Alkohols auszubrechen. Genau dieses häufig vorkommende Unterdrücken von Gefühlen und Bedürfnissen (z. B. Nicht-Nein-Sagen-Können) wird in Alkoholtherapien für Verkehrsauffällige regelmäßig thematisiert und einer Besserung zugänglich gemacht.

Unser Großhirn wird nämlich zuerst und am stärksten vom Alkohol betäubt, da hier die komplexesten Verdrahtungen und Regelkreise der Abermillionen von Nervenzellen vorliegen. Vernunft, Wille und Steuerung unseres Verhaltens lassen nach. Jetzt kann das Zwischenhirn entsprechend besser zur Geltung kommen. Hemmungen, die wir im nüchternen Zustand haben, schwinden. Wir fühlen uns mit jedem Drink zunehmend frei von Kontrolle und nehmen Bedürfnisse wahr, die wir nüchtern unterdrücken.

Aber, wenn das so ist, weshalb trinken dann viele Menschen gerne Alkohol? Gerade eben aufgrund dieser auflockernden Wirkung des Alkohols, lautet die Antwort.

Bereits von Kindertagen an lernen wir, unsere Bedürfnisse systematisch einzuschränken. Wir wachsen in dem Druck auf, funktionieren zu müssen und unsere Gefühle hintanzustellen. Daher passiert es oft, dass wir uns aus Furcht vor Blamagen oder Niederlagen zu stark einengen und kontrollieren. Unsere Aggressionen, Wut, Schmerz, Angst, Traurigkeit und Enttäuschung glauben wir nicht nach außen zeigen zu dürfen. Stattdessen sind wir bemüht, einen „kühlen Kopf" zu bewahren, über den Dingen zu stehen. Gerade bei jungen Menschen ist „cool sein" oberstes Ziel des Verhaltens.

Wir verlieren mit den Jahren die enge und wertschätzende Beziehung zu unseren Gefühlen und Bedürfnissen. Es fällt uns immer schwerer, unsere wahren Bedürfnisse noch wahrzunehmen und in angemessener Form ins Alltagsleben zu integrieren. Dabei sind unsere Gefühle das wichtigste, was uns seelisch ausmacht. All unsere Handlungen und Lebensziele, die wir mit aller Kraft verfolgen, sind in letzter Konsequenz doch auf unsere ganz verborgenen, teilweise uns selbst noch nicht einmal bewussten Gefühle zurückzuführen und auch nur so erklärlich.

Alkohol lockert unsere Fesseln. Nach wenigen Schlucken fühlen wir das „Auftauen". Wir möchten doch gerne auch mal ausgelassen und fröhlich sein. Wir beginnen auch, uns stärker zu fühlen. Der Stress des Alltags fällt mehr und mehr ab. Die künstlichen Gefühle, welche der Alkohol uns schenkt, heißen in erster Linie Entspannung und Euphorie – alles ist gut.

Nach einigen weiteren Drinks – das Großhirn hat die Kontrolle stark zurückgefahren – kann das Zwischenhirn endlich zum Zuge kommen: Angestauter Frust, unterdrückte Aggressionen, im nüchternen Leben zu kurz gekommene Gefühle und andere Bedürfnisse wie Nähe, Sehnsucht, Geborgenheit, Liebe, Sex machen sich spätestens jetzt bemerkbar. Das Gefühl der durch den Alkohol erlebten Freiheit, sich einfach wohlzufühlen im „Hier und Jetzt", nicht an gestern und morgen denken zu müssen, tut vielen Menschen für die paar Stunden des Rausches richtig gut.

Wenn wir unser Trinkverhalten ändern möchten, müssen wir es erstmal besser verstehen lernen. Wir müssen das Ungleichgewicht in unserem Leben erkennen, das dazu führt, dass wir den Rausch als positiv und bereichernd empfinden.

Die Alkoholneurose als Ursache für Trunkenheitsfahrten

Eine etwas andere Sicht auf diese Dinge stammt von einem bekannten Psychotherapeuten und Verkehrspsychologen, Dr. German Höcher. Sie führt allerdings im Ergebnis zu der gleichen Konsequenz, nämlich, dass nur eine massive Reduzierung des Alkoholkonsums oder ggf. auch kompletter Verzicht zur Wiederherstellung der Fahreignung führen können.

Dr. Höcher hat sich, wie andere auch, lange darüber Gedanken gemacht, weshalb Alkoholfahrer so oft rückfällig werden, obwohl sie ja gerade durch frühere Führerscheinentzüge vorbelastet sind und dadurch die Nachteile des Führerscheinentzugs am eigenen Leib erfahren haben. Er vermutet hierzu, dass es sich bei Alkoholfahrern um in bestimmter Hinsicht besondere Menschen handelt.

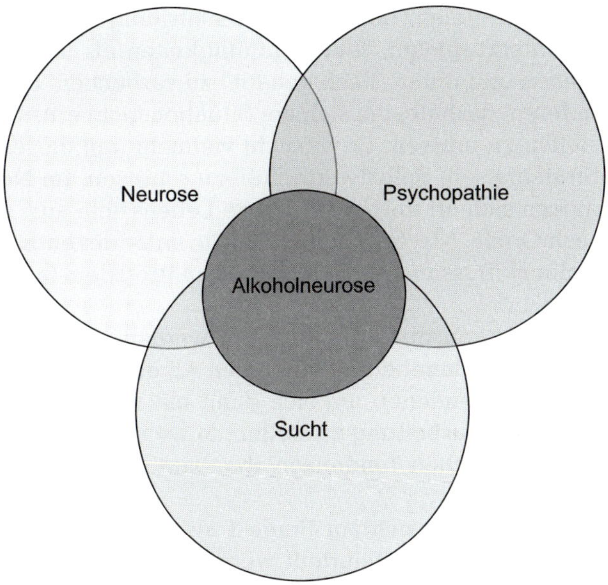

Bild 1: Die Alkoholneurose (Quelle: In Anlehnung an Höcher, 2009)

Er führt dazu aus, dass Alkoholfahrer drei ungünstige Tendenzen in ihrer Persönlichkeit aufweisen, die dann erst in ihrem Aufeinandertreffen und Zusammenwirken zu Alkoholfahrten führen können. Keine dieser Negativtendenzen stellt für sich allein genommen zwangsläufig schon ein gravierendes Problem dar.

Zum einen neigen die Alkoholfahrer zum Suchtmittelmissbrauch (oft und/oder viel Alkohol trinken). Um eine Alkoholabhängigkeit im medizinischen Sinne handelt es sich dabei aber zumeist nicht.

Im Weiteren weisen Alkoholfahrer eine Psychopathietendenz auf. Dieser Aspekt manifestiert sich am deutlichsten darin, dass der Alkoholfahrer (enthemmt und ermutigt durch den Alkoholeinfluss) Risiken eingeht, Selbstgefährdung sowie Schädigung anderer Verkehrsteilnehmer in Kauf nimmt.

Zuletzt zeigt sich die neurotische Tendenz insbesondere darin, dass der Alkoholfahrer erhebliche innere Widerstände dagegen aufbaut, sich seine Probleme und Verhaltensmuster selbstkritisch einzugestehen. Er neigt vielmehr dazu, seinen leichtsinnigen Umgang mit Alkohol herunterzuspielen, seine Auffälligkeiten als ungefährlich wahrzunehmen und unter „Pech gehabt" zu verbuchen. Dieses tut er unter anderem deshalb, um sich der Situation nicht ernsthaft und sachlich stellen zu müssen. Er versucht vielmehr, mit dieser unbewussten Strategie sein Selbstwertgefühl zu schützen. Im Neuroseaspekt drücken sich oft auch verborgene Lebensziele aus, wie der Wunsch nach Größe, Macht, Kompetenz, die unter der enthemmenden Alkoholbeeinflussung ausgelebt werden (trotzdem fahren).

Dieser Kreislauf kann nur durchbrochen werden, wenn zunächst einmal die ständige Benebelung durch den Alkohol aufhört (Durchbrechen der Suchttendenz), um sich dann mit klarem Kopf einer therapeutischen Aufarbeitung zu stellen, in welcher die psychopatischen und neurotischen Tendenzen abgebaut werden.

Zusammenfassend lässt sich zur Frage 1 also sagen: Man kann in der MPU nur dann positiv beurteilt werden, wenn man glaubhaft vermittelt, dass man künftig **nie wieder** in größeren Mengen Alkohol trinken wird oder ggf. auch komplett auf Alkohol verzichtet – und zwar aus der eigenen Überzeugung heraus, dass man ansonsten Gefahr läuft, auch wieder betrunken zu fahren.

Daneben sollte man auch weitere nachvollziehbare Gründe anführen, weshalb der Verzicht oder zumindest der verantwortungsbewusste Umgang mit Alkohol für jemanden auch mittel- und langfristig die bessere Alternative darstellt.

Denn die Gutachter dürfen dem MPU-Kandidaten aufgrund der dargestellten Zusammenhänge einfach nicht abnehmen, dass er künftig zwar ab und zu richtig „einen trinken" kann, dann aber – im Gegensatz zu früher – zuverlässig in der Lage ist, nicht durch Regelverletzungen aufzufallen.

Überspitzt gesagt: Die Freiheit, unbekümmert Alkohol zu trinken, ohne dass die Fahreignung infrage gestellt wird, hat man eingebüßt und erlangt sie auch nie wieder. Das Vertrauen in die Zuverlässigkeit als Kraftfahrer besteht nur, solange nicht zuviel Alkohol im Spiel ist.

2 Wie viele Menschen werden in Deutschland jährlich wegen einer Fragestellung im Zusammenhang mit Alkohol zu einer MPU aufgefordert?

- ☐ *10.000*
- ☑ *50.000*
- ☐ *200.000*
- ☐ *1.000.000*

Die meisten der mehr als 60 Mio. Erwachsenen in Deutschland (insgesamt etwas über 80 Mio. Einwohner) haben den Führerschein und trinken mehr oder weniger häufig Alkohol. Recht viele davon (10–15 Mio.) schauen oft auch tiefer ins Glas (gesundheitlich bedenklicher Konsum oder bereits Missbrauch). 2 Mio. gelten sogar als alkoholkrank.

Jetzt kommt die Statistik ins Spiel: Weniger als 1 von 1.000 dieser Kraftfahrer wird derart auffällig, dass er dafür zu einer MPU bestellt wird. Dies ist bekanntlich nur der Fall, wenn man mit mindestens 1,6 ‰ gefahren ist oder bereits mehrfach mit unzulässiger Alkoholisierung ertappt wurde. Was denken also das Verkehrsamt und die MPU-Gutachter? Bei diesem speziellen Alkoholkonsumenten (fast alle anderen Menschen trinken ja auch Alkohol und fallen trotzdem nicht auf) muss man von besonders extremen Trinksitten ausgehen oder zumindest von einer Persönlichkeit, die durch Alkoholeinwirkung problematische Facetten annimmt.

Die MPU ist statistisch gesehen etwas sehr Außergewöhnliches, was keinesfalls jedem „mal so mir nichts, dir nichts" passiert. Hinter der Trunkenheitsfahrt werden vielmehr Mechanismen vermutet, die es durch das Mittel der MPU genauer zu beleuchten gilt.

Im Übrigen sind auch die Gerüchte falsch, dass 80–90 % in der MPU negativ beurteilt werden. Die Bundesanstalt für Straßenwesen (BASt) lässt sich als Kontrollorgan aller deutschen MPU-Stellen jährlich über Untersuchungszahlen und Bestehensquoten informieren. Sie veröffentlicht anschließend die Ergebnisse der MPU-Tests in Form von genauen Statistiken.

Danach erhält über die Hälfte der MPU-Kandidaten ein positives Gutachten, 6,7 % können im Rahmen eines speziellen Kurses nach

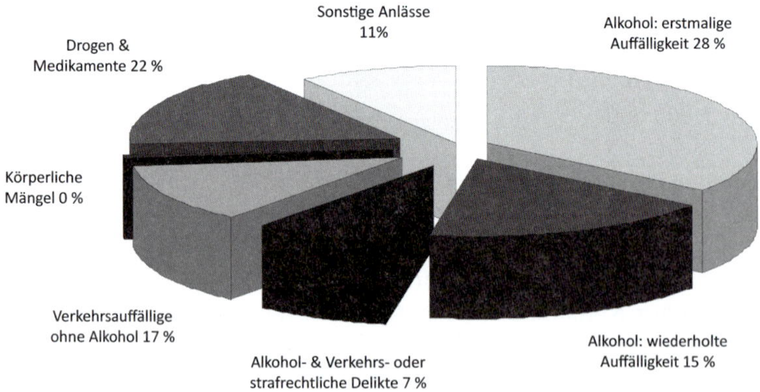

Bild 2: Verteilung der Untersuchungsanlässe im Jahr 2013 (Quelle: BASt, 2014)

Tabelle 1: Anlassbezogene Aufschlüsselung der MPU-Ergebnisse in Prozent für das Jahr 2013 (Quelle: BASt, 2014)

	Anlassgruppe	Geeignet (in %)	Nachschulungsfähig (in %)	Ungeeignet (in %)	Anzahl	Anteil (in %)
1	**Untersuchungen nach StVG §§2a und 4, Abs. 10 & FeV §§11 Abs. 3, 13, 14**					
1.1	Körperliche und geistige Mängel	55,9	*	44,1	**270**	0,3
1.2	Neurologisch-psychiatrische Mängel	53,2	*	46,8	**158**	0,2
1.3	Auffälligkeit bei der Fahrerlaubnisprüfung	50,4	*	49,6	**119**	0,1
2	**Tatauffällige**					
2.1	Verkehrsauffälligkeiten	61,4	0,5	38,2	**13.716**	14,5
2.2	Sonstige strafrechtliche Auffälligkeiten	60,4	0,5	39,1	**3.480**	3,7
3	**Alkoholauffällige (§13 Nr.2 FeV)**					
3.1	Alkohol erstmalig	55,0	11,5	33,5	**26.775**	28,2
3.2	Alkohol wiederholt	47,6	8,0	44,4	**14.322**	15,1
4	**Betäubungsmittel- und Medikamentenauffällige**	62,4	8,0	29,6	**15.374**	17,3
5	**Untersuchungen bei Mehrfachfragestellungen (FeV §11 Abs.6)**					
5.1	Alkohol in Kombination mit allgemeiner Verkehrsauffälligkeit beziehungsweise sonstigen strafrechtlichen Auffälligkeiten	46,3	7,1	46,6	**6.321**	6,7
5.2	Alkohol in Kombination mit sonstigen Drogen & Medikamenten	56,5	5,4	38,1	**2.063**	2,2
5.3	Allgemeine Verkehrsauffälligkeit in Kombination mit sonstigen strafrechtlichen Auffälligkeiten	57,3	0,3	42,4	**2.033**	2,1
5.4	Sonstige Drogen und Medikamente in Kombination mit allgemeinen Verkehrsauffälligkeiten	56,8	3,8	39,4	**2.097**	2,2
5.5	Sonstige Mehrfachfragestellungen	51,0	3,5	45,5	**2166**	2,3
6	**Untersuchungen nach FeV §§10 Abs. 2 und 11 Abs. 3 Nr.2** (Mindestalter)	92,7	*	7,3	**4.269**	4,5
7	**Untersuchungen nach FahrlG §3 S. 1 Nr. 3 und §33 Abs. 3** (Bewerber um eine Fahrlehrererlaubnis und Fahrlehrer)	83,6	*	16,4	**134**	0,1
8	**Sonstige Anlässe** (mit Erläuterungen)	51,7	*	48,3	**522**	0,6
	Gesamt	**57,5**	**6,7**	**35,9**	**94.819**	**100,00**

* Anlassgruppe ohne mögliche Kurszuweisung

§ 70 FeV (Fahrerlaubnis-Verordnung) nachgeschult werden und bekommen dann den Führerschein ausgehändigt ohne erneute MPU. Nur 35,9 % bekommen ein negatives Gutachten. 57,5 % bekommen eine günstige Prognose (Quelle: BASt, 2014). Zur Frage, wie viele MPU-Kandidaten sich mithilfe von Schulungen oder Gesprächen bei Verkehrspsychologen gezielt auf ihre Untersuchung vorbereitet haben, gibt es keine exakten Zahlen. Man kann aber davon ausgehen, dass sich inzwischen mindestens 50 % erst nach Vorbereitung mit entsprechender Bescheinigung der Begutachtung stellen. Die Tendenz, sich vor der Untersuchung zu informieren und ggf. auch Schulungs- oder Rehabilitationsmaßnahmen noch vor die MPU zu schalten, nimmt seit Jahren zu. Hierdurch ist natürlich auch das Niveau der Veränderungsbereitschaft und Problemeinsicht deutlich gestiegen.

Andersherum gesagt: Dass die Quote der positiven MPUs seit Jahren ansteigt, ist vor allem dem Umstand geschuldet, dass sich immer mehr Menschen mit fachkundiger Hilfe vorbereiten. Sie tun im Vorfeld der Prüfung einiges dafür, ein positives Ergebnis zu erhalten. Unvorbereitet in die Untersuchung zu gehen, ist sehr riskant, **sogar riskanter denn je,** da eine solide Information, was in der Begutachtung erwartet wird, und eine dementsprechende Vorbereitung inzwischen fast zum Standard gehören.

Genaue Zahlen zur Quote geschulter Fälle in der MPU gibt es aufgrund des Datenschutzes nicht. Aber man kann davon ausgehen, dass Kandidaten ohne Bescheinigung einer Schulungs- oder Rehabilitationsmaßname nur etwa zu 25 % ein positives Gutachten erhalten. Noch mehr: Da seit 2013 nochmals deutlich präziser formulierte Bestimmungen veröffentlicht wurden (Beurteilungskriterien, 3. Auflage), ist es für den Laien noch schwieriger, seine persönliche Situation und seine Chancen auf ein positives Gutachten richtig einzuschätzen.

Fachkundige Verkehrspsychologen (mehr dazu, wer als seriös und kompetent einzuschätzen ist, im Kapitel 7) helfen bei einer guten Vorbereitung auf die Untersuchung. Sie klären die individuelle Situation und sorgen mit Ihnen gemeinsam dafür, dass Sie die Voraussetzungen für ein positives Gutachten schaffen.

Merke: Der Umstand, dass Sie überhaupt zur Alkohol-MPU bestellt werden, kann kein reiner Zufall oder großes Pech sein (Statistik 1 : 1.000). Sie müssen daher das Problematische, was hinter der aktenkundigen Auffälligkeit steht, einsehen und beschreiben. Und Sie müssen dann auch Tatsachen und Belege anbieten, dass Sie inzwischen zum Autofahren wieder geeignet sind (und zwar charakterlich).

Sie haben richtig gelesen: Nicht der MPU-Gutachter muss Ihnen etwas Negatives nachweisen, wie Sie es noch von der Polizei oder der Staatsanwaltschaft kennen. Sind Sie erst einmal ein MPU-Fall, gilt die sogenannte „Umkehr der Beweislast". Sie selbst sind nun Ermittler, nicht die anderen. Die Unschuldsvermutung gilt nicht mehr. Wenn es Ihnen nicht gelingt, die Ursachen der Auffälligkeit zu erklären und darauf aufbauend geeignete und zukunftsfeste Verhaltensänderungen zu belegen, erhalten Sie ein negatives Gutachten. Das gilt übrigens auch, wenn der Psychologe Ihnen Ihre Angaben nicht glauben kann, weil sie vage, unkonkret, widersprüchlich sind oder nicht der Realität bzw. der Aktenlage entsprechen.

3 Wie viele Fahrten unter Alkoholeinfluss (0,5 ‰ oder mehr) finden in Deutschland statistisch statt, bis mal eine aufgedeckt wird?

- ☐ *1 von 3 Fahrten wird aufgedeckt*
- ☐ *1 von 20 Fahrten wird aufgedeckt*
- ☐ *1 von 50 Fahrten wird aufgedeckt*
- ☑ *1 von 400 Fahrten wird aufgedeckt*
- ☐ *1 von 2000 Fahrten wird aufgedeckt*

Was für einen Eindruck vermittelt jemand, dessen Führerscheinakte über ein, zwei oder sogar noch mehr Alkoholauffälligkeiten berichtet? Ja, richtig: Es werden mit an Sicherheit grenzender Wahrscheinlichkeit nicht die einzigen Verstöße gewesen sein. Sicher ist der Betroffene noch deutlich öfter gefahren, nachdem er zu viel getrunken hat. Die aufgedeckte Alkoholfahrt ist also lediglich die „Spitze des Eisbergs".

Unter dieser Spitze verstecken sich nicht nur viele unentdeckte Alkoholfahrten, sondern auch ein sehr komplexes Geflecht von Ursachen und Hintergründen. Und je tiefer man geht, desto mehr wird man auf Aspekte stoßen, die weitgehend unbewusst sind.

Eine Theorie der allmählichen Verfestigung von Alkoholfahrten lautet folgendermaßen: Auf der bewussten Ebene kommt es nach einer nicht aufgedeckten Alkoholfahrt oft noch zu einem schlechten

Gewissen. Vielleicht auch zu gut gemeinten Vorsätzen, so etwas künftig zu vermeiden.

Aber auf der unterbewussten Ebene sieht es leider zumeist nicht so erfreulich aus. Ein schlechtes Gewissen ist für unseren Seelenfrieden etwas sehr Unschönes. Deshalb neigen wir dazu, es möglichst schnell loswerden zu wollen. Das Ereignis wird daher meist recht bald verdrängt. „…Und mal ganz ehrlich, was ist nun schon so wichtig an der kleinen Alkoholfahrt von vorgestern, bei der doch auch gar nichts Schlimmes passiert ist? Die Fahrt hat doch außer mir selbst auch niemand bemerkt…"

Unser „innerer Schweinehund" könnte eine solche unentdeckte Alkoholfahrt insgeheim sogar als einen „Erfolg" verbuchen. Wir Menschen neigen als intelligente Wesen dazu, unsere Erfahrungen

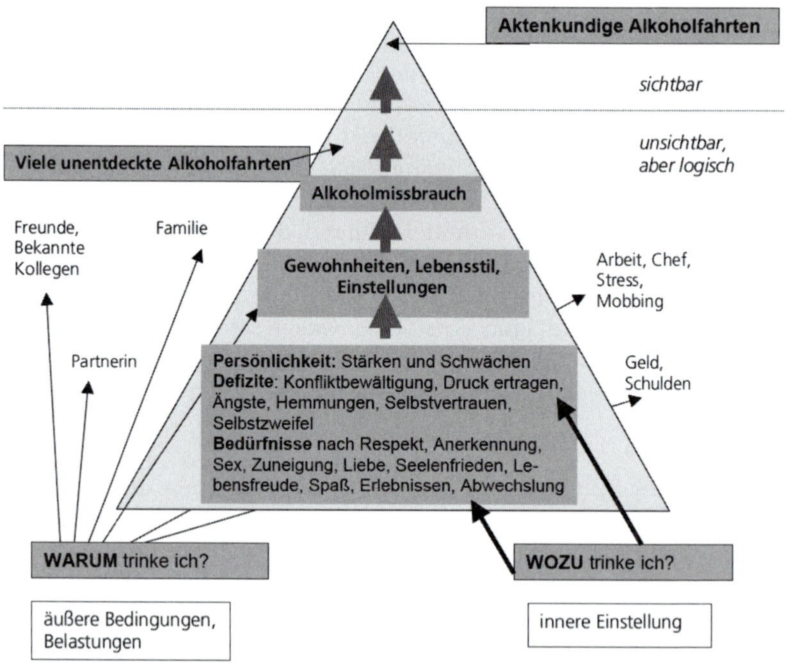

Bild 3: Alkoholfahrt als „Spitze des Eisbergs" (eigene Darstellung)

auch unbewusst in unser künftiges Verhalten einzubauen. Was wir letztendlich im Hinterkopf abspeichern, klingt dann z. B. so:

- Ich bin trotz des Alkohols im Blut noch heil und „sicher" nach Hause gekommen.
- Die Polizei hat mich nicht erwischt.
- Ich hab doch meinen Führerschein noch.
- Ich kann auch nach einigen Drinks noch unauffällig fahren.
- So gefährlich ist das gar nicht, unter Alkohol zu fahren.
- Ich bin dem Regen entkommen, musste kein Taxi bezahlen, hatte morgens gleich das Auto vor meiner Tür, keine dummen Fragen, wo der Wagen ist.

Sie sehen, dass es irgendwie ja auch ganz praktisch ist, es mal nicht so genau zu nehmen mit den Regeln. In diese Spirale sich immer wieder ereignender Alkoholfahrten sind schon sehr viele hineingeraten. Der durchschnittliche Kraftfahrer wird höchstens mal alle paar Jahre zufällig von der Polizei kontrolliert. Und seien wir doch mal ehrlich, wir alle wollen doch auch gar keinen Polizeistaat, der die Autofahrer ständig genau unter die Lupe nimmt. Wir wissen doch alle, wie schnell sich Unmut breitmacht, wenn z. B. verschärfte Kontrollen (wie z. B. das Aufstellen von Blitzern) durchgeführt werden. Wir wollen keine gläsernen Autofahrer sein. So erklären sich dann auch die enormen Dunkelziffern bei den meisten Verkehrsdelikten.

Hinter der „Dunkelziffer" nicht entdeckter bzw. nicht geahndeter Trunkenheitsfahrten steckt ein Mechanismus, der folgendermaßen beschrieben werden kann: Ein Verhalten, das positive Konsequenzen hat, zumindest keine negativen Folgen nach sich zieht, tendiert zu einer Verstärkung. Das heißt, es tritt künftig häufiger und intensiver auf, wird zur Gewohnheit. Kurzfristige positive Folgen einer alkoholisierten Fahrt (Taxigeld gespart, trockenen Fußes nach Hause gekommen, Auto am nächsten Tag zur Verfügung, nicht erwischt worden) werden im Gehirn gespeichert und bei nächster Gelegenheit abgerufen: Ist doch gut gegangen, ist doch nichts passiert, warum nicht die 2 km fahren? Und wozu habe ich mir denn mein Auto gekauft? Um von A nach B zu gelangen, wenn andere Transportmöglichkeiten schwierig sind.

Merke: Dass es einzig und alleine zu den in der Akte verzeichneten Trunkenheitsfahrten gekommen ist und nicht auch zu zahlreichen unentdeckten Taten, glaubt Ihnen in der MPU normalerweise niemand. Und was passiert, wenn die Glaubhaftigkeit Ihrer Aussagen ernsthaft anzuzweifeln ist, haben Sie ja bereits gelesen.

Was aber, wenn es nun gerade bei Ihnen entgegen der Statistik doch eine „tragische Ausnahme" gab? Dann müssen Sie dieses so Besondere an der Alkoholfahrt auch sehr differenziert und nachvollziehbar begründen können.

Hierzu einige Beispiele aus der Praxis. Ein Führerscheinneuling musste schon 2 Wochen nach bestandener Fahrprüfung seine „Pappe" wieder abgeben. Das erste Auto und der Spaß beim Fahren damit waren verständlicherweise noch etwas so Faszinierendes für ihn, dass er, zu Fuß heimgekommen vom Besäufnis mit den Kumpels, unbedingt noch mal in seinem vor der Haustür parkenden Wagen sitzen und ursprünglich nur Musik hören wollte.

Was dann geschah, können Sie sich denken. Oder ist es Ihnen schon einmal passiert, dass Sie entgegen Ihrer sonstigen Gewohnheiten zu viel Hochprozentiges oder verschiedene Alkoholika durcheinander getrunken haben, sodass Ihnen ganz unerwartet an der frischen Luft der „Film gerissen" ist und Sie deshalb nicht mehr wussten, was Sie tun?

Hatten Sie schon einmal eine dramatische Beziehungskrise und im Suff das ganz dringende Bedürfnis, den Partner zu sehen, um etwas Entscheidendes zu klären? Oder wollten Sie einfach nachschauen, was er/sie in Ihrer Abwesenheit gerade so tut?

Allen diesen vermeintlichen Ausnahmen wohnt trotzdem eine Regel inne: nämlich die, dass zuviel getrunken wurde und in der alkoholbedingten Enthemmung falsche Entscheidungen getroffen wurden. Hinzu kommt, dass die hohen Promillewerte immer auch anzeigen, dass jemand wohl sehr häufig „einen über den Durst getrunken" hat, also zum Rauschtrinken neigt.

4 a Wie viel Gramm reinen Alkohols sind ungefähr in einem Glas Bier à 0,3 Liter (Pils) enthalten?

- ☐ *3 Gramm*
- ☐ *7 Gramm*
- ☑ *12 Gramm*
- ☐ *20 Gramm*

4 b Wie viel Gramm reinen Alkohols sind ungefähr in einem Glas Wein à 0,2 Liter enthalten?

- ☐ *3 Gramm*
- ☐ *7 Gramm*
- ☐ *12 Gramm*
- ☑ *20 Gramm*

4 c Wie viel Gramm reinen Alkohols sind ungefähr in einem Glas Schnaps à 0,02 Liter enthalten?

- ☐ *3 Gramm*
- ☑ *7 Gramm*
- ☐ *12 Gramm*
- ☐ *20 Gramm*

Der Alkoholgehalt von Getränken wird üblicherweise in „Volumen-Prozent" (Vol.-%) angegeben. Alkohol hat als reine chemische Substanz ein anderes sogenanntes spezifisches Gewicht als z. B. Wasser (1 kg/Liter) oder Gold (19 kg/Liter). 1 Liter reiner Alkohol bringt es nur auf knapp 0,8 kg/Liter oder anders ausgedrückt 0,8 g/ml. 1 l Bier mit 5,0 Vol.-% Alkohol enthält also 50 ml (1 Milliliter = 1000stel Liter) reinen Alkohol. Sie sehen, es geht zunächst einmal um das Volumen, also die Raumeinheit. Das Gewicht des Alkohols in einem Liter Bier muss erst noch errechnet werden. Da 1 Liter reinen Alkohols 800 g wiegt, wiegen 50 ml reinen Alkohols 40 g.

Die dazugehörige Rechnung lautet: 50 ml x 0,8 g/ml = 40 g.

Habe ich nun aber nur 0,3 l Bier (heutzutage weitgehend Standardmenge in der Gastronomie), enthält mein Bierglas 12 g Alkohol.

Entsprechend gilt für Wein (mit durchschnittlich 12–13 Vol.-% Alkoholgehalt): 1 Liter Wein enthält ca. 125 ml reinen Alkohols, dieser Alkohol wiegt 100 g. Das Weinglas zu 0,2 l (heutzutage Standard in der Gastronomie) enthält somit 20 g reinen Alkohol.

In 1 Liter Schnaps (40–45 Vol.-% Alkoholgehalt) sind 400–450 ml Alkohol enthalten, diese wiegen 320–360 g. 0,01 l Schnaps enthalten somit 3,2–3,6 g, und das normale Schnapsglas zu 0,02 l oder anders ausgedrückt 2 cl (Zentiliter) enthält 6,4–7,2 g, also 7 g Alkohol.

Warum ist das Gewicht des Alkohols in meinem Glas wichtig? Weil sowohl die Berechnung der Promillewerte als auch die Einstufung, wie gesund oder ungesund das Trinkverhalten ist, üblicherweise auf dem Gewicht des konsumierten Alkohols basiert und nicht auf der Flüssigkeitsmenge.

5 Ab wie viel Gramm Alkohol täglich sind gesundheitliche Folgen und Langzeitschäden nach derzeitigem Stand der Wissenschaft für Männer und Frauen wahrscheinlich (riskanter Konsum)?

Männer:
- ☐ *Ab ca. 13 g pro Tag*
- ☑ *Ab ca. 25 g pro Tag*
- ☐ *Ab ca. 60 g pro Tag*
- ☐ *Ab ca. 120 g pro Tag*

Frauen:
- ☑ *Ab ca. 13 g pro Tag*
- ☐ *Ab ca. 25 g pro Tag*
- ☐ *Ab ca. 60 g pro Tag*
- ☐ *Ab ca. 120 g pro Tag*

In der Alkohol-MPU sehr wichtige Aspekte sind die früheren und die heutigen Trinkmengen und Trinkverhaltensmuster (sofern jemand überhaupt noch Alkohol trinkt). Die Vorstellung davon, was ein akzeptabler Alkoholkonsum im Sinne eines nicht gesundheitsschädlichen Genusstrinkens ist, richtet sich wiederum nach wissenschaftlichen Erkenntnissen und Übereinkünften. Eine wichtige Institution ist die WHO (Welt-Gesundheits-Organisation). Ihre Empfehlungen z. B. zu Ernährung, sportlicher Betätigung und auch zum Alkoholgebrauch gelten als Richtlinien, die auch der MPU zugrunde liegen. In den Vorschriften für die Alkohol-MPU *(Beurteilungskriterien, 2013)* heißt es dazu, wie ein akzeptabler Alkoholkonsum für eine positive MPU sein sollte, beispielsweise:

... Der Alkoholkonsum findet in einem überschaubaren Rahmen statt. Der Klient kann ihn konkret, z. B. hinsichtlich der Häufigkeit, der Trinksituationen, der Trinkmengen, Art der alkoholischen Getränke und des zeitlichen Verlaufs benennen.

... Die Häufigkeit der Trinkanlässe hat sich reduziert.

... Der durchschnittliche Alkoholkonsum (...) bewegt sich im Bereich des risikoarmen Konsums (für Männer bis 24 g reiner Alkohol, für Frauen bis 12 g).

... Der durchschnittliche Alkoholkonsum (...) bewegt sich zwar im Bereich des riskanten Konsums (für Männer 24–60 g reiner Alkohol, für Frauen 12–40 g), das Konsummuster und die Konsummotive lassen jedoch keine weitere Steigerung des Alkoholkonsums befürchten, noch ist zu erwarten, dass ein Trink-Fahr-Konflikt entsteht.

Sie sehen, was vernünftig ist: Maximal 24 g reiner Alkohol für Männer (z. B. 2 Bier à 0,3 l oder 1 Glas Wein à 0,2 l) und für Frauen nur die Hälfte davon!

Zwar sind geringfügige Abweichungen nach oben grundsätzlich möglich, dies führt aber immer zu einer weiteren Diskussion, welche eine positive Beurteilung erschwert.

6 Welche Aspekte sind für die Höhe des Promillewertes nach Alkoholgenuss verantwortlich?

- ☐ *Wie man sich gerade fühlt (Tagesform)*
- ☑ *Körpergewicht und Körperbau*
- ☑ *Alkoholgehalt und Menge der verzehrten Getränke*
- ☐ *Ob man ausgeschlafen oder müde ist*
- ☑ *Das Tempo beim Trinken und die Zeit, die seit Trinkbeginn verstrichen ist*
- ☑ *Das Geschlecht*

Wie viel Promille man nach Alkoholkonsum im Blut hat, hängt von vielen Faktoren ab. Zum Thema Alkoholgehalt der Getränke sei auf die Erläuterung zu den Fragen 4 a–c verwiesen. Alkohol vermischt sich nur mit den flüssigen Bestandteilen unseres Organismus. Ins Fettgewebe und in die Knochen dringt er nicht ein. Die Bezeichnung „1 Promille" bedeutet, dass auf tausend Teile Körperflüssigkeit genau 1 Teil reiner Alkohol kommt.

Geschlecht, Körpergewicht und Körperbau

Wenn Alkohol über unser Verdauungssystem (Mund, Speiseröhre, Magen, Darm) aufgenommen wird, verteilt er sich rasch in der gesamten Körperflüssigkeit. Um das Mischungsverhältnis (Alkoholmenge zu Körperflüssigkeitsmenge) berechnen zu können, muss man wissen, dass ein normal gebauter (nicht übergewichtiger) Mann einen Flüssigkeitsanteil von ca. 70 % seines Körpergewichts aufweist, eine normal gebaute Frau 60 %. Der Unterschied rührt daher, dass Frauen über geringfügig mehr Fettgewebe und dafür weniger Muskelmasse verfügen. Bei übergewichtigen Menschen muss man bei der Berechnung vom Normalgewicht ausgehen, nicht vom tatsächlichen Gewicht. Als Anhaltspunkt für das Normalgewicht kann man rechnen: Körpergröße in cm minus 100 = Normalgewicht in Kilo. Also sollte ein übergewichtiger Mann, der z. B. bei einer Körpergröße von 180 cm 120 kg wiegt, sein Normalgewicht mit 80 kg für die Berechnung ansetzen.

Der Anteil der Körperflüssigkeit berechnet sich dann wie folgt:

Der Körper eines normalgewichtigen Mannes mit 80 kg enthält 56 kg Flüssigkeit (70 % von 80 kg), eine normal gebaute Frau mit z. B. 50 kg Körpermasse weist eine Flüssigkeitsmenge von 30 kg auf (60 % von 50 kg).

Alkoholgehalt und Menge der verzehrten Getränke

Jeder trinkt nun 1 Glas Bier mit 0,2 l (Alkoholgehalt 8 g).
Daraus ergibt sich eine Promillezahl für den Mann von
8 g : 56 kg = 0,14 ‰.

Für die Frau ergibt sich analog:
8 g : 30 kg = 0,27 ‰.

In Gaststätten bekommt man immer seltener solche sogenannten „Standardgläser", die jeweils 8 g Alkohol enthalten. Bier gibt es zumeist als 0,3-l-Glas (12 g Alkohol), 0,4-l-Glas (16 g Alkohol) oder gar 0,5-l-Krug (20 g Alkohol). Vorsicht bei Cocktails und Mixgetränken, denn gerade hier ist die enthaltene Alkoholmenge kaum abzuschätzen.

Abbauzeit des Alkohols

Die Leber baut den im Körper vorhandenen Alkohol wieder ab. Sie sorgt damit dafür, dass unser Körper wieder „entgiftet" wird. Denn Alkohol ist für uns Gift, das unschädlich gemacht werden muss. Wenn man schneller trinkt, als die Leber den vorhandenen Alkohol unschädlich machen kann, steigt der Promillewert.

Die gesunde Leber wandelt ca. 1 g Alkohol pro 10 kg Körpergewicht pro Stunde in unschädliche Substanzen um. Der 80-kg-Mann baut also 8 g Alkohol/Stunde ab, die 50-kg-Frau 5 g/Stunde. Damit ergibt sich ein Abbauwert von ca. 0,15 ‰ stündlich. Sicherheitshalber sollte man aber lieber nur mit einem Wert von 0,1 ‰/Stunde als Alkoholabbau rechnen.

Übrigens: Kranke bauen Alkohol nicht nur schlechter ab, sondern der Alkohol verhindert auch eine wirksame körpereigene Krankheitsabwehr. Denn alleine zur Verbrennung des Alkohols werden erhebliche Mengen des Atemsauerstoffs verbraucht, die dann der ebenfalls sehr sauerstoffintensiven Krankheitsbekämpfung fehlen.

Den nach Trink-Ende noch nicht abgebauten Alkohol, der weiter durch den Körper zirkuliert, nennt man Restalkohol. Den Kopfschmerz, auch „Kater" genannt, bekommt man in erster Linie von den beim Alkoholabbau entstehenden neuen chemischen Substanzen und bestimmten Inhaltsstoffen der alkoholischen Getränke (auch „Fuselstoffe" genannt).

Medikamenteneinnahme bewirkt, dass der Alkoholpegel auf einer schwer einzuschätzenden Höhe bleibt. Denn die Leber muss dann nicht nur den Alkohol, sondern auch die Medikamente abbauen und daher gewissermaßen ihre Arbeitskraft aufteilen.

Nachtrunk (also spätere Alkoholaufnahme nach dem eigentlichen Ende des Trinkens) führt ebenso dazu, dass die Promillezahl langsamer sinkt oder zwischenzeitig sogar erneut ansteigt.

Die anderen infrage gestellten Aspekte, ob man ausgeschlafen oder müde ist, guter oder schlechter Stimmung, haben hingegen keinen wesentlichen Einfluss auf die Promillezahl, auch nicht, ob man z. B. morgens oder abends trinkt, alleine oder in Gesellschaft. Was sich hierdurch ändern kann, ist lediglich die Wirkung, die man vom Alkohol verspürt. Wir Menschen sind nun mal kein gutes Messinstrument für unsere Promillezahl. Die Blutprobe würde – bei gleicher Alkoholmenge in gleicher Zeit – immer den gleichen Wert ergeben. Also: Mitzählen, wie viele Getränke es waren und nicht davon beeinflussen lassen, dass man sich vielleicht noch fit fühlt. Gerade Menschen, die bereits eine erhöhte Giftfestigkeit erreicht haben, fühlen sich subjektiv nach einigen Drinks meistens noch nicht angetrunken.

Besonderheiten beim Abbau vom Alkohol

Sie werden sich vielleicht schon einmal gefragt haben, wie viel Promille jemand hat, der bei besonders ausgiebigen Trinkanlässen wie Schützenfesten oder Grillfesten z. B. 20 Glas Bier à 0,3 l in 5 Stunden getrunken hat. Die Berechnungsformel (sie heißt übrigens Widmark-Formel) ergibt hierzu folgenden Wert:

20 x 12 g Alkohol = 240 g Alkohol : 56 kg wasserhaltiges Gewebe (80-kg-Mann) ergibt 4,29 ‰. Wenn man noch die 5 Stunden Abbau berücksichtigt (0,1 ‰ stündlich), ergeben sich immer noch fast 3,8 ‰.

Dies kann nicht stimmen, werden Sie sicher denken. Sie haben recht, die Promilleberechnung mit der Widmark-Formel stimmt nur bei relativ geringen Alkoholmengen. Es handelt sich um eine vereinfachte Darstellung zur Promilleschätzung, welche einen entscheidenden Aspekt nicht mit berücksichtigt, nämlich den sogenannten „Resorptionsverlust". Hinzu kommt, dass Vieltrinker durch ihr Training sogar meistens mehr Alkohol abbauen als 0,1 ‰ stündlich. Abbauraten von 0,20–0,25 ‰/Stunde liegen für sie im Bereich des Möglichen. Dies liegt im Wesentlichen daran, dass bei Vieltrinkern der Körper neben dem angeborenen Abwehrmechanismus über das Enzym ADH (Alkoholdehydrogenase) noch einen zweiten Weg findet, wie die Leber den giftigen Alkohol noch schneller unschädlich machen kann. Über das Enzym MEOS (Mikrosomales Ethanol-Oxidations-System) schafft sich die Leber gewissermaßen eine Reservekapazität zum Alkoholabbau. Dieses Enzym, das erst gebildet wird, nachdem jemand über einen längeren Zeitraum im Leben regelmäßig deutlich alkoholisiert ist, wird auch für die Suchtentwicklung mitverantwortlich gemacht. Eine sehr ausführliche Beschreibung dieser Thematik, ebenso wie zu den Gesundheitsschädigungen, finden Sie in dem Buch *Lieber schlau als blau* von Lindenmeyer (2001).

Gelangt Alkohol in größeren Mengen in unseren Körper, wird er auch nicht mehr in vollem Umfang in den Blutkreislauf aufgenommen. Die Differenz zwischen der Trinkmenge und der Promillezahl, die tatsächlich in der Blutprobe nachgewiesen werden kann, ist der Resorptionsverlust.

Wo bleibt der fehlende Alkohol? Ein gewisser Anteil wird im Darm gar nicht erst ins Blut überführt, sondern schnell über die Nieren wieder als Urin ausgeschieden. Je mehr getrunken wird, desto größer wird dieser Anteil.

Gerade Bier erzeugt, in großer Menge getrunken, einen besonders hohen Resorptionsverlust. Er kann bei 25–40 % der getrunkenen Alkoholmenge liegen. Bei Wein liegt der Verlust bereits deutlich geringer, nochmals etwas weniger geht bei Sekt verloren. Den geringsten Resorptionsverlust verzeichnen Schnaps, Cocktails und Mixgetränke, hier gehen allenfalls wenige Prozent Alkohol verloren. Denn Zucker und Kohlensäure erleichtern die Alkoholaufnahme.

Der Alkohol verflüchtigt sich aber auch noch über andere Kanäle. Ein Teil wird ausgeatmet. Deshalb wird die „Fahne" immer intensiver, je mehr wir getrunken haben. Auch die Hautoberfläche dünstet Alkohol aus, man riecht dann – ähnlich wie nach Knoblauchverzehr – auch aus den Poren nach Alkohol. Wenn wir recht gut gegessen haben, vermischt sich der Alkohol im Verdauungstrakt mit den Speisefetten und geht mit ihnen eine chemische Reaktion ein („Verseifung" oder „Veresterung").

So gelangt etwas weniger Alkohol in den Blutkreislauf und wird gemeinsam mit den Nahrungsfetten ausgeschieden. Ganz genau sind also der Resorptionsverlust und auch der Alkoholabbau nicht zu berechnen. Auch ist die Leber keine Maschine, welche immer mit exakt derselben Geschwindigkeit arbeitet. Ist die Leber durch alkoholbedingte Schädigung oder z. B. Entzündung bereits erkrankt, baut sie weniger Alkohol ab.

Gesundheitsgefahren und Schädigungen durch Alkoholmissbrauch

Die **Leber** ist das Organ, welches zumeist als erstes durch zuviel Alkohol angegriffen wird. Die Leber ist ein absolut lebensnotwendiges Organ, ohne ihre „gute Arbeit" geht es uns zunehmend schlechter, wir leiden an diversen Folgeerkrankungen, die Lebensqualität sinkt gegen Null.

Zuerst beginnt die Leber zu verfetten. Wenn sie ständig mit Alkoholabbau beschäftigt ist, kann sie das ebenfalls im Blutkreislauf zirkulierende Nahrungsfett nicht mehr gleichzeitig abbauen. Daher wird das Fett erstmal in den Leberzellen eingelagert. Dadurch wächst die Leber mehr und mehr an, mehr und mehr Leberzellen sterben ab, die „Leberwerte" im Blut steigen.

Die wichtigsten Werte sind folgende:

GPT (Glutamat-Pyrut-Transaminase). Sie soll bei Männern unter 50 U/l liegen (bei Frauen bis 35 U/l). Das „U" steht hier für units (engl.), was so viel bedeutet wie Einheiten pro Liter.

GOT (Glutamat-Oxalazetat-Transaminase). Sie soll bei Männern unter 50 U/l liegen (bei Frauen bis 35 U/l).

GGT (Gamma-Glutamyltransferase). Sie soll bei Männern unter 60 U/l liegen (bei Frauen bis 45 U/l). Teilweise liegen die Grenzwerte für GGT auch geringfügig höher bei 66 U/l oder 71 U/l, je nach Laborstandards und Messmethode.

Die sogenannte **„Fettleber"** kann sich zum Glück auf lange Sicht langsam wieder erholen, allerdings nur, wenn konsequenter Alkoholverzicht besteht. Dann beginnen sich auch die Leberwerte langsam wieder zu normalisieren, dies dauert aber wochen-, mitunter monatelang.

Wird aber dennoch weiter getrunken, beginnt die Leber wieder zu schrumpfen. Sie verliert dabei an Dichte und Struktur, denn immer mehr Leberzellen sterben ab. Dies ist das Stadium der **„Leberzirrhose“**. Die Leberzirrhose lässt sich nicht mehr rückgängig machen. Der Betroffene fühlt sich zunehmend kraftloser, sieht fahl und gelblich aus. Er wird immer anfälliger für Erkrankungen, auch seine Augen bekommen einen Gelbstich. Da die Leber weniger Gerinnungsfaktoren und Abwehrstoffe bildet, stockt die Blutgerinnung, und die Widerstandskraft des Körpers sinkt. Wenn jetzt nicht strikt auf Alkohol verzichtet wird, droht in kurzer Zeit der Tod. Auch Leberkrebs wird immer wahrscheinlicher.

Übrigens: Wer unauffällige Leberwerte hat, kann dies nicht als Beweis dafür anführen, dass er nicht viel trinkt. Viele Trinker (gerade jüngeren Alters) haben über viele Jahre noch unauffällige Leberwerte. Auch reagiert nicht jeder Mensch auf Alkoholüberkonsum mit dem gleichen Maß an Ausschlag der Leberwerte. Ein Beweis ergibt sich allenfalls dann, wenn in einer früheren Trinkphase erhöhte Werte festgestellt worden sind, die sich nach Absetzen des Alkohols langsam wieder normalisiert haben.

Ein anderer Blutwert, das MCV (mittleres corpusculäres Volumen der roten Blutkörperchen), bleibt auch nach Einstellen des Alkoholkonsums über rund 3 Monate erhöht. Aber auch das MCV gilt als recht unsicherer Indikator, denn auch dieser Wert schnellt keinesfalls bei allen Vieltrinkern zwangsläufig in die Höhe. Aus diesem Grund haben die Blutwerte in der MPU an Bedeutung verloren. Man hat inzwischen bessere und genauere Indikatoren gefunden, wie den CDT-Wert im Blut und das Ethylglucuronid in Haaren oder Urin.

Verdauungstrakt: Insbesondere bei regelmäßigen Schnapstrinkern werden die Schleimhäute in Rachen, Speiseröhre und Magen geschädigt. Sodbrennen und Magenentzündung (Gastritis) sind meist die Folge und zwar mit heftigen Schmerzen. Der „Verdauungsschnaps" lindert vielleicht kurzzeitig die Schmerzen und das Völlegefühl, vergrößert aber den Schaden noch.

Auch die **Herzmuskulatur** wird angegriffen, sodass unsere „Pumpe" weniger Leistung bringt (Cardiomyopathie). Das bedeutet u. a. weniger Lebenskraft, schlechtere Krankheitsabwehr und vieles andere mehr. Bei jedem Vollrausch sterben aber auch sehr viele **Gehirnzellen** ab. Auch sie können nie wieder ersetzt werden, sodass auf Dauer die Masse des Hirns schrumpft und damit auch die Leistungsfähigkeit. Störungen in Konzentration, Gedächtnis und Aufmerksamkeit treten auf. Viele schwerwiegende psychiatrische Erkrankungen, die zunächst einmal zur Schädigung von Nerven führen, schließlich aber in Wahnvorstellungen und Demenz enden können, sind Spätfolgen eines exzessiven Umgangs mit Alkohol. Hier folgen schlimmstenfalls die Entmündigung, die feste Einweisung in die Psychiatrie und ein qualvoller Tod (Korsakow-Syndrom).

Durch die dramatischen Verschlechterungen des Blutkreislaufs aufgrund der angegriffenen Leber kommt es auch zum Nachlassen der **Potenz** bei Männern und immer stärker sichtbaren **Hautveränderungen,** z. B. „Säuferknolle", geplatzte Äderchen, Hämorrhoiden, gerötete Handinnenflächen, die sich auch bei Alkoholverzicht nicht mehr oder kaum noch zurückbilden.

Ebenso stark beeinträchtigt wird durch andauernden Alkoholmissbrauch aber auch die **Psyche** (Seele): Der Trinker fühlt sich schuldig und minderwertig, mit der Zeit fühlt er immer weniger und irgendwann so gut wie gar nichts mehr. Nach Auffassung vieler Psychologen setzen viele Menschen den Alkohol bewusst oder unbewusst dazu ein, um sich vorübergehend von unangenehmen und komplizierten Gefühlen zu befreien.

So betäubt der Alkohol unsere echten, unerwünschten Gefühle. Durch seine Chemie schafft er stattdessen künstliche Gefühle, die uns angenehmer sind. Je öfter wir der Versuchung erliegen, uns bequem und schnell unserer echten Gefühle zu entledigen, desto schwerer fällt es uns mit der Zeit, überhaupt noch echte, tiefe und ehrliche Gefühle zu produzieren und wahrzunehmen. Es kommt so zu einer fortschreitenden Abstumpfung und Verflachung des

Gefühlslebens. Einer der bekanntesten Verkehrspsychologen in Deutschland, Dr. German Höcher, spricht gar von einer „Gefühlsverblödung" durch zu viel Alkohol.

7a Ab welchem Promillewert müssen Sie bereits mit strafrechtlichen Folgen (z. B. Führerscheinentzug, Geldstrafe, Sperre) rechnen, sofern Sie durch Ihre Fahrweise auffallen oder gar einen Unfall verursachen?

- ☐ *In der Probezeit bei mehr als 0,0 ‰*
- ☑ *Ab 0,3 ‰*
- ☐ *Ab 0,5 ‰*
- ☐ *Ab 0,8 ‰*
- ☐ *Ab 1,1 ‰*

7b Ab welchem Promillewert liegt auch bei unauffälliger Fahrweise eine Ordnungswidrigkeit vor, die bestraft wird (Bußgeld, Punkte, Fahrverbot)?

- ☑ *In der Probezeit bei mehr als 0,0 ‰*
- ☐ *Ab 0,3 ‰*
- ☑ *Ab 0,5 ‰*
- ☐ *Ab 0,8 ‰*
- ☐ *Ab 1,1 ‰*

In Deutschland unterscheidet man zurzeit folgende wichtige Promillegrenzen:
0,0 – 0,3 – 0,5 – 1,1 ‰.

Die 0,0-‰-Grenze ist innerhalb der Führerschein-Probezeit und für Menschen unter 21 Jahre wichtig, aber auch für diejenigen, die keinerlei Risiko eingehen möchten. Wenn Fahranfänger unter geringem Alkoholeinfluss erwischt werden, drohen ihnen ein Bußgeld, Punkte, Probezeitverlängerung sowie eine Nachschulung. Auch derjenige, der sich gut genug kennt und weiß, dass er nach 1–2 Drinks erst richtig auf den Geschmack kommt oder sich dann leicht zum Weitertrinken animieren lässt, lehnt Alkohol von vornherein ab, wenn er noch fahren muss oder sich diese Möglichkeit offen halten möchte.

Die 0,3-‰-Grenze und ihre rechtliche Bedeutung sind vielen Verkehrsteilnehmern nicht klar. Denn ein Kraftfahrer kann bereits ab 0,3 ‰ als bedingt fahruntüchtig angesehen werden und sich somit strafbar machen, **wenn er Anzeichen von alkoholtypischer Fahrunsicherheit zeigt oder gar einen Unfall verursacht.** Geldstrafe (richtet sich nach dem Einkommen) und Führerscheinentzug für mindestens 6 Monate sind die strafrechtlichen Folgen. Die Versicherung kann bei der Unfallregulierung zudem Schadensersatzansprüche erheben. Nach Ablauf der Sperrfrist muss eine neue Fahrerlaubnis bei der zuständigen Fahrerlaubnisbehörde beantragt werden. Automatisch erhält man den Führerschein danach nicht zurück. Im Antragsverfahren wird die Behörde dann zunächst einmal prüfen, ob noch weitere Auffälligkeiten vorliegen, bevor sie über die Neuerteilung entscheidet.

Die 0,5-‰-Grenze: Wer recht unauffällig gefahren ist und mit Werten zwischen 0,5 ‰ und 1,09 ‰ auffällt, begeht „nur" eine Ordnungswidrigkeit, aber noch keine Straftat (war ja aufgrund der Fahrweise offenbar noch nicht allzu gefährlich für den Straßenverkehr). Er erhält hierfür ein Bußgeld (500–1.500 € – je nachdem, ob es der erste, zweite oder dritte Vorfall unter Alkohol oder Drogen im Straßenverkehr war), 2 „neue" Flensburg-Punkte und ein Fahrverbot von 1–3 Monaten (auch abhängig davon, wie oft man bereits einschlägig auffällig war).

Die 1,1-‰-Grenze ist die Marke, ab der von der sogenannten „absoluten Fahruntüchtigkeit" ausgegangen wird. Sie stellt eine Straftat dar, selbst wenn die Fahrweise absolut unauffällig war. Die Folgen sind die gleichen wie beim Verstoß gegen die 0,3-‰-Grenze (Geldstrafe, Führerscheinentzug, Sperrfristanordnung), die Neubeantragung der Fahrerlaubnis darf 3 Monate vor Ablauf der Sperrzeit erfolgen und kostet alleine schon ca. 120–220 €. Bei 1,6 ‰ und darüber wird von der Führerscheinstelle immer auch die MPU verlangt, aber auch, wenn jemand zum wiederholten Male mit Werten unter 1,6 ‰ aufgefallen ist. Die Promillegrenzen gelten für alle Kraftfahrer, also auch mit Traktor, Mofa oder einem Moped.

Wer sich im Ausland befindet, sollte sich über die dortigen Bestimmungen informieren (z. B. beim ADAC). In den meisten EU-Ländern, außer in einigen Ländern Osteuropas, gilt inzwischen die 0,5-‰-Grenze. Vielfach muss man sich bei Alkoholverstößen dort aber auf wesentlich härtere Strafen einrichten als bei uns. Wenn Sie an den rechtlichen Bestimmungen und Konsequenzen im Zusammenhang mit Alkohol- oder Drogenfahrten interessiert sind, schlagen Sie z. B. folgende Paragrafen nach, die hier nicht ausdrücklich erklärt werden:

- § 24a StVG
- §§ 69 und 69a StGB
- § 315c StGB
- § 316 StGB
- § 323a StGB
- § 13 FeV
- § 14 FeV.

8 Wie lange dauert es, bis ein Blutalkoholwert von 1,2 ‰ vollständig vom Körper abgebaut ist (vom Zeitpunkt des Trink-Endes an gerechnet)?

☐ *2–3 Stunden*
☐ *4–5 Stunden*
☑ *10–12 Stunden*
☐ *15–17 Stunden*

Der Abbau des Alkohols durch die Leber wurde bereits bei den Erläuterungen zur Frage 6 eingehend beschrieben, ebenso die Besonderheiten, die zu schnellerem oder verzögertem Abbau führen. Die gesunde Leber macht gut 0,1 ‰ stündlich unschädlich. Da man den Restalkohol nur schwer spüren und schon gar nicht zuverlässig einschätzen kann, ist es so wichtig, den Überblick über Trinkmenge, Trinkzeitraum und Alkoholkonsum zu behalten. Dann gelingt es leicht, sich auszurechnen, wann man tatsächlich wieder nüchtern und fahrtüchtig ist.

Die Frage zeigt, dass es für Alkoholgewöhnte eben oft einen „Trink-Fahr-Konflikt“ mit Restalkohol geben kann. Trinkt jemand z. B. bis in den späten Abend hinein reichlich Alkohol, sodass er eine Promillezahl von 1,2 bei Trink-Ende erreicht hat, sind 6–7 Stunden Alkoholfreiheit (in denen er z. B. geschlafen hat), bis er tags darauf früh wieder zur Arbeit fährt, eben nicht ausreichend, um schon den gesamten Alkohol abgebaut zu haben.

In der MPU müssen Sie daher mit diversen Fragen zum Alkoholaufbau und -abbau rechnen, wenn Sie mit einem gegenüber früher verminderten Alkoholkonsum für Ihre Fahreignung argumentieren. Dann nämlich wird der Gutachter sich dafür interessieren, ob Sie auch das nötige Wissen haben, um Trinken und Autofahren sicher trennen zu können.

9 Inwiefern beeinflusst Alkoholgenuss das Sehvermögen?

- ☐ *Der Genuss von 1–2 Gläsern Bier (0,3 Liter) verbessert das Sehvermögen leicht*
- ☐ *Der Genuss von 2–3 Gläsern Bier (0,3 Liter) hat noch keinen negativen Einfluss*
- ☑ *Die sichere Wahrnehmung für Entfernungen und Geschwindigkeiten nimmt ab*
- ☑ *Das Auge braucht länger, um sich auf Hell und Dunkel einzustellen*
- ☑ *Der Bereich scharfen Sehens wird kleiner, er verengt sich von den Rändern her*

Alkohol führt zu Sehstörungen, die die Fahrtüchtigkeit eines Menschen stark beeinträchtigen. Über die Augen erhält man rund 90 % der Informationen, die man braucht, um sich sicher im Verkehr zu bewegen. Das „Schlechter-Sehen" beginnt bereits ab ca. 0,3 ‰, sodass sich auch schon 2–3 Drinks negativ auswirken. Alkohol lähmt als Zellgift die feinen Augenmuskeln, die die Bewegung der Augen und die ständigen Justierungen von Pupillen und Linsen in den Augen ermöglichen. Der Alkohol stört auch die Weiterleitung und Verarbeitung der Bilder im Gehirn.

Tunnelblick

Auch ein nüchterner Mensch hat stets nur ein eingeschränktes Blickfeld, sodass er nur einen bestimmten Bereich vor ihm überblicken kann, ohne den Kopf zu bewegen. Mit jedem Drink wird dieses ursprüngliche Blickfeld mehr und mehr eingeengt, und zwar ohne dass man dies merkt. Wie durch einen Tunnel sieht man betrunken lediglich einen engen Bildausschnitt, nach außen verschwimmt das Bild immer mehr. Daher heißt dieser Vorgang „Tunnelblick". Es ist, als würde man mit Scheuklappen fahren. Vielleicht nimmt man noch den Ball wahr, der auf die Fahrbahn rollt, aber nicht mehr das hinterherlaufende Kind.

Träges Blickverhalten

Nüchtern wandert unser Blick in Bruchteilen von Sekunden umher und erfasst so alle wichtigen Informationen, die für eine sichere Teilnahme am Straßenverkehr benötigt werden. Unter Alkohol aber wird unser Blick träger und starrer. Er verharrt länger an einem Punkt und wechselt erst später zum nächsten Blickfang. Die Folge beim Autofahren, wenn ohnehin nur wenig Zeit zur Verfügung steht, um sich stets einen neuen Überblick zu verschaffen: Die eine oder andere wichtige Information wird nicht erfasst, man fängt an, Dinge zu übersehen.

Umschalten von nah auf fern

Während der Verkehrsteilnahme sind unsere Augen stets in Bewegung. Wir blicken auf unser nur kurz entferntes Cockpit, den Außenspiegel, von dort auf die Fahrbahn einige 100 m voraus. Und dies alles in nur Bruchteilen von Sekunden. Mit jedem neu anvisierten Punkt müssen die Augen die Entfernung neu einstellen. Auch hier wirkt das Betäubungsmittel Alkohol natürlich sehr störend. Die Folgen: Unter Alkoholeinfluss sehen wir zunehmend unscharf, können Abstände und Entfernungen nicht mehr genau abschätzen und übersehen wichtige Details – und sind uns dessen nicht einmal bewusst. Wir neigen dazu, Abstände zu überschätzen und Geschwindigkeiten zu unterschätzen – eine gefährliche Mischung von falschen Wahrnehmungen und Beurteilungsfehlern.

Doppelt sehen

Damit wir räumlich (bedeutet dreidimensional) sehen können, liefern unsere beiden Augen stets zwei leicht unterschiedliche Bilder an unser Gehirn. Zwar betrachten wir mit beiden Augen denselben Gegenstand, der leichte Unterschied zwischen den Bildern des rechten und des linken Auges stellt aber gerade die entscheidenden Informationen über die räumliche Tiefe dar, die unser Gehirn dann zu einem dreidimensionalen Bild zusammenfügt.

Mit steigendem Alkoholpegel schaffen unsere Augen es nicht mehr, gleichmäßig und gleichzeitig einen bestimmten Gegenstand zu fixieren. Die Koordination zwischen beiden ist beeinträchtigt, da die Augenmuskeln nicht mehr gleichmäßig angespannt werden und da die beiden Gehirnhälften, die für die Steuerung der Augen verantwortlich sind, wegen des Alkohols nicht mehr 100%ig miteinander synchronisiert sind. Das Gehirn schafft es dann nicht mehr, nur noch ein sinnvolles Bild zu erstellen – wir sehen doppelt.

Hell-Dunkel-Adaption (Anpassung)

Im Dunkeln sind unsere Pupillen ganz weit gestellt, um möglichst viel von dem wenigen verfügbaren Licht einzufangen. Wenn uns dann ein Fahrzeug mit eingeschalteten Scheinwerfern entgegenkommt, verengen sich die Pupillen schlagartig, damit wir nicht geblendet werden. Eine gewisse Blendwirkung entsteht jedoch immer. Wir sind eben von der Natur nicht dazu geschaffen, um in der Dunkelheit Auto zu fahren und uns auf plötzlich erscheinendes künstliches Licht in der Dunkelheit blitzschnell einzustellen. Unter Alkohol reagieren unsere betäubten Augen entsprechend träger. Das Scheinwerferlicht fällt in die noch weit geöffneten Pupillen, die sich nur verzögert verengen und wir werden durch die Überbelichtung viel heftiger geblendet als nüchtern. Mehrere Sekunden fahren wir gewissermaßen in ein schwarzes Loch. Dieses wirkt sich bei einer Geschwindigkeit von z. B. 50 km/h so aus, dass wir pro Sekunde 14 m Blindflug haben, bei 100 km/h sind es schon 28 m pro Sekunde.

Rotlichtschwäche

Unter Alkoholeinfluss lässt unsere Fähigkeit nach, die Farbe Rot wahrzunehmen. Es fällt uns daher immer schwerer, die Rücklichter des Vordermanns von dessen Bremslichtern zu unterscheiden.

10 Wie viele Menschen sterben jährlich auf deutschen Straßen infolge von alkoholbedingten Unfällen?

- ☐ *200*
- ☑ *400*
- ☐ *3.000*
- ☐ *10.000*

Derzeit verunglücken in Deutschland etwas weniger als 4.000 Menschen jährlich tödlich im Straßenverkehr. Rund 10 % dieser Unfälle werden auf Alkohol zurückgeführt. Im Jahr 2011 gab es somit rund 400 Alkoholtote (Quelle: Statistisches Bundesamt, 2012). Auch hierbei muss man eine gewisse Dunkelziffer zugrunde legen, nicht jeder Verkehrstote wird im Nachhinein auf Alkohol untersucht. Auch gelangt nur derjenige in die Statistik, der innerhalb der ersten 30 Tage nach dem Unfall stirbt.

Sie werden jetzt vielleicht denken, dass dies eine enorme Zahl ist, denn jedes Flugzeugunglück, jeder Mordanschlag von Terroristen zieht mehr öffentliches Interesse auf sich als die Unfallstatistik. Viele Fachleute werten aber schon die heute erreichten Zahlen als beachtlichen Erfolg. Denn 1970 kamen alleine auf dem Gebiet der alten Bundesländer in der BRD 20.000 Menschen auf den Straßen zu Tode, fast die Hälfte davon unter Alkoholeinfluss. Der erhebliche Rückgang darf aber nicht alleine auf die gestiegene Vernunft der Autofahrer zurückgeführt werden und die inzwischen gesenkten Promillegrenzen. Einen ganz wesentlichen Anteil der Verbesserung muss der inzwischen drastisch gestiegenen Fahrzeugsicherheit und der besseren Notfallversorgung zugerechnet werden. Während früher die Alkoholfahrt im verrosteten VW-Käfer gegen den Baum meist im Kühlhaus endete, schützen heute Knautschzone, diverse Airbags, Sicherheitsgurt und eine deutlich steifere Fahrgastzelle vor allzu schweren Verletzungen. Dennoch ist die Gesellschaft verständlicherweise nicht bereit, eine laschere Haltung gegenüber Alkohol, Drogen und Straßenverkehrssicherheit einzunehmen. Denn gerade solche Unfälle sind besonders überflüssig.

Das Bild 4 zeigt den Verlauf der Unfalltotenzahlen seit den 1950er-Jahren und die Zeitpunkte der Einführung von Maßnahmen, die

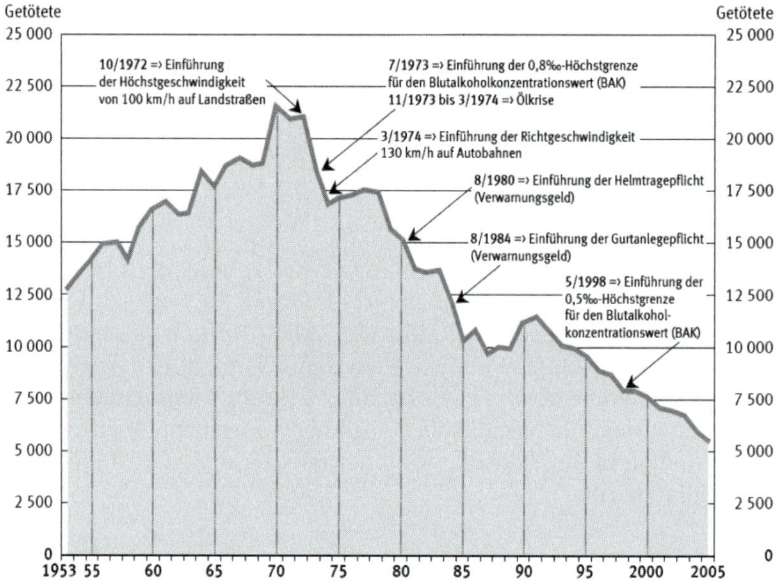

Bild 4: Entwicklung der im Straßenverkehr Getöteten von 1953 bis 2005 (Quelle: Statistisches Bundesamt, 2006)

mehr Verkehrssicherheit mit sich brachten. Hierbei ist auch zu berücksichtigen, dass es gerade in den 1950er- bis 1970er-Jahren eine erheblich geringere Zahl von Kraftfahrzeugen und auch motorisierten Verkehrsteilnehmern gab als in den letzten 3 Jahrzehnten.

Die Tabelle 2 zeigt am Beispiel der Jahre 2004, 2005 und 2011 nicht nur die Zahlen und Trends der im Straßenverkehr aufgrund von Alkohol Getöteten, sondern auch die Zahl der Unfälle, bei denen es „nur" zu Sachschäden, leichten oder schweren Verletzungen gekommen ist. Sie sehen, dass die Zahlen hier dramatisch höher liegen, als es die reinen Getötetenzahlen vermuten lassen, denn immer noch gibt es jährlich 42.832 Alkoholunfälle in Deutschland, also täglich durchschnittlich 120. Alleine hieran wird die nach wie vor hohe Relevanz der Alkoholunfälle für die Verkehrssicherheit deutlich.

Ach ja, falls Sie sich wundern, dass Sie während der MPU im Wartebereich fast nur Männer erblicken, ist das kein Zufall. Auf 9 männliche

Tabelle 2: Alkoholunfälle in den Jahren 2004, 2005 und 2011 (Quelle: Statistisches Bundesamt, 2006 und 2012)

Gegenstand der Nachweisung	2004	2005	2011
Alkoholunfälle insgesamt	55.991	53.394	42.832
Mit Sachschaden	33.443	31.390	26.101
Mit Personenschaden	22.548	22.004	16.731
Dabei Verunglückte	29.521	28.436	21.360
Getötete	704	603	422
Schwerverletzte	8.555	8.002	5.853
Leichtverletzte	20.262	19.831	15.085

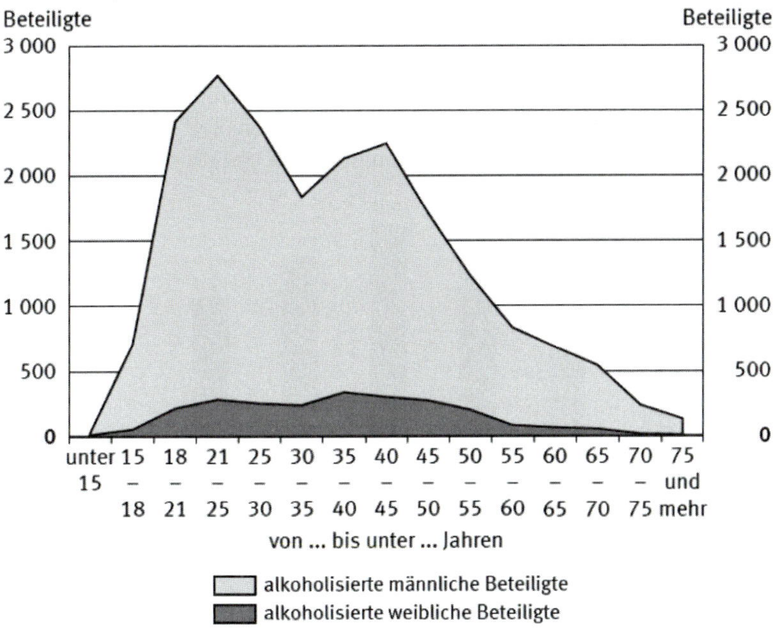

Bild 5: Alkoholisierte Beteiligte an Unfällen mit Personenschaden 2005 nach Altersgruppen und Geschlecht (Quelle: Statistisches Bundesamt, 2006)

Alkoholfahrer kommt nur eine Frau. Gemessen an ihrer Sicherheitseinstellung, auch gegenüber Alkohol und Drogen im Straßenverkehr, sind Frauen doch die besseren Fahrer.

11 Wie viel Mal höher ist die Wahrscheinlichkeit, einen Unfall zu verursachen, wenn Sie mit 1,4 ‰ unterwegs sind, anstatt nüchtern zu fahren?

- ☐ *Genauso hoch wie nüchtern*
- ☐ *Doppelt so hoch wie nüchtern*
- ☐ *8 x so hoch wie nüchtern*
- ☑ *15 x so hoch wie nüchtern*

Die Unfallwahrscheinlichkeit bei 1,4 ‰ erhöht sich etwa um den Faktor 15. Wobei man hier nur Schätzungen angeben kann, da nicht immer alle Ursachen für Unfälle bekannt werden. Da einige Alkoholunfälle durch anschließende Unfallfluchten nicht einwandfrei belegt werden können, ist davon auszugehen, dass das tatsächliche Risiko eher noch höher liegt als 15-fach über nüchtern. Eindeutig ist auch der starke Zusammenhang zwischen Unfallschwere und Alkoholeinfluss. Bei besonders dramatischen Unfällen spielt Alkohol

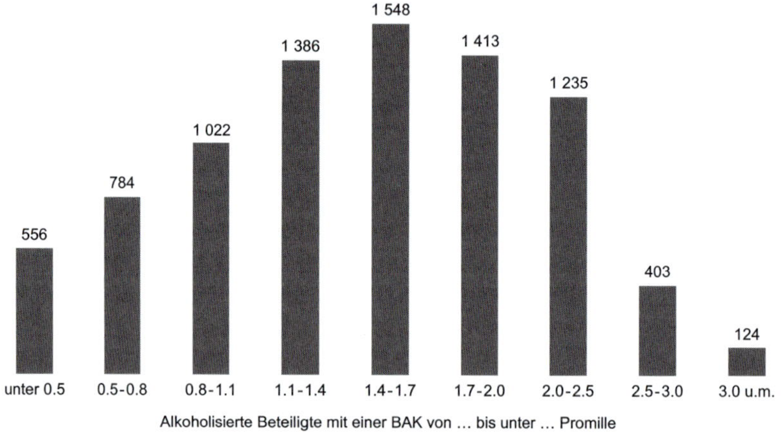

Bild 6: Alkoholunfälle von Pkw-Fahrern mit Personenschaden in Abhängigkeit von den Promillewerten (Quelle: Statistisches Bundesamt, 2012)

wesentlich öfter eine Rolle als bei leichten Unfällen. Erschreckend ist in diesem Zusammenhang auch, dass das Risiko eines Unfalls unter Alkohol in Abhängigkeit von der Promillezahl mathematisch gesehen in Form einer Parabel ansteigt. Während es bei 0,5 ‰ doppelt so hoch ist wie nüchtern, beträgt es bereits bei 0,8 ‰ das Vierfache und steigt danach immer steiler an.

Der durchschnittliche Wert bei Alkoholunfällen, die zu Personenschaden führen, liegt bei ca. 1,6 ‰. Rund die Hälfte der Alkoholunfälle findet also mit einer Promillezahl von unter 1,6 statt. Diese Fahrer müssen zumeist später noch nicht einmal zu einer MPU. Sie sehen hieran, dass das derzeitige System der Fahreignungsbegutachtung (Ersttäter ab 1,6 ‰) im Grunde genommen noch recht großzügig ist.

12 Welche Unfallarten sind nach Alkoholgenuss besonders typisch?

- ☑ *Aus der Kurve „fliegen"*
- ☑ *Auffahrunfälle*
- ☑ *Zusammenstöße mit entgegenkommenden Fahrzeugen*

Wie Sie bereits den vorherigen Erläuterungen entnehmen konnten, wirkt sich Alkoholeinfluss durch die Betäubung der Nervenzellen störend auf die Wahrnehmung von Verkehrssituationen, die Reaktionszeit und die Bewegungsabläufe aus. Die Reaktionszeit verlängert sich, die Bewegungen werden unkoordinierter und ruckartiger. Wir unterschätzen die Geschwindigkeit, sowohl unsere eigene als auch die der anderen. Gravierend kommt hinzu, dass gleichzeitig unsere Hemmschwelle sinkt, die Stimmung wird euphorischer und wir dadurch leichtsinniger. Überhöhte Geschwindigkeit bei herabgesetztem Leistungsvermögen ist die logische Folge. Gleichzeitig überschätzen wir Abstände, z. B. zum Auto vor uns, zur Kurve, zur Kreuzung. Somit steigt das Risiko, „die Kurve nicht mehr zu kriegen" oder verspätet zu bremsen, sodass es zum Auffahrunfall kommt.

Sie kennen bestimmt das Bild eines Volltrunkenen, der lallt, ins Schwanken gerät und sich unkoordiniert verhält. Stellen Sie sich vor, wie so ein Mensch dann Auto fährt: Das Lenken, Schalten, die

Pedalbetätigung können trotz aller Routine nicht mehr fehlerfrei ablaufen. Aufgrund der unkoordinierten und insgesamt unharmonischen, ruckartigen Bewegungen des Fahrers resultiert eine auch nach außen sichtbar unsichere Fahrweise („Schlangenlinien"). Der Fahrer kann nicht mehr sicher seine Fahrspur einhalten, er orientiert sich als Hilfestellung oft an der Fahrbahnmarkierung in der Mitte, kann auch Kurven nicht mehr sicher durchfahren, sodass es gehäuft zu Unfällen mit entgegenkommenden Fahrzeugen kommt.

13 Zu welchen Beeinträchtigungen beim Führen eines Fahrzeugs kann Alkoholgenuss vor Fahrtantritt führen?

- ☑ *Die Reaktionszeit verlängert sich*
- ☑ *Bewegungen werden unkoordinierter, unpräziser und ruckartiger*
- ☑ *Die Wahrnehmung (Sehen, Fühlen, Hören) ist eingeschränkt*
- ☑ *Konzentrationsschwächen*
- ☑ *Plötzliche Müdigkeit, Sekundenschlaf*

Auch zu dieser Frage sei auf die Erläuterungen zu den vorherigen Fragen verwiesen. Durch die (in der Lähmung durch den Alkohol) verlangsamte Nervenarbeitsleistung braucht man **mehr Zeit, bis man** eine Situation visuell **wahrnimmt und verarbeitet** (z. B. Fahrzeug vor einem bremst), **bewertet** (Abstand wird zu gering, eigener Bremsvorgang wird erforderlich) und eine entsprechende **Reaktion abruft** (in den Rückspiegel gucken, Fuß vom Gas auf die Bremse, Lenkrad fester halten, Kupplung treten). Selbst wenn man für all das betrunken nur 1 Sekunde länger benötigt als nüchtern, bedeutet dies im Stadtverkehr zumeist 15 m zusätzliche ungebremste Fahrt, auf der Landstraße oder Autobahn wegen der höheren Geschwindigkeit noch wesentlich mehr.

Dass der Betäubungseffekt auf alle unsere Nervenzellen wirkt, ist klar. Daher ist es auch nur logisch, dass mit steigendem Alkoholpegel alle Sinneswahrnehmungen nachlassen. Da verwundert es nicht, dass sich die Gäste in der Kneipe zu später Stunde regelrecht anschreien. Sie hören schlechter und reagieren darauf automatisch mit lauterem Sprechen. Auch das Konzentrationsvermögen lässt nach. Da es umso anstrengender ist, sich trotzdem beim Fahren zu konzentrieren, steigt das Risiko, kurz mal einzunicken, mit jedem Kilometer am Steuer. Hinzu kommt, dass das monotone Fahren in der Dunkelheit zusätzlich ermüdend wirkt. Manche Menschen sind bei Antritt ihrer Alkoholfahrt schon sehr viele Stunden auf den Beinen, sodass die Müdigkeit ohnehin schon groß ist. Haben Sie sich beim Anblick der Kreuze an einer Landstraße nicht auch schon gefragt, wie man bloß an so einer übersichtlichen Stelle von der Fahrbahn abkommen kann?

14 Was können Sie tun, um Fahrten unter Alkohol zu vermeiden?

- [x] *Zu Anlässen, bei denen ich gewöhnlich trinke, grundsätzlich ohne Fahrzeug erscheinen*
- [x] *Bereits vor einer Feier An- und Abfahrt organisieren und sicherstellen, wie ich nach Hause komme, ohne selbst fahren zu müssen*
- [x] *Grundsätzlich keinen Alkohol mehr trinken*
- [ ] *Wenn ich zu viel getrunken habe, den Schlüssel jemand anderem geben (z. B. Wirt, Kumpel)*
- [ ] *Zu Trinkanlässen am besten immer mit dem Fahrrad fahren*

Sich auf andere zu verlassen, indem man ihnen den Schlüssel gibt, verhindert nicht automatisch, sich diesen im betrunkenen Zustand zurückgeben zu lassen. Was Sie denken und spontan wollen, wenn Sie erstmal betrunken sind, können Sie nüchtern noch gar nicht so genau wissen. Die allerwenigsten Alkoholauffälligen hätten sich nüchtern zugetraut, später betrunken loszufahren. Das Fahrrad zu benutzen, ist schon deswegen riskant, weil alkoholisiertes Radfahren erhebliche Gefahren birgt (meist für den Radfahrer selbst) und ab 1,6 ‰ zudem noch (genau wie das Autofahren) eine Straftat darstellt. Im Übrigen werden Sie für eine Fahrt mit dem Fahrrad ab 1,6 ‰ auch zur MPU geschickt. Vorausschauend hingegen ist es, das Auto erst gar nicht dorthin mitzuführen, wo Sie Alkohol trinken. Aus dem Wunsch nach Bequemlichkeit heraus oder weil das Auto am nächsten Morgen dringend benötigt wird, könnten Sie im enthemmenden Rausch womöglich auf die Idee kommen, damit nach Hause zu fahren.

Um nicht in Versuchung zu geraten, sollten Sie bereits vor dem Trinkanlass organisiert haben, wie Sie ohne eigenes Auto zur Feier hin und auch wieder nach Hause kommen (z. B. öffentliche Verkehrsmittel, hinbringen lassen, Rückweg Taxi usw.). Verlassen Sie sich dabei nicht zu sehr auf andere. Berücksichtigen Sie stets, dass zu viel Alkohol Ihren guten Vorsätzen immer wieder auch einen Strich durch die Rechnung machen kann. Daher gilt es auch, immer nur in einem mäßigen Umfang zu trinken, um jederzeit noch vernünftig zu handeln. Wenn Sie sich gar angewöhnen, überhaupt nichts mehr zu trinken, ist dies natürlich die sicherste Vorbeugungsmaßnahme gegen Alkoholfahrten. Und wer wegen alkoholisierter Verkehrsteilnahme zur MPU muss, sollte sich als „gebranntes Kind" sowieso an den „innerlichen rechtlichen Grenzwert" von 0,0 ‰ halten.

15 Welche Strategien können helfen, das Ablehnen von Alkohol zu erleichtern?

- [x] *Langatmige Erklärungen und Rechtfertigungen vermeiden, sondern kurz und präzise argumentieren*
- [x] *Keine Anzeichen von Unentschlossenheit zeigen*
- [ ] *Sich zu 2–3 alkoholischen Getränken bereit erklären und dann auf antialkoholische Getränke umsteigen*

Versetzen Sie sich einmal in die Lage des Gastgebers oder der Kumpels, die Sie zum Mittrinken überreden möchten. Diese sind es gewohnt, dass auch Sie mitziehen. Man wird es zuerst sicher nicht gleich akzeptieren, wenn Sie ungewohnterweise Alkohol ablehnen. Der eine oder andere mag dies möglicherweise sogar als eine Art Beleidigung auffassen („Sind wir dir nicht mehr gut genug zum gemeinsamen Trinken?") oder mag denken, dass Sie irgendwie krank sind. Dann handelt es sich sogar um so etwas wie Fürsorge, wenn man Ihnen klarmachen will, dass Sie doch ruhig trinken sollen (damit wieder alles normal wird).

Auf einer subtileren Ebene ist es Vieltrinkern stets unangenehm, wenn einer aus dem Gruppenverhalten aussteigt, indem er verantwortungsbewusst mit Alkohol umgehen möchte. Mit diesem positiven Verhalten führt er den anderen leichtsinnigen Alkoholkonsumenten ja genau ihr negatives Verhalten vor Augen – und stößt daher zumeist auf wenig Verständnis.

Weitschweifige Erklärungen und Rechtfertigungen laden förmlich dazu ein, mit Ihnen zu diskutieren. Man wird dabei Argumente finden, die Sie in Bedrängnis bringen („Spaßbremse", „jetzt, wo du sowieso keinen Führerschein hast", „jetzt, wo du die MPU hinter dir hast").

Nachdem man erstmal wie gewohnt einige Bier mitgetrunken hat, fällt es zumeist noch schwerer, sich abzugrenzen, zumal der Alkoholpegel selbst schon bewirkt, dass man das Ganze lockerer sieht.

Nur wenn Sie grundsätzlich immer wieder nicht mehr als 1–2 alkoholische Getränke konsumieren, idealerweise erstmal zum Durstlöschen etwas Nichtalkoholisches trinken, wird man sich in Ihrem Umfeld allmählich an dieses neue Verhalten gewöhnen. Auch dies funktioniert nur dann, wenn eine grundsätzliche Toleranz dafür in dem Umfeld überhaupt möglich ist. In Gruppen, in denen allgemein sehr viel getrunken wird und deren Zusammenhalt hauptsächlich über gemeinsames Trinken definiert wird, ist dies oft nicht der Fall. Hier gibt es zumeist nur zwei Möglichkeiten: Aussteigen und wegbleiben oder aber wieder mitziehen und mittrinken.

Deshalb lohnt es sich auch, über die sogenannte „Punktabstinenz" nachzudenken (Lindenmeyer, 2002). Diese Idee besagt, dass man in Situationen, in welchen man früher immer mäßig getrunken hat (z. B. Familienfeier, Essengehen mit Partnerin, Bier nach dem Training im Vereinsheim), auch weiterhin 1–2 Drinks genießen kann. Gerade aber solche Anlässe, bei welchen es früher häufig zu starkem Trinken gekommen ist (z. B. Kneipenzug, Weihnachtsfeier, Bollerwagenumzug am Vatertag), sollte man entweder ganz meiden oder hier konsequent ganz auf Alkohol verzichten. Denn die alten Erinnerungen („waren doch immer geile Partys, was wir da alles erlebt haben") und Rituale (z. B. Rundentrinken, „alle geben sich die Kante") haben eine große Macht über jemandes Verhalten und erschweren einem neues, ungewohntes Handeln. Man sollte es sich, insbesondere in der Anfangsphase der Verhaltensänderung, nicht schwerer machen, als es ohnehin schon ist. Sind die guten Vorsätze erst 1–2-mal gebrochen, neigt der Mensch dazu, sie ganz schnell wieder über Bord zu werfen.

16 Können Sie auch als alkoholisierter Radfahrer zur MPU geschickt werden?

- ☐ *Nein, denn das hat ja nichts mit dem Autofahren zu tun*
- ☐ *Ja, ab 0,5 ‰*
- ☑ *Ja, ab 1,6 ‰*
- ☐ *Ja, ab 2,5 ‰*

Wie bereits zuvor erwähnt, ist die MPU-relevante Promillegrenze für Kraftfahrer und Radfahrer gleich. Der Grund dafür ist, dass das Fahren mit 1,6 ‰ eine erhebliche Trinkfestigkeit (Alkoholtoleranz) beweist. Menschen, die selten und wenig trinken (oder Menschen, die erst mit dem Trinken beginnen), spüren schon nach etwa zwei alkoholischen Drinks eine deutliche Wirkung. Alkohol lockert und entspannt. Schon nach wenigen weiteren Drinks setzt bei Nichtalkoholgewöhnten ein starker Rausch ein, bei dem die unangenehmen Wirkungen des Alkohols in den Vordergrund treten.

Experimente, bei denen unter kontrollierten Bedingungen Alkohol getrunken und gemessen wird („Trinkversuche"), haben wiederholt gezeigt, dass die meisten Teilnehmer bei einer Alkoholisierung von 0,7–1,0 ‰ „aufgeben", weil sie sich betrunken genug fühlen und Ausfallerscheinungen zeigen (z. B. Müdigkeit, Schwierigkeiten mit der Sprache und dem Gehen oder gar beginnende Übelkeit). Jetzt noch mit Auto oder Rad loszufahren, käme ihnen in diesem Zustand überhaupt nicht mehr in den Sinn. Würden sie dennoch weiter trinken, könnten sie selbst unter größter Anstrengung die 1,6 ‰ kaum erreichen, denn die eintretende Alkoholvergiftung würde zum Brechreiz führen und zur Handlungsunfähigkeit. Es ist also für weniger an Alkohol gewöhnte Menschen gar nicht möglich, mit 1,6 ‰ oder mehr als Verkehrsteilnehmer in Erscheinung zu treten. Daher besteht bei denjenigen, die solches fertiggebracht haben, immer der begründete Verdacht, dass eine erhebliche Gewöhnung an Alkohol vorliegt. Erst dann ist es möglich, solche Promillezahlen überhaupt zu „schaffen" und diese dann noch nicht mal als so berauschend zu empfinden, dass einen dieses automatisch am Fahren hindert. Für den Straßenverkehr gefährliche Ausfallerscheinungen sind dennoch vorhanden, wenn oft auch nicht in der Stärke wie bei weniger an Alkohol Gewöhnten.

Weiter liegt der Schluss nahe, dass ein Hochpromillefahrer bereits eine Alkoholproblematik entwickelt haben könnte, die es ihm schwer macht, sich beim Trinken kontrollieren zu wollen oder zu können. Daher soll mithilfe der MPU herausgefunden werden, wie wahrscheinlich im Einzelfall das Zustandekommen künftiger Alkoholfahrten ist. Nicht auszuschließen ist auch, ob durch häufiges und extremes Trinken bereits Hirnschädigungen eingetreten sind, die das sichere Fahren erschweren. Daher fragt die Fahrerlaubnisbehörde in der MPU nicht nur: „Ist es zu erwarten, dass der Untersuchte auch künftig ein Kfz unter Alkoholeinfluss führen wird?", sondern auch: „...und/oder liegen als Folge eines unkontrollierten Alkoholkonsums Beeinträchtigungen vor, die das sichere Führen eines Kraftfahrzeugs infrage stellen?"

Übrigens gilt auch für Radfahrer (ganz unabhängig von der „Gefahr" der MPU): Wer ab 0,3 ‰ auffällig wird durch alkoholtypische Ausfallerscheinungen, riskiert, sich strafbar zu machen, Punkte zu kassieren, eine Geldstrafe zu bekommen und Schadensersatz leisten zu müssen im Falle eines verschuldeten Unfalls.

17 Warum fordert die Fahrerlaubnisbehörde bei Alkoholfahrten ab 1,6 ‰ oder bei mehreren Alkoholfahrten, auch wenn der Promillewert geringer ist, ein medizinisch-psychologisches Gutachten, bevor über eine Erteilung der Fahrerlaubnis entschieden wird?

- ☐ *Als Form von Strafe, die zum Nachdenken und zur Besserung anregen soll*
- ☐ *Weil angezweifelt wird, dass man die Verkehrsregeln kennt und ein sicherer Autofahrer ist*
- ☐ *Damit die Stadt oder der Landkreis mehr Geld in die Kasse bekommt*
- ☑ *Weil angezweifelt wird, ob man in Zukunft Fahrten unter Alkoholeinfluss sicher vermeiden kann*
- ☑ *Weil nicht auszuschließen ist, dass übermäßiger Alkoholkonsum bereits körperliche oder geistige Schäden verursacht hat, die sich beim Fahren gefährlich auswirken können*

Dass alleine die beiden letzten Antwortmöglichkeiten korrekt sind, ergibt sich bereits aus den vorangegangenen Erläuterungen. Leider ist daneben auch bekannt, dass die Wahrscheinlichkeit für einen auffälligen Alkoholfahrer, erneut unter Alkohol aufzufallen (gegenüber bislang nicht Auffälligen), drastisch erhöht ist. Mehr noch, je öfter jemand in der Vergangenheit betrunken gefahren ist, desto höher liegt auch sein Rückfallrisiko. So wird gut jeder dritte Ersttäter erneut auffällig, Mehrfachtäter sogar zu 50 % (siehe Bild 7). Ebenso steigt die Wahrscheinlichkeit, erneut auffällig zu werden, mit der Höhe des Promillewerts. Die Führerscheinstelle hat also zunächst einmal aufgrund der Statistik die durchaus plausible Befürchtung, dass jemand erneut auffallen könnte. Anders ausgedrückt: Wenn man eine beliebige Person auf der Straße anspricht, ihr nur eine einzige Frage stellen darf und daraufhin eine Aussage darüber treffen soll, ob diese künftig mal betrunken Auto fahren wird, was müsste man fragen? Sie ahnen es schon: Die Information mit dem besten Vorhersagewert ist die, ob die Person schon einmal mit Alkohol im Straßenverkehr erwischt wurde oder noch nicht.

Nach einer Trunkenheitsfahrt sinkt also die Vertrauenswürdigkeit, dass jemand stets nüchtern fährt, daher wird die Fahreignung angezweifelt. Man bekommt den Führerschein (nach einer Fahrt mit 1,6 ‰ oder darüber) daher erst nach erfolgreicher Einzelfallprüfung ausgehändigt. Einer solchen Einzelfallprüfung dient die MPU. Dort stellt

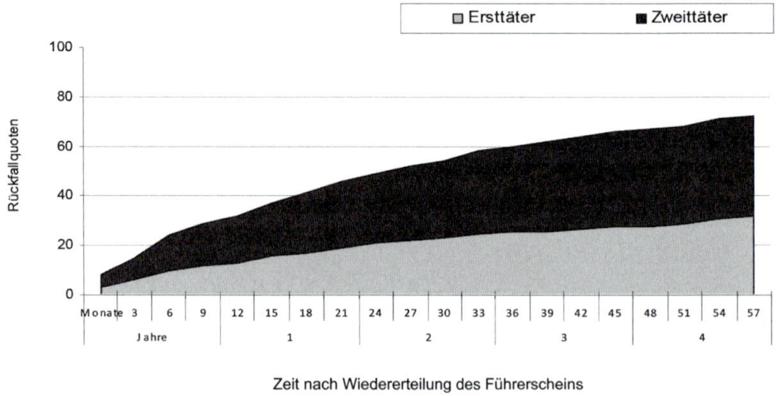

Bild 7: Rückfallquoten von Trunkenheitsfahrern ohne Nachschulungskurs oder Verkehrstherapie in Prozent (eigene Darstellung)

der Arzt fest, ob der körperliche und geistige Zustand eines Menschen Anhaltspunkte für nach wie vor bestehenden hohen Alkoholkonsum oder früheren Alkoholmissbrauch liefert (z. B. Blutwerte, alkoholtypische Hautveränderungen, Lebervergrößerung, Schädigung des Nervensystems, Bluthochdruck). Er prüft und bewertet mitgeführte Befunde (z. B. Blutwerte, Abstinenznachweise, ärztliche Atteste) für einen inzwischen positiv geänderten Umgang mit Alkohol.

Der computergestützte Leistungstest gibt weitere Hinweise, ob das Nervensystem durch Alkohol angegriffen ist. Hier gilt es, Mindestanforderungen zu erfüllen. Die Testergebnisse werden dabei in sogenannten Prozenträngen ausgedrückt. Ein Prozentrang von 50 bedeutet, jemand hat den exakt durchschnittlichen Leistungsstand in der Bevölkerung. Zwei Drittel der Bevölkerung erreichen Prozentränge von 0–67, nur das leistungsmäßig beste Drittel schafft einen Prozentrang von mehr als 67. Sofern man lediglich Motorräder oder Pkw bis 3,5 t zulässiges Gesamtgewicht fahren möchte, reicht es aus, vom Leistungsniveau zu den besseren 84 % der Bevölkerung zu zählen, also einen Prozentrang von 16 zu erreichen. Nur für das Fahren von Lkw und zur Personenbeförderung benötigt man einen Platz unter den besten 67 %, also einen Prozentrang von mindestens 33. Erfahrungsgemäß stellt beim Leistungstest das Lebensalter einen wichtigen Aspekt dar: Je älter der Prüfling, desto tendenziell schlechter sein Leistungstestergebnis.

Gibt der Arzt dann „grünes Licht“ (bedeutet, aus seiner Sicht erfüllt der Proband die Mindestvoraussetzungen zum Führen von Kraftfahrzeugen, und es finden sich auch keine Hinweise auf noch bestehenden hohen Alkoholkonsum), muss der verkehrspsychologische Gutachter entscheiden, wie die Prognose (das heißt, die künftige Entwicklung) ist. Denn: Viele MPU-Kandidaten schaffen es durchaus für einige Zeit, das „Ruder herumzureißen“ und den Alkoholkonsum einzuschränken oder ganz zu verzichten. Aber:

- Was wird passieren, wenn das große Ziel (den Führerschein wiederzubekommen) erreicht ist?
- Wird der veränderte Umgang mit Alkohol (der ja Voraussetzung für eine positive Beurteilung der MPU ist) auch weiter beibehalten?

- Wie stellt man sich gegenüber dem Risiko auf, rückfällig zu werden?

Diese Kernfragen beschäftigen den MPU-Psychologen. Und genau deshalb möchte er so vieles von Ihnen wissen:

- Wie beurteilen Sie Ihren früheren Umgang mit Alkohol?
- Wie viel haben Sie früher getrunken?
- Wie wird in Ihrem Freundeskreis getrunken?
- Wie geht es Ihnen mit dem veränderten Alkoholkonsum?
- Wie konkret wollen Sie Rückfällen vorbeugen?

Und vieles andere mehr. Nur, wer bei der Beantwortung dieser Fragen verdeutlichen kann, dass er auch für die Zukunft gut gerüstet ist, hat eine Chance, positiv beurteilt zu werden. Dreh- und Angelpunkt hierbei ist das sogenannte „Problembewusstsein".

Mit Strafe hat die MPU nichts zu tun. Die MPU ist vielmehr Ihre Chance, deutlich zu machen, dass die Eignungsbedenken der Behörde wegen der guten Entwicklung seit dem Delikt inzwischen unbegründet sind. Die MPU-Gutachter sind Sachverständige und nicht Teil der Justiz. Folglich verstehen sie es auch nicht, wenn man ihnen mit Feindseligkeit oder Misstrauen gegenübertritt. Mit der sogenannten „Sperrfrist" (richterlich angeordnet) haben Sie ja bereits eine Auszeit bekommen, welche Ihrerseits zum Nachdenken sowie zur Einstellungs- und Verhaltensänderung genutzt werden sollte. Auch wird in der MPU eher weniger nach Verkehrsregeln gefragt, und wenn, dann in erster Linie nach denen, gegen welche Sie verstoßen haben.

Sehr hartnäckig hält sich leider unter Betroffenen auch immer noch die Meinung, dass die MPU reine „Abzocke" sei und nur dazu geschaffen, noch mal „abzukassieren". Beim ersten Mal lassen die einen dann sowieso durchfallen, damit man noch mal hingehen muss. Schließlich kann man sich gegen diese Gesetze nicht wehren. Man wird also dazu verpflichtet, zu zahlen, „bis man schwarz wird". Mit Beantragung der Fahrerlaubnis, Alkohol-/Drogentests vor der Prüfung sowie der MPU selbst kommen tatsächlich hohe Kosten zusammen, für die nach dem Verursacherprinzip allein der Betroffene aufzukommen hat.

Hinzu kommt, dass viele Betroffene schon in den Monaten zuvor durch ihre Auffälligkeit enorme Kosten hatten (Strafe vom Gericht, ggf. Anwalt, Unfallschaden) und oft denken, die Sache wäre damit erledigt.

Aber wenn Sie sich einmal unter Nichtbetroffenen umhören, ob sie es für angemessen halten, dass ein notorischer Raser, Alkohol- oder Drogenfahrer mehrere Tausend Euro bezahlen muss, um den Führerschein wiederzubekommen, werden Sie mehrheitlich Zustimmung erfahren. Vielleicht hören Sie sogar Meinungen wie: „Das ist noch viel zu billig" oder „Solchen Leuten sollte man den Führerschein nie wieder geben". Es hängt also immer davon ab, wen man fragt. Das gegenwärtige System der Eignungsüberprüfung wird von der Mehrheit der Bevölkerung befürwortet. Es gibt einerseits dem Einzelnen die Chance, zu beweisen, dass von ihm keine Gefahr mehr ausgeht und sorgt andererseits dafür, dass Menschen, die sich nicht geändert haben, vorerst keinen Führerschein bekommen.

Und dass die Fahrerlaubnisbehörde an der MPU nennenswert verdient, stimmt auch nicht. Die einzige Einnahme, die ins „Säckel" der Kommune fließt, besteht in der Gebühr für die Beantragung der Fahrerlaubnis. Sie liegt je nach Gebührenstaffelung zwischen ca. 110–230 €. Dafür wird sich ein Sachbearbeiter der Führerscheinstelle auch die eine oder andere Stunde mit Ihrem Fall beschäftigen (Auskünfte über Sie einholen, Briefe schreiben, neues Führerscheindokument anfordern usw.). Die Führerscheinstelle verdient auch nicht einen Cent mehr, ob Sie nun eine MPU anordnet oder Ihnen den Führerschein ohne MPU wiedergibt. Allenfalls wenn Sie durchfallen, eine Versagung der Fahrerlaubnis erlassen wird oder/und Sie deshalb einige Zeit später erneut einen Antrag stellen müssen, könnte man vermuten, dass es etwas zu verdienen gäbe. Aber auch im neuen Antragsverfahren muss ein Beamter erneut einige Zeit mit Ihrem Fall verbringen und neue Nachforschungen anstellen.

Auch die MPU-Stelle verdient keinesfalls allzu üppig an Ihrer Untersuchung. Der Preis für die MPU ist (wie auch die Gebühren bei der Fahrerlaubnisbehörde) durch eine bundesweit geltende „Gebührenordnung für Maßnahmen im Straßenverkehr" (GebOSt) festgelegt. Das heißt, jede MPU-Stelle muss dieselbe Gebühr erheben.

Für die Erstellung eines 2. Gutachtenexemplars können ggf. noch ein paar Euro aufgeschlagen werden. Durch die Gebührenordnung sind jedoch die Einnahmen der MPU-Träger so bemessen, dass sie sich knapp tragen können, keinesfalls aber ein sonderlich lukratives Geschäft bedeuten. Aktuell betragen die Kosten für die MPU gestaffelt nach den Anlässen, die wiederum von der Führerscheinstelle festgelegt werden:

Tabelle 3: Kosten der reinen MPU (ohne Antrag, Nachweise, Beratung etc.)

MPU aufgrund von	Kosten in € ca.
Punkten in Flensburg, Verkehrsverstöße ohne Alkohol/Drogen oder Straftaten	348
Punkten in Flensburg, Verkehrsverstöße ohne Alkohol/Drogen und Straftaten	522
Alkoholdelikt(en)	403
Drogendelikt(en)	555
Alkohol- und Drogendelikten	756
Alkohol und Punkten in Flensburg, Verkehrsverstöße oder Straftaten	576
Drogen und Punkten in Flensburg, Verkehrsverstöße oder Straftaten	729

In den genannten Preisen sind u. a. die Mehrwertsteuer enthalten; Honorare für den Arzt, den Psychologen, das Büropersonal und den gesamten Verwaltungsapparat; das Büromaterial, Portokosten, der Leistungstest, die Laboruntersuchung, die Miete, Mietnebenkosten, die Versicherungen, die IHK und insbesondere für die Qualitätssicherung (auch ständige Aus- und Weiterbildung von Mitarbeitern, Datensicherheit) und Qualitätskontrolle (regelmäßige Überprüfung durch die Bundesanstalt für Straßenwesen). Unterm Strich bleibt auch hier zumeist kaum etwas übrig. Auf den dann erzielten Überschuss muss die MPU-Stelle dann zumindest noch Gewerbesteuer und ggf. noch Körperschaftssteuer zahlen.

Hinzu kommt, dass es seit vielen Jahren eher zu viele als zu wenig MPU-Stellen gibt. Denn die Zahl der MPU-Fälle sinkt seit vielen Jahren und die Zahl der MPU-Stellen steigt. Früher haben die Bundesländer immer nur eine gewisse Anzahl von Stellen genehmigt, die aus ihrer Sicht den Bedarf ausreichend gedeckt haben. Weitere Stellen wurden einfach nicht zugelassen. So wurden im Jahr 1999 noch mehr als 130.000 MPUs durchgeführt, verteilt auf 122 MPU-Stellen. Seit vielen Jahren jedoch gelten auch im MPU-Markt der sogenannte freie Wettbewerb und die Selbstregulierung des Marktes. Dies führte dazu, dass 2013 verteilt auf inzwischen 274 MPU-Institute nur noch 94.819 MPUs entfielen (Quelle: BASt, 2014).

Und auch die auf den ersten Blick sehr teuren Untersuchungen für den Nachweis von Alkohol- oder Drogenverzicht im Urin oder in den Haaren erklären sich durch den immensen Aufwand im Labor, wirklich eindeutige, gerichtsfeste Untersuchungsergebnisse sicherzustellen.

Im Interesse eines guten Vorankommens auf dem Wege zur positiven Beurteilung der MPU sollte man sich also besser nicht mehr von der Stimmung leiten lassen, sich „abgezockt“ zu fühlen. Dies birgt auch die Gefahr eines allzu großen Misstrauens und behindert eine wirklich konstruktive, auf selbstkritischer Auseinandersetzung beruhende Vorbereitung auf die Untersuchung. Und mal ganz ehrlich: Hinter dem Schimpfen auf das System steckt oft auch nur der Frust und Ärger über das, was man sich selbst eingebrockt hat (und auf das man alles andere als stolz ist). Viele suchen in einer solchen Situation geradezu nach einem „Sündenbock“, um sich selbst und andere vom eigenen Thema abzulenken, sich zu verteidigen und die eigenen Fehler herunterzuspielen.

18 Was versteht man unter „kontrolliertem Trinken“ bzw. „kontrolliertem Alkoholkonsum“, mit dem man in der MPU positiv beurteilt werden kann?

- ☐ *So etwas wie Kontrolle beim Trinken gibt es nicht. Man muss grundsätzlich völlig auf Alkohol verzichten, sonst schafft man die MPU nicht*
- ☑ *Im Vorfeld planen, bei welchem Anlass man Alkohol konsumieren wird*
- ☐ *Größere Alkoholmengen, die zu einem Rausch führen, sind nur erlaubt, wenn man einen Fahrer (z. B. Partner, Freund, Eltern) für den Heimweg dabeihat*

- ☐ *Man darf nur noch Alkohol trinken, wenn man einen „Kontrolleur" (z. B. Partner, guten Freund) dabeihat, der aufpasst und einem sagt, wann Schluss ist*
- ☐ *Man darf nur noch alleine trinken, damit andere einen nicht zum Vieltrinken überreden*
- ☑ *Immer mitzählen und genau wissen, wie viel man getrunken hat*
- ☑ *Eine verbindliche (geringe) Obergrenze beim Trinken haben und diese konsequent einhalten*
- ☐ *Man darf nur so viel trinken, bis man eine starke Alkoholwirkung bemerkt (z. B. Torkeln, Lallen) und muss dann gehen*
- ☑ *Die Obergrenze sollte nur im Bereich eines gesundheitlich unbedenklichen Konsums liegen (z. B. 2–3 kleine Bier oder 1–2 kleine Glas Wein)*
- ☐ *Es sind höchstens 2–3 Ausnahmen pro Jahr gestattet (z. B. Geburtstag, Silvester), an denen man mal deutlich mehr trinken darf*
- ☐ *Größere Alkoholmengen, die zu einem Rausch führen, sind nur zuhause gestattet, wenn man nicht mehr fahren muss*
- ☐ *Täglich 1–2 Bier zum Feierabend sind akzeptabel, wenn man hinterher nicht mehr fährt*
- ☑ *Spirituosen, insbesondere Mixgetränke (z. B. Wodka-E, Cocktails) sind zu meiden, besser sind Alsterwasser, Bier, Wein, Sekt)*
- ☐ *Nach 3 Tagen, an denen man getrunken hat, mindestens einen alkoholfreien Tag einlegen, bevor man wieder trinkt*
- ☐ *Pro Stunde immer nur einen Drink nehmen (z. B. 4 Bier à 0,5 l, d. h. 2,0 l Bier müsste man auf 4 Stunden aufteilen), damit man nicht richtig betrunken wird*

Wie Sie aus den Kriterien, die in der Lösung zu Frage 5 wiedergegeben wurden, ersehen können, ist es wichtig, dass Sie deutlich seltener als früher Alkohol trinken, dabei immer genau wissen, was und wie viel Sie getrunken haben und sich maximal im Bereich des sogenannten „risikoarmen Alkoholkonsums" bewegen, besser im Bereich des gesundheitlich unbedenklichen Trinkens (reiner Alkohol 12 g Frauen, 24 g Männer). Da angenommen wird, dass Sie über eine erhebliche Trinkfestigkeit verfügen, wie oben ausgeführt, dürfen Sie die Obergrenze nicht mehr von Ihrer Befindlichkeit abhängig machen, denn man geht ja davon aus, dass Ihre angeborene Abwehr gegen hohe Alkoholmengen nicht mehr funktioniert und Ihr Körper Ihnen nicht mehr so richtig signalisiert, wann Sie mit dem Trinken aufhören müssen. Darum ist es entscheidend, genau mitzuzählen und eine verbindliche Obergrenze zu haben, die Sie dann immer einhalten. Also, aufhören, bevor es überhaupt zum Rausch kommt. Insofern scheiden auch Trinkmengen aus, die dazu führen, dass Sie torkeln oder lallen.

Der Konsum von Spirituosen in Form von Mischgetränken erschwert deutlich den Überblick über die Trinkmenge, da der Anteil Schnaps am Gesamtgetränk oft völlig unklar ist, insbesondere bei Cocktails und bei Mischungen im privaten Kreis, die ohne Dosierer, wie sie meist in Gaststätten verwendet werden, zusammengegossen werden.

Die berühmten Ausnahmen (z. B. ab und zu, wenn man nicht fahren muss oder einen „Aufpasser" dabeihat, noch mal richtig einen zu heben) sind absolutes Tabu und führen automatisch zu einer negativ beurteilten MPU! Denken Sie an die erste Frage: Man glaubt Ihnen nicht mehr, dass Sie bei hoher Alkoholisierung 100%ig sicher Alkoholfahrten vermeiden können. So könnten Sie z. B. auch noch von zuhause betrunken losfahren, wenn die Zigaretten ausgegangen sind. Die im nüchternen Zustand gefassten guten Vorsätze sind eben „alkohollöslich."

Und auch die anderen Antworten sind falsch: Man gesteht es einem MPU-Kandidaten keinesfalls zu, dass er fast täglich noch Alkohol konsumiert, selbst wenn es kleine Mengen sind. Auch die Idee, mit dem langsamen Trinken (pro Stunde nur 1 Drink) allein wäre es getan, überzeugt nicht. Denn diese Strategie gestattet immer noch immense Alkoholmengen, sofern die Zeit nur lang genug ist. Auch das „Alleinetrinken" überzeugt in der MPU nicht. Es spricht mehr für ein ausgeprägtes „Entlastungs- oder Problemtrinken", als für eine Vorsichtsmaßnahme, um sich nicht zum Vieltrinken überreden zu lassen. Gerade die Kompetenz und Durchsetzungsfähigkeit, in Gesellschaft Animationen zum Vieltrinken widerstehen zu können, ist eine zentrale Voraussetzung für das kontrollierte Trinken.

Denn für Menschen mit Alkoholproblemen führt der Weg in die nachhaltige Gesundung einzig und allein über die Entwöhnung von Alkohol. Sie müssen lernen, ihr Leben auch ohne die ständige „Erleichterung" durch den Alkohol zu meistern und zu ertragen.

Alkohol darf allenfalls eine feierliche Ausnahme, ein seltenes Ritual des Genusses darstellen und keinesfalls wieder zur Normalität des Alltags werden. Sie müssen definitiv auch gelernt haben, diesen Standpunkt zu vertreten und standhaft zu bleiben.

Dabei ist nicht unbedingt gesagt, dass ausschließlich ein kompletter Verzicht auf Alkohol den MPU-Erfolg bringt (erste Antwort). Das kontrollierte Trinken gibt es, und es ist möglich, mit diesem Ansatz in der MPU positiv beurteilt zu werden, sofern nicht schwerwiegende Gründe des Einzelfalls dagegensprechen. Mehr als die Hälfte der MPU-Kandidaten tritt mit dieser Strategie ihre Untersuchung an.

19 Wie viele Bier à 0,5 l oder Gläser Wein à 0,25 l müsste ein durchschnittlicher Mann (80 kg)/eine durchschnittliche Frau (60 kg) in ca. 3 Stunden mindestens trinken, um 2,0 ‰ zu erreichen?

Männer:

- ☐ *2 Bier à 0,5 l oder 2 Wein à 0,25 l*
- ☐ *4 Bier à 0,5 l oder 3 Wein à 0,25 l*
- ☐ *6 Bier à 0,5 l oder 4 Wein à 0,25 l*
- ☑ *10 Bier à 0,5 l oder 6 Wein à 0,25 l*

Frauen:

- ☐ *2 Bier à 0,5 l oder 2 Wein à 0,25 l*
- ☐ *4 Bier à 0,5 l oder 3 Wein à 0,25 l*
- ☑ *6 Bier à 0,5 l oder 4 Wein à 0,25 l*
- ☐ *10 Bier à 0,5 l oder 6 Wein à 0,25 l*

Warum ist die Frage relevant? Eine der wichtigsten Aufgaben der Gutachter besteht darin, zu prüfen, ob Ihre Angaben für eine zuverlässige Prognose durch die MPU überhaupt verwertbar sind. Das heißt: Nur wenn das, was Sie erzählen, halbwegs stimmen kann, kann auch geprüft werden, ob die Argumente, die Sie nun für Ihre wiederhergestellte Fahreignung anführen, ausreichend sind.

Der Promillewert bei Ihrer Trunkenheitsfahrt ist aktenkundig, also dem Gutachter bekannt. Wenn Sie nun glauben, Sie müssten deutlich machen, dass Sie ja eigentlich gar nicht so viel getrunken haben, ist der aktenkundige Promillewert schnell nicht mehr mit Ihren Angaben zu den vorab konsumierten Trinkmengen vereinbar. Für den Gutachter heißt das dann, dass Sie Ihr Trinkverhalten beschönigend darstellen **und Ihre Angaben damit für eine Prognose nicht mehr verwertbar sind.** Er muss dann auch annehmen, dass Sie an anderer Stelle (z. B. in Ihrer Absicht, auch künftig wenig zu trinken) womöglich nicht die volle Wahrheit sagen. Denn: Wer einmal lügt, dem glaubt man nicht! Die Folge ist ein negatives Gutachten, denn der Gutachter kann mit Ihren (möglicherweise unehrlichen) Angaben die wiederhergestellte Fahreignung (gegenüber der Führerscheinstelle) nicht begründen. Also: Die früheren Trinkmengen nie untertreiben, besser legen Sie noch 1–2 Drinks drauf auf das, woran Sie sich noch erinnern. Wer zählt schon so genau mit? Meistens neigt man sogar dazu, die Trinkmenge eines langen Abends im Nachhinein zu unterschätzen. Zu beachten ist, dass die in der Frage 19 genannten Trinkmengen das Resorptionsdefizit nur sehr vorsichtig berücksichtigen. In vielen Fällen dürften die tatsächlichen Trinkmengen, die zum Erreichen der 2,0 ‰ nötig sind, nochmals höher liegen.

Die Frage verdeutlicht aber auch eine andere Wahrheit, die wir auch schon in den Fragen zum Alkoholgehalt der Getränke und zur Promilleberechnung gesehen haben: Wenn Mann und Frau sich eine Flasche Wein teilen oder zwei oder drei, ist die Frau hinterher wesentlich stärker alkoholisiert als der Mann. Es kommt nicht von ungefähr, dass abenteuerlustige Casanovas junge Damen gerne zu einigen gemeinsamen Drinks einladen.

20 Was versteht man unter einem „Alkoholproblem"?

- ☐ *Alkoholproblem bedeutet immer, dass jemand Alkoholiker ist und jeden Tag trinken muss*
- ☐ *Ein Alkoholproblem liegt nur dann vor, wenn jemand ohne Alkohol Entzugserscheinungen (z. B. Zittern, Schweißausbrüche, Nervosität) bekommt*
- ☑ *Wenn jemand sich selbst oder anderen durch seinen Alkoholkonsum Schaden zugefügt hat (z. B. Führerscheinentzug, Schlägereien, Anzeigen usw.)*
- ☐ *Wenn jemand 1–2 x pro Woche 2–3 Flaschen Bier à 0,33 l trinkt*

- ☐ *Wenn jemand fast jeden Abend ein Bier oder 1 Glas Wein trinkt*
- ☑ *Wenn jemand mit 1,6 ‰ oder mehr noch gefahren ist*
- ☑ *Wenn jemand im Straßenverkehr schon mehrfach wegen Alkohols aufgefallen ist (z. B. einmal mit 0,9 ‰ und dann mit 0,7 ‰)*
- ☑ *Wenn jemand zwar noch nie im Straßenverkehr wegen Alkohols aufgefallen ist, sich aber schon einmal einer Alkoholtherapie (z. B. Entgiftung, stationäre oder ambulante Maßnahme) unterzogen hat*
- ☑ *Wenn jemand 2–3 Mal im Monat betrunken ist*
- ☑ *Wenn jemand häufig verstärkt Alkohol trinkt, um seinen Stress oder seine Probleme zu verdrängen*
- ☑ *Wenn jemand oft Streit mit dem Partner oder der Familie hat, weil diese befürchten, dass er zu viel trinkt*
- ☑ *Wenn jemand ein paar Mal zu spät zur Arbeit gekommen ist, weil er am Vortag zu lange gefeiert hat, oder morgens mit einer „Fahne" zur Arbeit kommt*
- ☑ *Wenn jemand öfter nach starkem Trinken einen „Filmriss" (Erinnerungslücken) hatte*
- ☑ *Wenn sich jemand beim oder nach dem Trinken oft schuldig fühlt und deshalb auch heimlich trinkt*
- ☑ *Wenn jemand regelmäßig nach 3–4 Drinks richtig auf den Geschmack kommt und dann weiter trinkt*

Der Begriff „Alkoholproblem" ist für Laien oft schwer verständlich, sollte jedoch von Ihnen unbedingt vor der MPU richtig eingeordnet werden.

Ein Alkoholproblem ist eben nicht – wie die meisten Laien annehmen – ausschließlich mit einer Alkoholabhängigkeit (Alkoholkrankheit) gleichzusetzen. Insofern treffen die ersten beiden Antworten (täglich trinken müssen, Entzugserscheinungen haben) nicht zu. Eine solche, offensichtliche Alkoholabhängigkeit ist gewissermaßen nur die heftigste Erscheinungsform eines Alkoholproblems. Der Begriff Alkoholproblem wird aber in der Wissenschaft bereits für wesentlich unauffälligere Bestimmungsstücke des Trinkverhaltens verwendet.

Wenn wegen Trunkenheit im Verkehr eine MPU angeordnet wird (also bei einer Trunkenheitsfahrt mit mindestens 1,6 ‰ oder mehr als einer Fahrt mit weniger als 1,6 ‰), muss ein problematischer Umgang mit Alkohol vorgelegen haben, wie oben bereits ausgeführt.

Für die Gutachter ist auch klar, dass ein Alkoholproblem vorgelegen haben muss, wenn jemand schon einmal eine Entgiftung oder Entwöhnungstherapie in Anspruch genommen hat – denn warum sonst sollte man das tun? Warum sollte sonst auch eine Krankenkasse oder die Rentenversicherung für die enormen Kosten hierfür aufkommen? Eine solche Behandlung wird entsprechend auch nur dann bewilligt, wenn eine fachkundige Institution (z. B. Arzt) einen Handlungsbedarf, also ein alkoholbedingtes Gesundheitsproblem, diagnostiziert hat.

Ein Alkoholproblem liegt aber auch vor, wenn jemand in Situationen trinkt, in denen es eigentlich nicht angebracht wäre, weil z. B. die Erfüllung wesentlicher Pflichten (wie z. B. zur Arbeit zu gehen) darunter leidet. Das ist nicht nur dann der Fall, wenn man während der Arbeit Alkohol zu sich nimmt, sondern auch, wenn man am Abend so viel oder so lange getrunken hat, dass man am nächsten Morgen nicht zur Arbeit gehen kann oder nur mit erheblichen Schwierigkeiten. Dies spricht dafür, dass die Fähigkeit, immer nur dann bzw. immer nur in solchen Mengen zu trinken, dass keine unangenehmen Konsequenzen eintreten (auch sich selbst oder anderen nicht zu schaden), nicht mehr vollständig gegeben ist. Dies trifft aber auch dann zu, wenn es im Umfeld desjenigen aufgrund des Trinkens öfter mal zu Streitigkeiten kommt, weil Partner/in, Freunde oder Angehörige sich Sorgen machen oder genervt sind und der Betroffene trotzdem so weitermacht wie bisher.

Wer nach einigen Drinks so richtig auf den Geschmack kommt und dann ein starkes Bedürfnis nach höherer Alkoholzufuhr bekommt, zeigt eindeutige Anzeichen einer starken Alkoholgefährdung.

Wer öfter betrunken ist, vielleicht sogar so sehr, dass er sich am nächsten Tag nicht mehr an alles erinnern kann, pflegt einen Umgang mit Alkohol, der von Fachleuten als sehr bedenklich angesehen wird, denn es kann sich dabei nicht mehr um Alkoholkonsum um des Genusses oder des Geschmacks willen handeln. Mal ehrlich: Wie gut schmeckt das achte Bier? Haben Sie schon mal versucht, an einem Abend mehrere Liter Limonade oder Saft zu trinken? Kaum jemand täte das, denn kein Getränk schmeckt in so großen Mengen noch wirklich gut. Durst wird dabei auch keine echte Rolle mehr spielen. Außerdem sind die Effekte des Alkohols ja, wie gezeigt wurde, nur bei einer relativ geringen Alkoholisierung wirklich angenehm; der viel zitierte „Verlust der Muttersprache" oder „Augenstillstand" gefällt nur demjenigen, der mit einer hohen Menge Alkohol sein Gehirn ausschalten möchte – in der Regel deswegen, weil im nüchternen Zustand bestimmte Gefühle und Gedanken als unangenehm oder gar unerträglich empfunden werden. Wer also trinkt, um sich zu berauschen oder um Probleme zu verdrängen, befindet sich auf einem gefährlichen Kurs! Der Weg von diesem Verhalten in die Abhängigkeit ist oft kürzer als geahnt. Und wer bereits heimlich trinkt, damit es sonst keiner merkt, ist zumeist schon süchtig und braucht dringend Hilfe.

Diese wissenschaftlich bestätigte Sichtweise der Gutachter zu kennen, ist für Sie in der MPU ungemein wichtig, denn viele MPU-Kandidaten reagieren erbost, wenn der Gutachter von einem Alkoholproblem spricht und streiten demzufolge natürlich ab, eines zu haben. Wenn man kein Problem hat, braucht man es auch nicht zu ändern. Damit wird es aber auch nicht ersichtlich, wozu Sie ihr Trinkverhalten verändert haben sollten, außer, um die MPU zu bestehen und so den Führerschein wiederzubekommen. Diese Motivation kann aber nicht ausreichen, um überzeugende Tatsachen für die wiedergewonnene Fahreignung darzulegen. Denn die Wahrscheinlichkeit ist sehr hoch, dass jemand, der nur wegen des Erfolgs in der MPU weniger oder gar nichts mehr trinkt, später aber (wenn der Führerschein wieder da ist) wieder genauso trinkt wie früher. Ein positives Gutachten kann darauf also nicht aufgebaut werden.

Der Versuch, das eigene Trinkverhalten zu verharmlosen, ist weit verbreitet, besonders in der MPU. Oft wird von den Betroffenen auch selbst angenommen, dass sie im Vergleich zu anderen doch eher mäßig getrunken hätten. Immer wieder fällt dabei auf, dass der allgemein übliche Alkoholkonsum (von anderen) dabei deutlich überschätzt wird; eine Tendenz, die bei Menschen, die sehr wenig trinken, nicht beobachtet werden kann.

Einige Zahlen hierzu: In Deutschland werden pro Kopf etwa 10 l reinen Alkohols im Jahr getrunken, was etwa 230 l Bier oder 120 l Wein entspricht. Durchschnittlich trinken deutsche Männer etwa

42 g reinen Alkohols am Tag, was gut einem Liter Bier entspricht, bei Frauen sind es etwa 17 g Alkohol am Tag, entsprechend etwa 0,2 l Wein. Aber ab 25 g reinem Alkohol bei Männern bzw. 13 g bei Frauen besteht riskanter Alkoholkonsum!

Also alles Problemtrinker? Vorsicht! Es handelt sich hierbei um Durchschnittswerte. Ein genauer Blick zeigt, dass drei Viertel der Gesamtmenge an Alkohol von etwa einem Viertel der Bevölkerung konsumiert werden. Das heißt umgekehrt, dass drei Viertel der Bevölkerung nur ein Viertel der Gesamtmenge des Alkohols trinken. Was ist also das allgemein und gesellschaftlich übliche Trinkverhalten: das von einem Viertel oder das von drei Viertel der Bevölkerung praktizierte? (Altmannsberger, 2012)

Eine andere Statistik sagt aus, dass unter der männlichen Bevölkerung etwa jeder Dritte ein riskantes Trinkverhalten praktiziert, hingegen nur jede sechste Frau. Also wundert es auch nicht, dass gerade die Männer oft viele andere Männer kennen, die auch viel trinken (gleich und gleich gesellt sich gern ...) und entsprechend schlussfolgern, dass es wohl „normal" sei, wie man selbst mit Alkohol umgegangen ist. Dies gilt umso mehr, je weniger offensichtlichen Schaden das Trinken bereits angerichtet hat: Wenn ich im Job noch keinen Ärger wegen des Trinkens hatte, auch die Partnerin keinen „großen Stress" deshalb macht, ich mich gesund und fit fühle und im Alltag meinen Mann stehe, wie soll ich da schon auf die Idee kommen, dass ich ein „Alkoholproblem" habe?

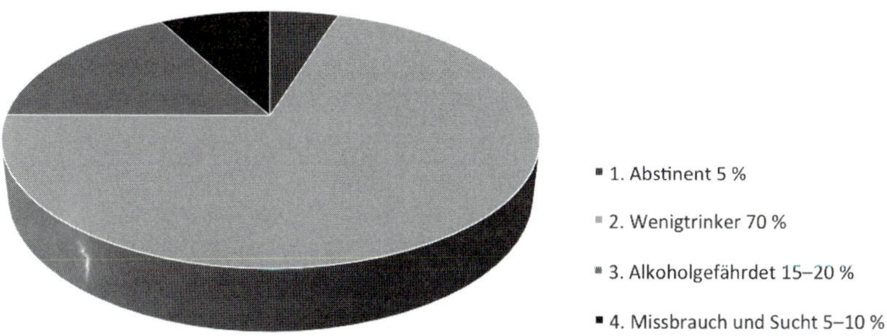

Bild 8: Trinkverhalten in der Bevölkerung, nur ca. 5 % der Erwachsenen leben völlig abstinent (eigene Darstellung)

Die Frage eindeutig zu beantworten, ob jemand noch normal trinkt oder schon gefährdet ist, noch gefährdet ist oder bereits missbraucht, noch Missbrauch betreibt oder gar schon alkoholkrank (im Sinne von süchtig) ist, ist gerade in den Übergangsbereichen schwierig und bedarf einer sorgfältigen Abklärung im Einzelfall. Anders als z. B. bei einer Infektionskrankheit (Erreger lässt sich nachweisen), müssen für eine Standortbestimmung der Alkoholproblematik viele Faktoren sowohl quantitativ als auch qualitativ geprüft werden, um eine saubere Diagnose stellen zu können.

Die Klassifizierung in einem (in der MPU gebräuchlichen) System *unproblematisch – gefährdet – missbräuchlich – süchtig* ist eine Absprache unter Experten, die zudem von zeitgeschichtlichen sowie kulturellen Werten und Normen beeinflusst wird.

Einen schwer süchtigen Alkoholiker erkennt zumeist auch der Laie, wenn auffällige Symptome vorliegen. Alles, was allerdings nach außen nicht so deutlich sichtbar ist wie heimliches Trinken, Alkoholgeruch, Zittern, permanentes Trinken, insbesondere schon im Tagesverlauf, und ähnlich typische Auffälligkeiten, kann oft nur von dem Betroffenen nahestehenden Menschen (die auch die Wesensveränderung durchs Trinken miterlebt haben) und Fachleuten (Psychiater, Verkehrspsychologe) richtig eingeschätzt werden.

Zum zeitgeschichtlichen Hintergrund lässt sich sagen, dass in früheren Epochen eine überwiegend deutlich unkritischere Haltung gegenüber dem Alkohol vorherrschte. In gewissen Kulturepochen gab es zwischenzeitig aber auch sehr negative Bewertungen von starken Alkoholkonsumenten. So ist Alkoholismus in Deutschland auch erst seit ca. 50 Jahren als Krankheit anerkannt. Zum kulturellen Maßstab ist anzumerken, dass man z. B. in streng muslimischen arabischen Ländern bereits als krankhafter Trinker gilt, wenn man auch nur ab und zu Alkohol konsumiert. Also ein gewöhnlicher deutscher Alkoholkonsument wäre in einem solchen Kulturkreis ein verachteter Sonderling. Auch in den Mittelmeerländern pflegt man einen doch deutlich anderen Umgang mit Alkohol als in Mittel- und Nordeuropa. Zwar trinkt dort ein relativ großer Teil der Bevölkerung im Wesentlichen täglich zu den Mahlzeiten. Dieses stellt aber dort einen kulinarischen Brauch dar, und die Trinkmengen sind zumeist so gering, dass man die Menschen dort so gut wie nie betrunken erlebt. Mehr als ein gewisses Quantum zu trinken, auch der regelmäßige Konsum von Schnaps, ist dort verpönt.

In Mittel- und Nordeuropa hingegen gibt es diese klaren Spielregeln zum Alkoholkonsum nicht. Bei vielen Gelegenheiten bieten sich gesellschaftlich legitime Anlässe zum Rauschtrinken; bevor hier jemand einem anderen in seinen Alkoholkonsum reinredet, muss schon einiges vorfallen. Geht man weiter nach Nord-Osten, gelten dort Bier und Wein noch nicht mal als echtes Alkoholtrinken, das fängt erst mit Spirituosen an. Für die MPU-Vorbereitung und die Verkehrstherapie ist es daher zumeist zielführender, sich nicht zu sehr auf diagnostische Zuordnungen zu fixieren, sondern zunächst auch mit dem Oberbegriff „Alkoholproblem" zu arbeiten und seine Kraft in ein Entwickeln und Festigen neuer Einstellungs- und Verhaltensmuster zu investieren.

21 Wie kann man ein „Alkoholproblem" überwinden?

- ☐ *Das Alkoholproblem ist überwunden, wenn der Arzt sagt, dass man gesund ist und die Blutwerte in Ordnung sind*
- ☐ *Das Alkoholproblem ist überwunden, wenn man ein halbes Jahr gar keinen Alkohol mehr getrunken hat*
- ☐ *Das Alkoholproblem ist überwunden, wenn man es über mehrere Monate geschafft hat, sich nicht mehr zu betrinken, sondern mit 2–3 Drinks auszukommen*
- ☐ *Das Alkoholproblem ist überwunden, wenn man eine Therapie absolviert hat*
- ☐ *Das Alkoholproblem ist überwunden, wenn man schon länger eine Selbsthilfegruppe besucht*
- ☐ *Das Alkoholproblem ist erst überwunden, wenn man sein Leben ohne Alkohol richtig schön findet*
- ☑ *Ein Alkoholproblem geht nie mehr weg, man muss lernen, damit zu leben*
- ☐ *Das Alkoholproblem ist überwunden, wenn man verstanden hat, welches die Gründe für das übermäßige Trinken gewesen sind (z. B. Stressabbau, schwere Kindheit, Freundeskreis)*
- ☐ *Damit das Alkoholproblem überwunden werden kann, muss man*

zuerst seinen Freundeskreis ändern und seine ganze Freizeitgestaltung umstellen

- ☐ *Das Alkoholproblem ist dann überwunden, wenn man gelernt hat, die Finger vom Lenkrad zu lassen, wenn man zu viel getrunken hat*
- ☐ *Das Alkoholproblem ist überwunden, wenn man in der MPU positiv beurteilt wurde*

Leider trifft nur eine Antwort zu: Das Alkoholproblem geht nicht weg, kann also nie komplett überwunden werden, sondern man lernt, damit zu leben und es als einen Teil seiner Persönlichkeit zu akzeptieren.

Natürlich ist es hilfreich, eine Therapie zu absolvieren, eine Selbsthilfegruppe zu besuchen und verstanden zu haben, aus welchen Gründen man übermäßig getrunken hat. Für die Festigung eines Lebensstils, in welchem Alkohol ganz gemieden wird oder zumindest keine kritische Bedeutung mehr hat, ist es oft auch erforderlich, sein Umfeld und seine Freizeitgestaltung zu ändern. Erst über eine Phase der Gewohnheitsbildung wird man auch das Leben, in welchem der Alkohol nicht mehr wichtig ist, immer mehr wertschätzen und genießen können. Dies sind wichtige Punkte, bloß: Davon geht das einmal erworbene Alkoholproblem nicht wieder weg. Die oben genannten Aspekte sind lediglich wichtige Stützen und Stabilisatoren des neuen Lebensentwurfs ohne bzw. mit wenig Alkohol.

Das Alkoholproblem ist ja eben genau dadurch gekennzeichnet, dass die einst angeborene Abwehr des Körpers auf zu viel Zellgift Alkohol (mir wird schon nach wenigen Drinks übel, ich mag nicht mehr weiter trinken, Schnaps schmeckt mir nicht, ich habe gar keine besondere Lust auf Alkoholkonsum) durch zu intensives Training im Trinken nicht mehr besteht. Und leider kann diese Fähigkeit unseres Körpers auch durch langes Verzichten auf Alkohol nie wieder vollständig repariert werden!

So wie ein gekochtes Ei nie wieder roh wird, und man das Radfahren nie wieder vollständig verlernt, sondern nach kurzer Übung wieder gut beherrscht, kann die alte Trinkfestigkeit, die alte Freude am Vieltrinken, die alte Versuchung, das eigene Alkoholproblem herunterzuspielen, schnell wieder zurückkehren. Ein Alkoholproblem ist also nicht heilbar! Dieses Problemverständnis ist absolut elementar für eine positive Beurteilung und auch dafür, nicht rückfällig zu werden.

Stellen Sie sich einen Raucher vor, sofern Sie selbst keiner sind. Der Raucher, welcher 30 Jahre täglich seine Zigaretten durchgezogen hat, ist doch nicht deshalb, weil er vor 2 Jahren aufgehört hat, ein Nichtraucher. Er wird auch nie ein echter Nichtraucher, selbst wenn er wieder weitere 2–3 Jahre durchgehalten hat. Vielmehr ist und bleibt er ein Exraucher, ein Raucher, der aufgehört hat, seinem Laster zu frönen. Er trägt ein wesentlich höheres Risiko, das Rauchen wieder anzufangen als jemand, der noch nie geraucht hat.

Dies ist psychologisch auch absolut plausibel, denn der Exraucher hat in seiner Erinnerung alles abgespeichert, die vielen positiven Eindrücke und Momente, die mit dem Rauchen verbunden waren, z. B.

- Das gemeinsame, verbindende Erlebnis, zusammen mit anderen eine zu rauchen
- Die tolle Kombination von Kaffee und Zigarette
- Das gemütliche, entspannende und zugleich anregende Gefühl der Zigarette nach dem guten Essen
- Der Geruch der glimmenden Zigarette
- Wie man sich als junger Mensch erwachsen und cool gefühlt hat mit Zigarette
- Die Kippe nach dem Sex als Krönung des wunderbaren Abends usw.

Der echte Nichtraucher hingegen verbindet mit dem Rauchen keine positiven Gefühle und schönen Momente. Das Rauchen ist für ihn etwas Unbekanntes, er vermisst gar nichts davon.

Und genau diese Erkenntnisse kommen in der MPU zum Tragen: Neben Ihrem heutigen Wunsch, den Alkohol zu meiden, weil es die logisch beste Lösung für Sie ist, sind auch ganz viele positive und bleibende Erinnerungen an das Trinken wirksam:

- Das Erlebnis von Gemeinschaftsgefühl und Zusammengehörigkeit, wenn man sich gemeinsam betrinkt

- Die entlastende und entspannende Wirkung des Alkohols, gerade, wenn man so richtig genervt und gestresst ist
- Die langen Abende, an denen man mit reichlich Drinks nebenbei toll geredet, gefeiert, was erlebt hat
- Das Gefühl, einfach mal total losgelöst von gestern und morgen im „Hier und Jetzt" zu leben und zu genießen
- Die alten Zeiten, in denen Alkohol noch kein Problem darstellte und man ganz unbedarft und mit gutem Gewissen getrunken hat und vieles andere mehr.

Also ist doch klar, dass die Gutachter wissen, dass es immer ein gewisses Rückfallrisiko geben wird. Gerade in Lebenssituationen mit vielen negativen Gefühlen werden die schönen Erinnerungen an die Momente mit Alkohol bevorzugt wiederkehren. Die Erinnerungen werden versuchen, uns zu schmeicheln und zu flüstern: „Wäre das nicht schön, jetzt einfach mal ganz schnell in eine richtig gute Stimmung zu kommen, sich mal richtig frei und entspannt zu fühlen, ... so wie früher?"

Hinzu kommt leider noch ein Umstand. Die meisten Menschen haben aus ihrer persönlichen Lebenserfahrung heraus ein beschränktes Verständnis von Gesundheit und Krankheit.

Wer nun längere Zeit nichts oder nur wenig getrunken hat, der fühlt sich zumeist mit der Zeit deutlich besser, gesünder, leistungsfähiger, ausgeglichener, selbstbewusster und vieles andere Positive mehr. Denn man kann das Alkoholproblem nicht spüren. Im Gegenteil, die bessere Befindlichkeit führt uns zu der Annahme, jetzt erst recht geheilt zu sein. Dieses wird dann noch dadurch bestätigt, dass man auch kleine Alkoholmengen viel stärker spürt als früher. Und letztendlich ist es auch das, was Betroffene gerne glauben möchten: Das Alkoholproblem soll doch endlich weg sein, man will endlich wieder ein ganz normaler Mensch sein, mit allen Qualitäten und Kompetenzen. Diese Meinung über einen selbst ist doch wesentlich schmeichelhafter, als den Makel des Alkoholproblems zu tragen.

Diverse Studien zur hohen Rückfälligkeit bei Alkoholikern haben genau das immer wieder gezeigt. Der wesentlichste Rückfallgrund ist, dass der Alkoholiker nach einer Zeit des Verzichts, wenn es in seinem Leben wieder bergauf geht, langsam der Versuchung erliegt, zu glauben, er wäre jetzt wieder vollständig gesund (bedeutet, man kann jetzt auch wieder mal gewissermaßen kontrolliert nur 1–2 Bier zum Grillen trinken und muss sich nicht überall beim Anstoßen und Mittrinken ausschließen).

Dieses naive Krankheitsverständnis wird auch dadurch verstärkt, dass sich der Alkoholiker nach einigen Monaten des Verzichts wieder topfit fühlt, also kerngesund und leistungsfähig. Es wird dadurch noch bestärkt, dass wir im Laufe unseres Lebens mit Krankheiten immer wieder die Erfahrung abgespeichert haben, dass die Krankheit (z. B. der Schnupfen, der verstauchte Fuß) nach einer Zeit der Heilung vollständig verschwunden ist und unser Körper wieder genauso funktioniert wie vor der Erkrankung. Da alle nicht chronisch kranken Menschen in ihrem eigenen Leben lediglich die Erfahrung gesammelt haben, gesund zu sein und allenfalls vorübergehend mal kurz krank, ist es sehr schwer, die Dauerhaftigkeit des Alkoholproblems zu akzeptieren. Unsere Erfahrung und unser Gefühl, was stimmt, sprechen nämlich dagegen. Wenn es mir früher, während einer schweren Erkrankung, auch mal richtig schlecht gegangen sein mag, irgendwann war es wieder vorbei. Und danach war ich wieder gesund und leistungsfähig. Der Körper hat sich selbst komplett regeneriert, und ich hatte wieder alle Möglichkeiten, genau wie vor der vorübergehenden Krankheit.

Die wenigsten Menschen haben in dem Alter, wo sie Alkoholiker werden (oft zwischen 25–40 Jahren) bereits Erfahrungen mit chronischen Erkrankungen, die nie wieder ganz verschwinden.

Ein guter Hinweis darauf, dass man sein Problem inzwischen im Griff hat, ist die Zeit, die schon verstrichen ist, ohne dass man wie früher getrunken hat. Wenn das Alkoholproblem noch nicht so weit fortgeschritten ist, dass man es nur noch mit einer konsequenten Alkoholabstinenz im Griff behalten kann, sollte man also gezeigt haben, dass man mehrere Monate, am besten ein Jahr, mit jeweils nur wenig Alkohol ausgekommen ist. Falls eine Abstinenz notwendig erscheint, sollte man es schon eine längere Zeit (in der Regel werden 12 Monate gefordert, mindestens aber 6 Monate) geschafft haben, auf Alkohol zu verzichten. Sie sehen hier auch, dass es eben nicht darum geht, dass das Alkoholproblem weg ist, sondern darum, es nachhaltig im Griff zu haben!

Und eine echte Änderung des Verhaltens ist nur eine solche, die sich auch stabil als neue und bewährte Verhaltensgewohnheit in der ganzen Person und in allen Lebensbeziehungen etabliert hat. Wer 10 Jahre problematisch getrunken hat, dem kann man nicht automatisch abnehmen, dass seine Veränderung und sein „Gegenentwurf" zu den früheren Verhaltensgewohnheiten bereits nach einem halben Jahr ausreichend erprobt und stabil sind. Die Einschätzung, ob dafür ein kontrolliertes Trinkverhalten ausreicht oder eine konsequente (und lebenslange!) Abstinenz erforderlich ist, ist eine weitere Hauptaufgabe der Gutachter. Wenn Sie diese Entscheidung selbst schwierig finden, können Ihnen auch Fachleute dabei helfen, den idealen Weg zu finden.

22 Mit welchen „Strategien" können Sie die MPU-Gutachter am besten überzeugen, Ihre Alkohol-MPU positiv zu bewerten?

- ☐ *Ich muss unbedingt die ganz außergewöhnlichen Umstände, die zur Auffälligkeit führten, deutlich machen*
- ☐ *Ich darf keinesfalls zugeben, dass ich oft viel getrunken habe, ansonsten glauben die Gutachter, ich bin ein unverbesserlicher „Schluckspecht"*
- ☐ *Ich sollte den Alkoholkonsum vor der Alkoholfahrt und das Fahren unter Alkoholeinfluss als unglückliche Ausnahmen darstellen, damit die Gutachter verstehen, dass von mir normalerweise keine Gefahr ausgeht und ich ein verantwortungsbewusster Mensch bin und kein Verbrecher*
- ☐ *Ich sollte auf die vielen Jahre hinweisen, in denen ich nie aufgefallen bin, weil das ins Verhältnis zu dem einen Ausrutscher, den ich hatte, zu setzen ist*
- ☐ *Ich muss sie davon überzeugen, dass bei mir im Großen und Ganzen ein völlig normaler Alkoholkonsum vorlag und dass der Promillewert bei der Auffälligkeit untypisch hoch für mich war*
- ☐ *Ich muss klarstellen, dass ich sofort nach der Tat total auf Alkohol verzichtet habe, weil ich ab da keine Lust mehr darauf hatte und es nicht mehr geschmeckt hat*

- ☐ *Ich darf auf keinen Fall sagen, dass ich sofort nach der Tat total auf Alkohol verzichtet habe oder auch in Zukunft verzichten will, weil das sowieso keiner glauben würde*
- ☐ *Ich muss auf jeden Fall sagen, dass ich Alkoholiker bin, weil das für die Gutachter durch meine Akte sowieso schon feststeht*
- ☑ *Ich muss klarmachen, dass ich früher oft zu viel getrunken habe, dies aber seit geraumer Zeit geändert habe*
- ☑ *Ich muss genau beschreiben, wie oft und wie viel ich früher getrunken habe und was ich konkret geändert habe*
- ☑ *Ich muss erklären, welche persönlichen Gründe ich für das Vieltrinken hatte*
- ☐ *Ich muss verdeutlichen, dass ich kein Alkoholiker bin und deshalb auch nichts Wesentliches ändern muss*
- ☐ *Ich muss klarmachen, dass ich aus der Auffälligkeit gelernt habe, wie ich künftig auch im betrunkenen Zustand in der Lage sein werde, nie wieder Auto zu fahren*
- ☑ *Ich sollte eine Bescheinigung vorlegen, dass ich eine Schulung oder Therapie gemacht habe*
- ☑ *Ich sollte durch medizinische Befunde (z. B. Bluttests der Leberwerte, Urinkontrollen, Haarproben) belegen, dass ich meinen Alkoholkonsum geändert habe*
- ☐ *Ich muss darlegen, dass es ganz leicht war, weniger zu trinken oder ganz zu verzichten, sonst denken die Gutachter, ich bin Alkoholiker oder ein Mensch mit schwachem Willen*
- ☑ *Ich sollte die persönlichen Gründe für eine Veränderung meines Umgangs mit Alkohol und meine Erfahrungen mit der Änderung ausführlich beschreiben können*

Als erstes muss die persönliche Feststellung vorliegen, dass Sie früher, vor dem Alkoholdelikt, öfter und mehr getrunken haben als in den letzten Monaten vor der MPU. Eine starke Gewöhnung an Alkohol und somit eine erhöhte Trinkfestigkeit kann womöglich auch in weiter zurückliegenden Lebensphasen (z. B. Sturm-und-Drang-Periode als junger Mensch, Phase von Trennung/Arbeitslosigkeit) erworben worden sein und muss nicht immer der Alkoholfahrt unmittelbar vorausgegangen sein. Jedoch ist im unmittelbaren zeitlichen Vorfeld einer Trunkenheitsfahrt mit hoher Blutalkoholkonzentration immer von einer durch heftiges Trinken erworbenen oder aufgefrischten Alkoholtoleranz auszugehen.

Sie sollten in einem weiteren Schritt genau beschreiben können, wie oft und wie viel Sie früher getrunken haben und was genau Sie daran geändert haben. Wenn Sie einfach nur sagen, dass Sie früher oft zu viel getrunken haben, ohne dieses genauer beziffern zu können, wird man nicht davon ausgehen, dass Sie sich mit Ihrem früheren Alkoholkonsum wirklich schon intensiv auseinandergesetzt haben (siehe hierzu auch Kapitel 8). Der Gutachter wird eventuell annehmen, dass Sie nichts Genaues sagen möchten, um ihr Trinkverhalten zu verschleiern (führt zum negativen Gutachten). Außerdem sollten Sie die persönlichen Gründe gerade für Ihren übermäßigen Alkoholkonsum darlegen können.

Da, wie bereits dargestellt, aus der Aktenlage bereits abzuleiten ist, dass ein problematischer Umgang mit Alkohol vorgelegen haben muss, nützt es nichts, die besonderen Umstände, die an dem einen Tag zur Auffälligkeit geführt haben, darzustellen. Sie laufen damit auch nicht Gefahr, als unverbesserlicher „Schluckspecht" abgestempelt zu werden, sondern stellen einfach nur die Informationen zur Verfügung, die zur Bewertung Ihrer persönlichen Vorgeschichte und den inzwischen vollzogenen Veränderungen erforderlich sind.

Wenn Sie die Trunkenheitsfahrt, die dem Gutachter bereits bekannt ist, als unglückliche Ausnahme darstellen, wird er den Verdacht hegen, Sie versuchten, Ihr Verhalten zu verharmlosen. Das bedeutet keineswegs, dass man Sie als einen unverantwortlichen Menschen oder Verbrecher betrachten wird, dem nicht mehr zu helfen ist. Es ist einfach nur so: Wenn der Promillewert bei der Auffälligkeit eine absolute Ausnahme wäre, ist nicht erklärbar, wieso Sie es geschafft haben, trotzdem noch mit dem Kraftfahrzeug (oder dem Fahrrad) zu fahren. Es kann als gesichert angenommen werden, dass sie über eine entsprechende Trinkfestigkeit verfügt haben, die Sie nur dann erreicht haben können, wenn Sie schon öfter oder regelmäßig in ähnlicher Weise getrunken haben.

Im Grunde ist sogar davon auszugehen, dass der erreichte Promillewert bei der Auffälligkeit noch nicht das absolute Maximum für Sie darstellt, denn sonst wären Sie wahrscheinlich gar nicht mehr gefahren. Das heißt allerdings noch lange nicht, dass Sie ein Alkoholiker sind!

Auch wenn Sie viele Jahre im Besitz eines Führerscheins waren und nie auffällig geworden sind, ist das kein Beweis dafür, dass Sie sich ansonsten immer sicher im Griff hatten, denn die Dunkelziffer bei Trunkenheitsfahrten ist enorm hoch. Daher ist es wahrscheinlicher, dass Sie auch vorher schon betrunken gefahren sind (oder zumindest angetrunken), allerdings ohne dabei ertappt worden zu sein. Im Übrigen wird von Führerscheininhabern ohnehin erwartet, dass sie sich an die Verkehrsregeln halten und mit Vorsicht und Rücksicht am Straßenverkehr teilnehmen. Hieraus ergeben sich also keine Bonuspunkte, die einem jetzt sozusagen in Form einer Gutschrift für die Alkoholfahrt angerechnet werden. Wenn Sie morgen eine Bank überfallen würden, könnten Sie bei Gericht doch auch keinen Freispruch fordern mit dem Hinweis darauf, dass Sie davor 20 Jahre nie eine Straftat begangen haben, oder?

Wenn Sie seit der Tat keinen Alkohol mehr getrunken haben, sollten Sie dies natürlich auch schildern. Die Frage ist dann aber auch: Welche Gründe haben Sie dafür? Die Aussage, seitdem schmecke es Ihnen einfach nicht mehr oder Sie hätten keine Lust mehr darauf, würden Sie anderen auch nicht abnehmen. Wieso sollte etwas, was Sie jahrelang praktiziert haben, plötzlich jegliche Attraktivität für Sie verloren haben? Zwar ist es durchaus so, dass einem aufgrund des Schocks des Führerscheinentzugs eine Zeit lang die Lust am Trinken gründlich vergehen kann, es ist aber auch bekannt, dass diese negativen Erfahrungen mit der Zeit wieder verblassen und sich das alte Verhalten Stück für Stück wieder durchsetzt. Man lernt eben mehr und vor allem längerfristig aus den positiven Konsequenzen seines Verhaltens („Belohnungen") als aus den negativen Konsequenzen („Bestrafungen").

Wenn Sie hingegen gute und nachvollziehbare Gründe für Ihre Entscheidung, völlig auf Alkohol zu verzichten, benennen und Ihre Erfahrungen, die Sie mit dem Alkoholverzicht inzwischen gemacht haben, auch plastisch schildern können, spricht natürlich nichts dagegen, dass man Ihnen das auch glaubt und dies als Tatsache für eine wiederhergestellte Fahreignung verwenden kann.

Wie Sie aus der Beantwortung der Frage 20, was ein Alkoholproblem ist, schon gelernt haben, müssen nicht nur Alkoholiker etwas verändern. Vielfach wird in der MPU versucht, sich von „echten Alkoholikern" abzugrenzen, um deutlich zu machen, dass man an seinem Trinkverhalten nichts ändern müsse. Dies ist ein deutlicher Hinweis darauf, dass jemand noch nicht bereit oder in der Lage ist, sich dem eigenen Alkoholproblem zu stellen – das Gutachten wird also negativ ausfallen.

Die Fähigkeit, auch im betrunkenen Zustand sicher entscheiden zu können, nicht mehr zu fahren, wird man Ihnen absprechen – Sie haben es ja in der Vergangenheit auch nicht geschafft. Der Grund dafür liegt vornehmlich in der immer wieder angesprochenen erhöhten Alkoholtoleranz: Auch wenn Sie selbst das Gefühl haben, noch nüchtern zu sein und genau zu wissen, was Sie tun, verändert der Alkohol Ihr Denken und Empfinden in Richtung Sorglosigkeit und Risikobereitschaft. Ein Betrunkener kann eben nicht nüchtern denken und handeln.

Eine Bescheinigung über die Inanspruchnahme einer Schulung oder auch verkehrstherapeutischen Maßnahme ist äußerst hilfreich für eine positive Begutachtung, wenn auch in vielen Fällen kein absolutes Muss.

Es ist aber durchaus sinnvoll, eine Maßnahme bei Fachleuten in Anspruch zu nehmen, bevor man die MPU absolviert. Wenn Sie eine solche Maßnahme in Anspruch genommen haben, bekommen Sie auch eine Bescheinigung oder einen ausführlichen Bericht, die Sie dann natürlich in der MPU auch vorlegen sollten. Ausdrücklich gefordert wird – außer bei schwereren Alkoholproblemen (Alkoholabhängigkeit und Missbrauch) – eine fachlich qualifizierte therapeutische Maßnahme allerdings nicht, sondern nur die intensive Auseinandersetzung mit der Vorgeschichte und darauf aufbauende entsprechende Veränderungen.

Dies wiederum sind die Ergebnisse von Verkehrstherapien und seriösen Schulungen – wenn Sie diese Ergebnisse auch ohne fachliche Hilfe erzielen konnten, kann Ihnen das niemand vorwerfen. Es ist einfach nur weniger wahrscheinlich, dass Ihnen in Eigeninitiative eine vollständige und unbefangene Aufarbeitung gelingt.

Die Beurteilungskriterien sehen für Alkoholfahrer vor, dass die MPU in der Regel nur dann positiv ausfallen kann, wenn die Behauptung, jetzt weniger oder gar nicht mehr zu trinken, auch durch medizinische Befunde belegt werden kann. In weniger schweren Fällen (beim Vorliegen einer Alkoholgefährdung) dürfen die Blutwerte in der MPU dieser Behauptung zumindest nicht widersprechen. Schließlich behauptet dies in einer Prüfungssituation fast jeder, aber nicht alle sagen die Wahrheit. In den Kapiteln 9.1–9.2 wird ausführlich dargestellt, mit welchen Befunden Sie Ihre Verhaltensänderung im Bezug auf Alkohol belegen sollten und über welchen Zeitraum Messungen durchzuführen sind.

Ebenso wird (selbst wenn medizinische Nachweise vorliegen) nicht ohne Weiteres geglaubt, dass jemand sein tatsächliches Trinkverhalten nachhaltig geändert hat. Die Genauigkeit der medizinischen Befunde hat eben ihre Grenzen, nicht jeder „Ausrutscher" wird sofort z. B. in Blutuntersuchungen abgebildet. Daher gilt es auch, lebensecht und nachvollziehbar zu schildern, wie sich das neue Leben gegenüber früher anfühlt. Je authentischer es Ihnen gelingt, dieses zu beschreiben, desto eher wird man Ihre Angaben als nachvollziehbar beurteilen.

23 Was bezwecken die MPU-Gutachter damit, wenn sie Sie nach „Rückfallgefahren" oder „Rückfallvorbeugung" fragen?

- ☐ *Die Gutachter wollen testen, ob ich unsicher bin. Ich muss auf jeden Fall sagen, dass ein Rückfall absolut kein Thema ist, weil ich alles unter Kontrolle habe*
- ☐ *Wenn die Gutachter das zum Schluss fragen, bedeutet es, dass ich durchgefallen bin, weil sie mir nicht geglaubt haben*
- ☐ *Rückfälle können nur bei Alkoholikern vorkommen, deshalb muss ich sagen, dass bei mir ein Rückfall ausgeschlossen ist, sonst denken die Gutachter, ich bin doch Alkoholiker*
- ☐ *Damit ich so eine Frage verhindern kann, muss ich auf jeden Fall eine Selbsthilfegruppe besuchen und darüber eine Bescheinigung vorlegen, egal wie viel ich früher getrunken habe*
- ☑ *Die Gutachter gehen davon aus, dass jeder ein gewisses Rückfallrisiko trägt und sich damit auseinandersetzen muss*
- ☑ *Ich sollte meine grundsätzliche Rückfallgefahr verdeutlichen und erklären, worin ich sie sehe und wie ich dagegen vorgehe*

- ☐ *Wenn ich ein Rückfallrisiko einräume, denken die Gutachter automatisch, ich habe einen schwachen Willen und muss deswegen eine Therapie machen*
- ☑ *Ich sollte meine Rückfallrisiken insbesondere auf die früheren Ursachen für hohen Alkoholkonsum beziehen*
- ☐ *Wenn ich frühere Ursachen für das Vieltrinken auch als künftiges Risiko darstelle, denken die Gutachter, ich habe das Problem nicht in den Griff bekommen und bewerten die MPU negativ*
- ☐ *Ich muss sagen, dass mein Rückfallrisiko auch bei 30–50 % liegt, weil das genau der Statistik entspricht, wie oft Alkoholfahrer rückfällig werden*
- ☐ *Ich muss sagen, dass ich viel stärker rückfallgefährdet bin als andere in meiner Situation, damit die Gutachter sehen, wie stark mich das Thema beschäftigt und wie vorsichtig ich bin*

Die Thematik des „Rückfällig-Werdens" ist, wie Sie bereits den vorausgegangenen Erörterungen, z. B. zu den Fragen 17 und 21, entnehmen konnten, sehr wesentlich, da das Phänomen des Rückfalls bereits sehr vielen Alkohol-/Drogenkonsumenten begegnet ist und das oft auch schon wiederholt. Daher ist für eine positive MPU auch zwingend erforderlich, dass der Gutachter die Frage nach Rückfallrisiken und darauf bezogener Vorbeugung abklärt. Die Frage kommt also immer, und dies heißt keinesfalls, dass man Ihnen nicht glaubt oder Sie durchgefallen sind.

Je ausgeprägter das Alkoholproblem, desto mehr Bedeutung wird diesem Punkt in Ihrer MPU beigemessen. Für Alkoholkranke gilt, dass es nur schwer möglich ist, die MPU zu bestehen, wenn sie sich nicht bereits seit Längerem einer Selbsthilfegruppe angeschlossen haben, um ihr persönliches Rückfallrisiko zu senken.

Für alle, die nicht alkoholkrank sind, ist der Selbsthilfegruppenanschluss auch nicht zwingend erforderlich, was nicht heißt, dass man nicht trotzdem intensiv vorbeugen muss. Denn rückfällig werden kann jeder, ob man nun alkoholkrank ist, Alkohol missbräuchlich getrunken hat (ohne bereits süchtig zu sein) oder „nur" zu oft und zu viel davon genommen hat. Vorbeugen heißt hier: Sich zunächst einmal das eigene Rückfallrisiko selbstkritisch einzugestehen und nicht herunterzuspielen oder gar zu leugnen. Herunterspielen oder

Leugnen führt nämlich in der Regel dazu, dass man das Risiko unterschätzt, zu leichtsinnig wird oder in bestimmten Situationen (z. B. bei Aufforderungen, mitzutrinken) nicht zu seinem Alkoholproblem steht. Solches Verhalten steigert natürlich die Rückfallwahrscheinlichkeit.

Der Gutachter muss insofern in Ihren Aussagen erkennen können, wo Sie selbst Ihre individuellen Risiken zum Rückfälligwerden ausmachen. Erfahrungsgemäß lauern natürlich erst einmal gerade dort die größten Gefahren, wo es auch schon früher zu starkem Trinken gekommen ist. Und in diesem Punkt wird es dann sehr speziell. Hier heißt es, die eigene Alkoholvorgeschichte präzise aufgearbeitet haben zu müssen, um wirklich klar zu erkennen, wo und wodurch man am stärksten gefährdet ist.

Als für viele Betroffene besonders rückfallkritisch werden folgende Situationen angesehen:

- negative Gefühle/Stimmungen (z. B. Ängste, Überforderung, Frust, Stress, Enttäuschung, Trauer, Wut, Langeweile)
- Streit und Konflikte
- Euphorie, starke Glücksgefühle
- starkes Bedürfnis, das Trinken endlich wieder richtig unter Kontrolle zu haben
- vertraute Trinksituationen
- plötzliches Verlangen.

(Vergleiche auch Altmannsberger, 2012)

Ist man z. B. jemand, der insbesondere bei Kummer und Sorgen im Alkohol Zuflucht gesucht hat, bedeutet dies für die Zukunft, dass es gerade in solchen Lebensphasen besonders wichtig wäre, den Alkohol zu meiden und an seiner Stelle einen „Ersatz" parat zu haben, der einem auch – und vielleicht sogar besser – hilft, mit seinem momentanen Druck klarzukommen. Man braucht etwas, was die Rolle des Alkohols als „Helfer in der Not" einnimmt. Dies könnten z. B. intensive Gespräche über die eigenen Sorgen mit vertrauten Menschen sein, Stressabbau und Ablenkung durch sportliche Betätigung oder andere erfüllende Hobbys.

Ist man ein Mensch, der immer wieder mit denselben Personen in den gleichen Situationen „abgestürzt“ ist, gilt es vielleicht, dieses Umfeld und diese speziellen Trinksituationen zu meiden. Hierzu ist es mitunter erforderlich, sich einen alternativen Kreis von Menschen zu schaffen, die es einem leichter machen, den Alkoholrausch zu vermeiden.

Das bedeutet, die Rückfallrisiken in einen logischen Bezug zu früheren Ursachen für intensives Trinken zu bringen und genau hierfür sinnvolle und im eigenen Leben auch funktionierende Alternativkonzepte entwickelt zu haben. Rückfallvermeidung kann insofern auch nicht rein hypothetisch sein und Zukunftsmusik. Zumindest einiges von dem, was Sie als den „Schlüssel zur Rückfallvermeidung“ in der MPU anbieten wollen, müssen Sie in der Zeit vor Ihrer MPU auch schon in Ihrem Leben installiert und auf Tauglichkeit getestet haben. Hierzu lohnt es auch, die Praxisbeispiele aus dem Kapitel Verkehrstherapie zu lesen.

Das eigene Rückfallrisiko exakt in Zahlen auszudrücken, dürfte wohl kaum möglich sein. Vermeiden Sie es daher möglichst, das eigene Rückfallrisiko in dieser Form beziffern zu wollen. Wenn Sie angeben, Ihre Rückfallwahrscheinlichkeit liege bei 30 oder 50 % oder sogar noch höher, wäre das ungünstig. Die MPU soll ja gerade zeigen, dass in Ihrem speziellen Fall das Rückfallrisiko geringer ist als beim statistischen Durchschnitt der Alkoholfahrer.

Wenn Sie ein gewisses, ernstzunehmendes Rückfallrisiko eingestehen, klingt das zunächst nicht sehr schmeichelhaft für Sie. Auf der anderen Seite zeigen Sie aber mit dieser Einschätzung zumindest, dass Sie sich einer immer bestehenden Rückfallgefährdung durchaus bewusst sind. Ein Null-Prozent-Risiko besteht letztlich für keinen vorbelasteten Alkoholfahrer. Die MPU soll ergeben, dass sich Ihr Rückfallrisiko nicht mehr wesentlich von dem unauffälliger (also für die Verkehrssicherheit ungefährlicher) Kraftfahrer unterscheidet. Dies setzt voraus, dass Sie allgegenwärtige Rückfallgefahren in Ihre Vorsatzbildung einberechnen, um entsprechend vorbeugen zu können. In der MPU sollten Sie also durchaus eine gewisse Portion an Achtsamkeit und Wachsamkeit sowie eine Vergegenwärtigung von Risiken vermitteln, besonders wenn Sie wiederholt durch Alkoholfahrten oder andere

Delikte in Erscheinung getreten sind. Das Risiko eines bislang noch nicht auffällig gewordenen Autofahrers, unter Alkohol aufzufallen, liegt bei unter 10 %. Dies gilt in etwa auch für nachgeschulte oder im Rahmen einer Verkehrstherapie behandelte Personen. Also auch für unbelastete oder gebesserte Personen gibt es kein „Null-Risiko".

Sie sehen, die Aussagen zum Rückfallrisiko und zur darauf bezogenen Vorbeugung erfordern ein besonders hohes Maß an Selbstreflexion und „Fingerspitzengefühl", wie die richtige Mischung aus „nicht zu viel und nicht zu wenig" zu finden ist.

Auch zum Thema „Rückfälligkeit" sei auf die ausführlichen Darstellungen in *Lieber schlau als blau* (Lindenmeyer, 2001) verwiesen.

5.2 Antworten zum Thema Drogen

24 Wie lange muss man mit dem Fahren warten, wenn man einen Joint (Cannabis) geraucht hat, ohne mit einer Anzeige rechnen zu müssen?

- ☐ *2–3 Stunden, bis der deutlich spürbare Rausch abgeklungen ist*
- ☐ *6–8 Stunden, wenn man sich wieder richtig klar fühlt*
- ☐ *24 Stunden, dann kann nichts mehr im Urin oder Blut nachgewiesen werden*
- ☑ *2–3 Tage, bei starken Konsumenten mindestens eine Woche*
- ☐ *Unregelmäßige Konsumenten 2 Wochen, starke mindestens 3–4 Wochen*

Die vierte Antwort ist richtig. Zur Nachweisbarkeitsdauer von Cannabis seit letztem Konsum im Blut: THC nach Einzelkonsum: 6–12 Stunden (in Fällen regelmäßigen oder wiederholten Konsums ggf. auch deutlich über 24 Stunden). Stoffwechselprodukte von THC lassen sich im Blut abhängig vom Konsummuster 1–5 Tage, bei Dauerkonsumenten auch bis zu 2–3 Wochen nachweisen. Das wichtigste Stoffwechselprodukt von THC, die THC-Carbonsäure (THC-COOH), ist im Urin bei Probierkonsum 2–3 Tage, bei gelegentlichem Konsum 2–4 Tage, bei Konsum mehrmals wöchentlich ca. 5–14 Tage und bei Dauerkonsum 2–6 Wochen, in Einzelfällen ggf. sogar noch länger nachweisbar. (Quelle: Beurteilungskriterien, 2013)

Eine Anzeige wegen Verkehrsteilnahme unter Einfluss von Betäubungsmitteln können Sie nur bekommen, wenn aktives THC (und nicht nur ein Stoffwechselprodukt) im Blut feststellbar ist. Das heißt allerdings nicht, dass Sie andernfalls nicht zur MPU müssten oder zumindest zu einer verkehrsmedizinischen Untersuchung, um das Konsumverhalten genauer zu erkunden!

Es heißt nämlich in den Begutachtungsleitlinien: „Wer Betäubungsmittel im Sinne des Betäubungsmittelgesetzes nimmt oder von ihnen abhängig ist, ist nicht in der Lage, den gestellten Anforderungen zum Führen von Kraftfahrzeugen beider Gruppen gerecht zu werden."

Liegt lediglich der Hinweis auf Cannabiskonsum vor, ohne dass dem Betroffenen Verkehrsteilnahme unter Cannabiseinfluss vorgeworfen werden kann und ohne dass bereits auf einen mindestens gelegentlichen Cannabiskonsum geschlossen werden kann, wird zunächst ein medizinisches Gutachten angeordnet, das Stellung dazu nehmen soll, ob aktuell Drogenkonsum nachweisbar ist und ob ein regelmäßiger oder gelegentlicher Drogenkonsum vorliegt oder vorgelegen hat. Ist eines davon der Fall, wird in einem nächsten Schritt eine MPU angeordnet.

Bei Betrachtung der Nachweisbarkeitsdauer wird schon deutlich, dass es fast unmöglich ist, Cannabis so zu konsumieren, dass man jederzeit sicher sein kann, danach lange genug nicht mehr fahren zu müssen. Mit der subjektiven Wahrnehmung eines Rauschzustands hat das sehr wenig zu tun.

Die Beeinträchtigungen, die sich nach Cannabiskonsum ergeben und die im Verkehr zu Problemen führen können, sind erstens deutlich ausgeprägter, als die meisten Konsumenten sie erleben, und halten zweitens deutlich länger an. Aus diesen Gründen ist es zwar gemäß Begutachtungsleitlinien und Beurteilungskriterien bei nur gelegentlichem Konsum ausschließlich von Cannabis (im Gegensatz zu allen anderen illegalen Drogen) grundsätzlich möglich, die Fahreignung zu behalten, aber darzulegen, dass man Konsum und Verkehrsteilnahme hinreichend sicher trennen kann, ist so schwierig, dass es ausgesprochen selten Kandidaten gibt, die mit einer solchen Argumentation in der MPU positiv beurteilt werden können.

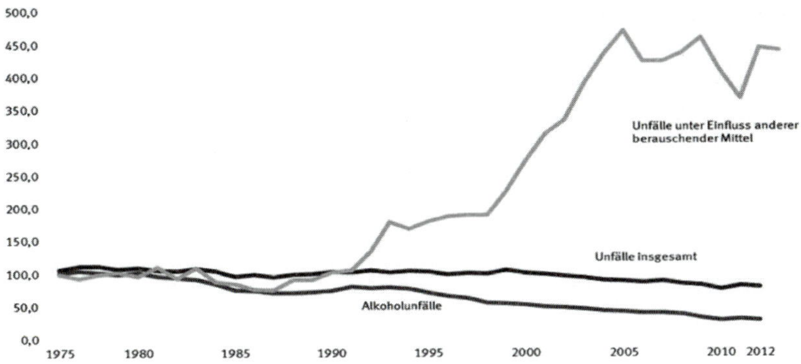

Bild 9: Verkehrsunfälle mit Personenschaden – Entwicklungen von 1975–2011 (Quelle: Statistisches Bundesamt, 2012)

Das Bild 9 veranschaulicht, dass die Bedeutung von Drogenfahrten und Drogenunfällen für die Verkehrssicherheit in den letzten Jahrzehnten ganz erheblich zugenommen hat. Dies liegt nicht nur daran, dass inzwischen mehr illegale Drogen konsumiert werden als früher, sondern auch daran, dass man immer zuverlässiger bestehenden Drogeneinfluss auch erkennen und nachweisen kann.

Die Grafik basiert auf einem Unfallindex von 100 als Basiswert für 1975. Während sich die Unfallzahlen insgesamt und auch die Alkoholunfälle kaum geändert haben, stieg die Zahl der Drogenunfälle um den Faktor 4,5.

25 Wenn man zur Drogen-MPU muss: Welche Anforderungen stellen die Sachverständigen an den Nachweis für den Drogenverzicht?

- ☑ *Bei ausschließlichen Cannabiskonsumenten in der Regel 6 Monate Abstinenz*
- ☑ *Wenn bei Cannabiskonsumenten bei der Drogenfahrt auch Alkohol im Spiel war, müssen sie meist sogar 1 Jahr Drogenabstinenz nachweisen*
- ☐ *Wenn es nur um Cannabis geht, ist es egal, wie oft man Stress mit der Polizei hatte, der Drogennachweis geht immer über 6 Monate*

- ☑ *Bei harten Drogen (Kokain, Amphetamin, XTC, Heroin usw.) in der Regel über mindestens 12 Monate Abstinenz*
- ☐ *Ob man Joints, Pfeifen oder Bongs raucht, hat keinen Einfluss darauf, wie lange man Drogenfreiheit nachweisen muss, weil es nur darum geht, dass man keine harten Drogen genommen hat*
- ☑ *Der Nachweis kann nur über Urinproben oder Haaranalysen geführt werden*
- ☑ *Für die Nachweise gibt es festgelegte und geprüfte Qualitätsstandards*
- ☐ *Am besten ist es, wenn man einen Nachweis von seinem Hausarzt beibringt, weil der einen am längsten kennt und deshalb auch am besten bescheinigen kann, dass man clean ist*
- ☑ *Neben einem ausreichend langen Nachweis der Drogenfreiheit wird in vielen Fällen auch eine zusätzliche Drogentherapie oder Schulung verlangt*
- ☐ *Da der reine Konsum von Cannabis inzwischen nicht mehr bestraft wird, braucht man als ausschließlicher Cannabiskonsument gar keinen Nachweis. Es reicht, wenn man dem Gutachter plausibel macht, wie man künftig Drogenfahrten vermeidet*
- ☑ *Man sollte auch Alkoholnachweise machen lassen, um zu zeigen, dass der Verzicht auf Drogen nicht zu stärkerem Trinken geführt hat*
- ☐ *Wenn man belegen kann, dass man nur in Holland gekifft hat, braucht man gar keinen Nachweis zu erbringen, weil es dort ja geduldet wird*

Bei reinen THC-Konsumenten reicht in der Regel der Nachweis aus, in den letzten 6 Monaten vor der MPU „clean" von allen illegalen Drogen gewesen zu sein.

Achten Sie aber auf das „in der Regel"! Denn der Regelfall gilt nur, solange keine erschwerenden Aspekte hinzukommen, dann nämlich müssen noch längere drogenfreie Zeiträume nachgewiesen werden. 12 Monate Drogenfreiheit sind nachzuweisen, wenn zum aktenkundigen Cannabiskonsum noch eines oder mehrere der folgenden Merkmale hinzukommt:

- langjähriger und/oder sehr intensiver Cannabiskonsum
- Mischkonsum von Alkohol und THC
- Mischkonsum von THC und anderen Drogen

- mehrere aktenkundige Auffälligkeiten in Zusammenhang mit Alkohol oder Drogen
- wiederholte Probleme mit Polizei oder Behörden wegen Drogen, auch wenn es nicht zu Verurteilungen gekommen ist
- sehr intensives Konsummuster, in welchem der Beschaffung, dem Konsum und der Erholung von den Folgen des Konsums (wieder nüchtern werden) viel Zeit geopfert wurde
- Verwendung sogenannter „harter Applikationsformen", die auf Wirkungssteigerung ausgerichtet sind (z. B. Bong rauchen)
- Konflikte in der Arbeitsstelle oder mit der Familie/dem Partner aufgrund des Drogenkonsums
- Rückfall nach früherer positiver MPU oder nach Teilnahme an einem Drogennachschulungskurs.

Die Anforderungen an den Zeitraum des Drogenverzichts variieren also je nach Ausmaß der Problematik und nach Konsummuster (Welche Drogen? Wie oft? In welchen Situationen? Aus welchen Gründen? Mit welchen Folgen?). Ist der Konsum harter Drogen bekannt (z. B. Kokainnachweis im Blut oder Urin), müssen Sie fast immer 12 Monate nachweisen, selbst wenn Sie überhaupt nicht im Straßenverkehr aufgefallen sind.

Am besten lassen Sie sich von qualifizierten Fachleuten beraten, wie lang der belegte drogenfreie Zeitraum in Ihrem persönlichen Fall sein sollte. In der jüngeren Vergangenheit war zu beobachten, dass viele MPU-Stellen insbesondere im Bereich der Unterscheidung zwischen „Drogengefährdung" (hier würden 6 Monate Nachweis ausreichen, soweit kein langjähriger Konsum vorliegt) und „fortgeschrittener Drogenproblematik" (12 Monate Nachweispflicht) beim Vorliegen auch nur eines einzigen der o. g. Punkte zumeist von einer fortgeschrittenen Problematik ausgehen. Anders ausgedrückt, der „normale Kiffer", der nur einmal erwischt wurde, muss 6 Monate nachweisen. Der andere Cannabiskonsument, welcher sich im Konsumverhalten (Häufigkeit und Konsummenge) letztendlich nicht unterscheidet, aber zweimal erwischt wurde, hat 12 Monate Verzicht nachzuweisen. Denn ihm war der Drogenkonsum so wichtig, dass er ihn nach dem erstmaligen Ertapptwerden eben nicht sofort beendet hat.

Urinproben oder Haaranalysen sind die einzigen in der MPU akzeptierten Möglichkeiten, Drogenfreiheit nachzuweisen. Dabei sind im

Gegensatz zu früher inzwischen nur noch Haarproben von maximal 6 cm Länge zulässig. Genaue Hinweise zu den Bestimmungen und zum praktischen Vorgehen bei Drogenabstinenznachweisen mittels Haar- und Urinproben finden Sie im Kapitel 9.1. Hier wird auch ersichtlich, weshalb dringend davon abzuraten ist, die Proben beim Hausarzt oder einem MPU-Vorbereitungsinstitut entnehmen zu lassen. Sollten Sie sich für eine Probenentnahme außerhalb einer MPU-Stelle entscheiden, sichern Sie sich besser gut ab, ob die Befunde später auch tatsächlich anerkannt werden können.

Die Teilnahme an einer Therapie oder Schulung wird bei Fällen der Drogengefährdung nicht explizit verlangt, allerdings ist es in vielen Fällen unwahrscheinlich, dass die Anforderungen an die Aufarbeitung der Hintergründe des Drogenkonsums und die Stabilität der Drogenabstinenz ohne eine solche Maßnahme erfüllt werden können. Im Falle einer massiveren Drogenproblematik ist es kaum möglich, eine positive Beurteilung zu erhalten ohne die vorherige Inanspruchnahme einer Beratung oder Therapie. Auch sind hier zusätzlich gewisse Stabilisierungszeiträume nach Beendigung der Maßnahme gefordert. Die Details und Erläuterungen hierzu finden Sie im Kapitel 9.3.

26 Welche Aussagen zur Drogen-MPU treffen zu?

- ☐ *Wenn ich zugebe, dass ich öfter Drogen genommen habe, als in meiner Akte steht, wird eine neue Anzeige gegen mich erstattet*
- ☐ *Ich muss den Gutachtern klarmachen, dass ich gleich bei der 1. oder 2. Drogenfahrt aufgefallen bin, sonst halten sie mich für unverbesserlich*
- ☑ *Bei Drogendelikten ist von einer hohen Dunkelziffer auszugehen, insofern glaubt man mir kaum, dass ich fast nie was mit Drogen zu tun hatte*
- ☑ *In der Drogen-MPU bekomme ich vergleichbare Fragen und es gelten ganz ähnliche Beurteilungskriterien wie in der Alkohol-MPU, z. B. hinsichtlich Glaubwürdigkeit, Problembewusstsein, Ursachenanalyse und Rückfallvorbeugung*
- ☐ *Ich sollte sagen, dass ich inzwischen lieber mal richtig einen trinken gehe und insofern von den illegalen Drogen geheilt bin*

- ☐ *Als Drogenkonsument darf ich auf keinen Fall sagen, dass ich auch nur einen Tropfen Alkohol anrühre*
- ☐ *Ich sollte den Gutachtern klarmachen, wie ich künftig Drogenkonsum und Autofahren trenne, da die mir sowieso nicht glauben werden, dass ich nie wieder was nehme*
- ☐ *Bei der ersten Drogen-MPU fallen sowieso 90 % durch, weil die Gesellschaft illegale Drogen viel negativer bewertet als Alkohol*
- ☐ *Ich sollte immer sagen, dass mein Freundeskreis oder die Gesellschaft Schuld hatte, dass ich Drogen genommen habe*
- ☐ *Ich muss sagen, dass ich ein Junkie (drogenabhängig) war, weil die Gutachter mir was anderes sowieso nicht abnehmen würden*
- ☐ *Ich muss den Gutachtern erklären können, weshalb meine Drogenfahrt nicht so gefährlich war, als wenn einer betrunken Auto fährt*
- ☐ *Da es keine vernünftigen Gründe gibt, illegale Drogen zu nehmen, sollte ich sagen, dass ich es heute selbst nicht mehr nachvollziehen kann, weshalb ich mal welche konsumiert habe*
- ☐ *Ich muss unbedingt verdeutlichen, dass ich inzwischen überhaupt kein Rückfallrisiko mehr habe, damit die Gutachter sich keine Sorgen machen*
- ☐ *Was in der Führerscheinakte steht (z. B. Verurteilung wegen Drogenhandels), sollte ich als Justizirrtum hinstellen, den ich nur auf Anraten des Anwalts hingenommen habe, weil das Gericht mich sonst noch härter bestraft hätte (z. B. Gefängnis statt Bewährungsstrafe)*

Bekanntermaßen ist die Dunkelziffer (Verhältnis entdeckter zu unentdeckten Vergehen) bei illegalen Drogen sehr hoch. Insofern wäre es sehr unglaubwürdig, wenn Sie versuchen, dem Gutachter klarzumachen, dass Sie sofort beim ersten oder zweiten Kontakt mit Drogen erwischt worden sind.

Sie erinnern sich, dass gerade die Glaubhaftigkeit bzw. die „Nachvollziehbarkeit" Ihrer Aussagen zentral für ein positives Ergebnis der Untersuchung sind. Keine Sorge: Sie bekommen keine neue Anzeige, wenn Sie in der MPU zugeben, dass Ihre Drogenkarriere schon etwas länger dauert, als es bislang in den Akten über Sie bekannt geworden ist. Sie befinden sich hier nicht in einem Ermittlungsverfahren oder im Verhör der Staatsanwaltschaft.

Sollte wirklich mal jemand auf Sie zukommen (was ich in meiner langjährigen Tätigkeit noch nie gehört habe, auch nicht von Kollegen) und Ihnen vorhalten, Sie hätten, wie im MPU-Gutachten steht, noch mehr Straftaten begangen als bislang bekannt war, können Sie immer noch behaupten, dass dies so nicht stimme. Was Sie über sich in der MPU sagen oder nicht sagen, gilt in diesem Zusammenhang nicht als ein für das Gericht verwertbarer Beweis.

Andersherum gilt dies aber gerade nicht! Was bereits in der Führerscheinakte und ggf. in rechtskräftigen Gerichtsurteilen zu Ihrem Drogenkonsum steht, gilt als feststehende Tatsache. Wenn Ihre Aussagen in der MPU der Aktenlage stark zuwiderlaufen, endet die Untersuchung für Sie mit einer negativen Beurteilung!

In den Beurteilungskriterien (2013) für ein positives Ergebnis heißt es dazu:
„... Die Angaben des Klienten widersprechen nicht dem gesicherten Erfahrungswissen, den wissenschaftlichen Erkenntnissen und/oder der Aktenlage."

Wenn Sie also nicht wissen, was in der Führerscheinakte eigentlich über Sie vermerkt ist, scheuen Sie sich nicht, fachkundige Unterstützung anzunehmen und Einblick in das Dokument zu fordern. Im Hinblick auf die Glaubhaftigkeit ist es auch sehr wichtig, dass die Angaben zum letzten Konsum vor einer aufgedeckten Fahrt unter Drogeneinfluss nicht den wissenschaftlichen Erkenntnissen zum Abbau der Wirkstoffe im Blut widersprechen (siehe Erläuterungen zur Frage 24). Wenn Sie also z. B. behaupten, Sie hätten 1 Woche vor der aktenkundigen Cannabisfahrt zuletzt 1 Joint geraucht, obgleich noch aktives THC im Blut war, ist dieses nicht möglich und führt zu einer negativen Beurteilung.

Richtig ist weiter, dass die Drogen-MPU von den Fragestellungen her ähnlich zu der Alkohol-MPU verläuft. Auch hier müssen Sie das frühere Konsumverhalten, die persönlichen Ursachen des Konsums, die aktenkundigen Delikte und den Ablösungsprozess vom Drogenkonsum sowie die Rückfallvorbeugung differenziert darstellen. Letztendlich ist der Unterschied ja auch mehr eine Frage der Legalität, als die, ob Sie nun Alkohol oder Cannabis bzw. andere Betäubungsmittel konsumiert haben.

Sie sollten in der Drogen-MPU immer angeben, dass Sie überhaupt keine illegalen Drogen mehr konsumieren und dies auch künftig nie wieder zu tun gedenken. Zwar bieten die Beurteilungskriterien theoretisch die Möglichkeit, bei nur gelegentlichem Cannabiskonsum über eine Erfolg versprechende Trennung von „Kiffen und Fahren" zu argumentieren; alle (dem Autor bekannten) Fälle, in welchen MPU-Kandidaten versucht haben, den Gutachter davon zu überzeugen, dass sie in der Lage seien, künftig Kiffen und Fahren zu trennen, endeten mit einem negativen MPU-Gutachten. Das Gleiche gilt für alle Fälle, in welchen in der Haar- oder Urinprobe bei der MPU noch etwas Verbotenes gefunden wurde.

Die Behauptung, dass bei der ersten Drogen-MPU sowieso fast alle durchfallen, entspricht nicht der Realität. Wie der Tabelle 1 zu entnehmen ist, schaffen rund 60 % der Drogenauffälligen ihre MPU, selbst wenn es nicht bei jedem im ersten Versuch geklappt hat. Meiner Erfahrung nach werden Drogenfälle in der Untersuchung genauso behandelt wie Alkoholfahrer oder Punktetäter.

Zu behaupten, dass man ein Junkie war, wenn dies nicht zutrifft, ist ein großer Fehler. Für Drogenabhängige gelten nochmals deutlich härtere Maßstäbe als für reine Cannabiskonsumenten oder Menschen, die auch härtere Drogen genommen haben, ohne davon abhängig geworden zu sein. Sie würden damit also die Messlatte unnötig hoch legen.

Wenn Sie die persönlichen Ursachen Ihres Drogenkonsums nicht hinreichend differenziert beschreiben können, wird man Ihnen vorhalten, dass Sie sich hiermit zu wenig auseinandergesetzt haben, und Ihre MPU deshalb negativ beurteilen. Der Mensch hat immer „gute Gründe", etwas zu tun (z. B. Trinken, Kiffen, Rasen), selbst wenn das Verhalten nicht positiv ist. Manchmal sind die Gründe klar, oft eben aber auch nicht bewusst. Wenn Sie in diesem Punkt mit Ihrer Selbstanalyse nicht zufrieden sind, scheuen Sie sich nicht, sich bei der Ursachenforschung unterstützen zu lassen.

Wenig hilfreich sind auch Vergleiche der Gefährlichkeit von Alkohol- und Drogenfahrten, insbesondere dann, wenn sie zu dem Ergebnis führen, dass Drogenfahrten harmloser seien. Dies ist der sichere Weg zur negativen MPU. Wenn Sie sich nicht sehr nachdrücklich von Ihrem früheren leichtsinnigen Verhalten, unter Drogen zu fahren, distanzieren, wird man Ihnen auch nicht glauben können, dass Sie wirklich langfristig auf illegale Drogen verzichten wollen.

Zur Diskussion des Rückfallrisikos sollten Sie sich die Erläuterungen zur Frage 23 (Rückfallrisiko beim Alkohol) anschauen. Auch bei Drogen sollten Sie eine sehr gut ausbalancierte Lösung finden, wie Sie Ihr persönliches Rückfallrisiko einstufen und dagegen vorgehen. Anzumerken ist, dass die Vorschriften im Gegensatz zum Alkohol bei Drogen eine noch eindeutigere Ablösung vom drogenkonsumierenden Umfeld fordern. Anders gesagt: Wenn Sie zugeben, dass Sie noch intensive Kontakte zum früheren Drogen-Freundeskreis unterhalten, wird man Ihnen ein noch zu hohes Rückfallrisiko zusprechen und zu einem negativen Ergebnis kommen.

Zum Thema Alkoholkonsum und Drogen-MPU ist Folgendes hervorzuheben: Drogenabhängige dürfen grundsätzlich auch keinen Tropfen Alkohol trinken. Hier möchte man, dass es gelingt, ein völlig suchtmittelfreies Leben zu führen, bevor man den Führerschein wieder anvertraut bekommt.

Liegt keine Drogenabhängigkeit vor, aber eine „Fortgeschrittene Drogenproblematik", fordert die MPU entweder Alkoholverzicht (wenn es Hinweise auf einen problematischen Alkoholkonsum in der Vergangenheit gibt) oder allenfalls einen sehr vorsichtigen Alkoholkonsum, in welchem der Rausch konsequent vermieden wird. Auch in diesen Fällen sollte man für einen Zeitraum von einigen Monaten vor der MPU mehrfach Blutuntersuchungen oder sogar EtG-Bestimmungen (siehe Kapitel 9.3) durchführen lassen.

Handelt es sich um eine reine „Drogengefährdung" und sind keine Alkoholauffälligkeiten über Sie bekannt, können Sie sich auch ohne Bluttests oder EtG-Kontrollen zur MPU wagen. Nach Ihrem Alkoholkonsum werden Sie dort aber auf alle Fälle befragt.

Wenn Sie sagen, dass Sie ab und an ordentlich einen trinken, wird man hieraus folgern, dass Sie Ihr Drogenproblem noch nicht ausreichend überwunden haben und lediglich illegale Drogen durch die legale Droge Alkohol ersetzt haben. Daneben ergibt sich die Befürchtung, Sie könnten im Leichtsinn des Alkoholrausches schneller wieder rückfällig werden, wenn Ihnen Betäubungsmittel angeboten werden.

Zum Thema Justizirrtum nur so viel: Was in der Akte vermerkt ist, ist für den MPU-Gutachter die Realität, nach welcher er sich *richten muss*. Es ist ihm doch auch wohl kaum zuzumuten, dass er in einem kurzen Gespräch mit Ihnen die Sache anders bewertet, als dies Fachleute (Polizei, Staatsanwalt, Richter) nach längeren Ermittlungen getan haben. Der Gutachter darf sich über diese Instanzen auch gar nicht hinwegsetzen. Zwar mag es in der Realität ab und zu solche „Deals" geben (z. B. „für das Geständnis gibt es eine mildere Strafe" oder „Therapie statt Gefängnis"), dann muss man aber auch mit den Konsequenzen leben, dass hierdurch neue Tatsachen geschaffen worden sind, mit denen man sich nun zu arrangieren hat.

5.3 Antworten zum Thema Punkte

27 Wie viele Geschwindigkeitsüberschreitungen finden in Deutschland statistisch statt, bis mal eine aufgedeckt wird?

- ☐ *1 von 3 Tempoverstößen wird aufgedeckt*
- ☐ *1 von 50 Tempoverstößen wird aufgedeckt*
- ☐ *1 von 200 Tempoverstößen wird aufgedeckt*
- ☐ *1 von 1.000 Tempoverstößen wird aufgedeckt*
- ☑ *1 von 10.000 Tempoverstößen wird aufgedeckt*

Experten schätzen, dass nur auf die erheblichen Geschwindigkeitsüberschreitungen (um mehr als 25 km/h) bezogen schon eine Dunkelziffer von 10.000 zu 1 besteht. Von zehntausend Zuwiderhandlungen gelangt mithin nur eine zur Eintragung (KBA, 1991 Heft 2: *Untersuchung zum Rückfallrisiko bei Geschwindigkeitsdelikten im Straßenverkehr*, zitiert nach Becker: *Geschwindigkeitsüberschreitungen im Straßenverkehr*). Denken Sie an diese Zusammenhänge, bevor Sie die Frage des Gutachters, wie oft Sie tatsächlich (und ohne erwischt worden zu sein) zu schnell gefahren sind, mit „so oft, wie in der Akte steht – ich bin jedes Mal gleich geblitzt worden" beantworten. – Würden Sie das glauben?

Hinter mehreren in Flensburg eingetragen Tempoverstößen stecken so gut wie immer feste Gewohnheiten (Fahrstil). Neben dem Gefühl, die Situation trotz unzulässiger Geschwindigkeit im Griff zu haben, dominiert oft eine gewissermaßen negative Einstellung zu Geschwindigkeitsbeschränkungen das Denken und Verhalten. Es gibt doch sehr viele Verkehrsvorschriften, die Sie ganz genau einhalten, auch ohne die Angst, überwacht und bestraft zu werden (z. B. Licht einschalten bei Dunkelheit, Blinker setzen, in den Rückspiegel schauen vorm Bremsen). Hier sehen Sie den unmittelbaren Nutzen der Vorschrift voll und ganz ein, schließlich geht es um Ihre eigene Sicherheit. Sie erkennen den Zweck der Regelung, finden sie sinnvoll und wenden sie aus Überzeugung auch an.

Die Vorschriften hingegen, die man nicht für unbedingt notwendig erachtet, empfindet man leicht als Einengung und Eingriff in die Selbstbestimmung (z. B. 50 km/h fahren zu müssen, obwohl alles frei ist …).

Auch bei anderen Deliktformen (z. B. Handy am Steuer, Rotlichtmissachtung, Sicherheitsabstand unterschreiten) gibt es ähnlich hohe Dunkelziffern. Halten Sie sich eines immer vor Augen: Sie sind doch gar nicht fähig, sich an alle Ihre Delikte zu erinnern, selbst wenn Sie es wollten. Ihr Gedächtnis hat gar nicht den Speicherplatz, um sich an Unwichtiges zu erinnern. Und was ist unwichtiger als der Tempoverstoß von gestern, bei dem nichts passiert ist und den keiner bemerkt hat? Er hat, wenn Sie ihn überhaupt selbst bemerkt haben, die wenigen Minuten in Ihrem Kurzzeitgedächtnis nicht überlebt, er war so alltäglich, unwichtig und belanglos, dass er es nicht schaffen konnte, sich einen begehrten Platz in Ihrem Langzeitgedächtnis zu ergattern.

Hier prägen sich nämlich nur Ereignisse ein, die für uns von besonders herausragender Bedeutung sind. Können Sie sich noch erinnern, was Sie heute vor 3 Wochen zu Mittag gegessen haben? Vermutlich nicht. Aber als Sie ausnahmsweise vor 2 Jahren für die ganze Familie das Weihnachtsmenü angerichtet haben, an dem Sie mindestens 2 Stunden mit Einkaufen, 4 Stunden mit Kochen und Tisch herrichten beschäftigt waren, daran können Sie sich noch sehr gut erinnern, oder? Und genauso verhält es sich mit den entdeckten und unentdeckten Delikten. Die wenigen, bei denen es Ärger gab (z. B. Fahrverbot), die können sich einbrennen; die unwichtigen sind ganz schnell vergessen. Deshalb kann es durchaus vorkommen, dass Punktetäter in der MPU durchaus mit einer gewissen echten inneren Überzeugung behaupten, nur selten schneller als zulässig gefahren zu sein. Vor ihrem geistigen Auge erscheinen ihnen dabei die wenigen entdeckten Taten, die vielen unentdeckten sind ihnen dagegen nicht mehr bewusst.

Gerade, wenn Sie oft gegen Geschwindigkeitsbegrenzungen verstoßen haben, sollten Sie sich Folgendes vor Augen führen: Im Laufe seiner Fahrerkarriere entwickelt man relativ feste Fahrgewohnheiten, gerade in Bezug auf die Wahl der Fahrgeschwindigkeit. Diese Gewohnheiten entziehen sich mehr und mehr der eigenen bewussten Wahrnehmung; sie werden zur gefühlsmäßigen, automatisierten Angelegenheit. So hat man dann seine „Wohlfühlgeschwindigkeit" gefunden, wenn sich aus den Aspekten Leistung (zügig vorankommen) und Sicherheit (Unfälle vermeiden) gefühlt eine ausgewogene Mischung ergibt. Wenn man sich nun immer mehr angewöhnt hat, bei zulässigen 50 km/h auf breiten Straßen im Stadtgebiet bevorzugt 70 km/h zu fahren, erscheinen einem die 50 km/h natürlich recht langsam. Man fühlt sich eingeschränkt, behindert, aufgehalten. Rote Ampeln fühlen sich dann an wie eine Unterbrechung des Lebensflusses. Und sobald „der Kriecher" vor einem endlich verschwunden ist, wird man bald wieder seine Lieblingsgeschwindigkeit draufhaben.

Sitzt man aber als Beifahrer in einem Fahrzeug, dessen Fahrer derart aufs Gas tritt, dass er z. B. dort, wo man selbst 70 km/h als angemessen erlebt, mit 90 km/h fährt, erfährt man auch negative Gefühle wie Angst, Befürchtungen, Unwohlsein, Nervosität. Man wird dann vielleicht beiläufig darauf hinweisen, dass man es doch gar nicht so eilig habe und er ruhig langsamer fahren könne, damit man sich wieder in seiner Wohlfühlzone bewegen kann.

28 In welchen Personengruppen findet man überdurchschnittlich viele Menschen mit hohem Punktestand?

- ☐ *Hausfrauen*
- ☑ *Berufskraftfahrer*
- ☑ *Selbstständige, Außendienstler*

- ☐ *Rentner*
- ☑ *Personen mit schlechten Perspektiven und Chancen auf ein gutes Leben*

Kiegeland (2011) beschreibt in seinem Buch *Praxishandbuch der Exploration* unter anderem folgende Gruppen als typische „Punktetäter“:

- Transportberufskraftfahrer und Personen, die beruflich fahren
- geschäftliche Fahrer
- jugendliche Auto- und Motorradfans.

Es gibt für jede dieser Gruppen einen recht typischen Problemhintergrund, der es dann begünstigt, zum „Punktetäter“ zu werden.

Beim beruflichen Fahren stehen viele Kilometer, große Routine und schlechte Arbeitsbedingungen (z. B. Zeitdruck, geringe Bezahlung, Angst, den Job zu verlieren) oft im Vordergrund sowie ein Bedürfnis nach Anerkennung.

Beim geschäftlichen Fahren wird das Geld nicht durch das Fahren verdient, sondern in den Terminen, die es pünktlich wahrzunehmen gilt. Das Fahren selbst ist tote Zeit, die es womöglich noch zu nutzen gilt mit Telefonaten. Hier bestimmen Termindruck und -planung, Dienstwagen, hoher Status und positive Meinung über sich selbst oft das Fahrverhalten.

Der oft jugendliche Autofan hat in der verkehrspsychologischen Realität nicht selten einen eher unterprivilegierten Status in der Gesellschaft (z. B. keinen Schulabschluss, keine Ausbildung, Migrationshintergrund, schwierige Kindheit). Das Fahrzeug und der übertrieben offensive Fahrstil sind oft Ausdruck eines Bedürfnisses nach Bestätigung, nach Kompensation von Mängeln und Unzufriedenheit.

Hausfrauen und Rentner hingegen sind nur extrem selten mit vielen Punkten belastet, ähnlich wie die Autofahrergemeinschaft insgesamt. Die Tabelle 4 zeigt aktuelle Zahlen aus Flensburg. Überhaupt mit Punkten eingetragen sind nur rund 6,9 Mio. Kraftfahrer der gut 55 Mio. Fahrerlaubnisinhaber, also etwa jeder Achte oder anders ausgedrückt ca. 12,5 %. Eingetragene Personen ohne Punkte (gut

Tabelle 4: Im Verkehrszentralregister (VZR) eingetragene Personen am 1. Januar 2014 nach Deliktart, Punktestand und Geschlecht (Anzahl in 1.000, hochgerechnet) (Quelle: Kraftfahrt-Bundesamt)*

Deliktart und Punktestand	Männer		Frauen		Insgesamt 1)	
	in 1.000	in %	in 1.000	in %	in 1.000	in %
Personenbestand	6.828	77,2	2.015	22,8	8.849	100
Deliktart je Personengruppe						
Alkohol	1.200	17,6	170	8,5	1.372	15,5
Geschwindigkeit	3.870	56,7	1.109	55,0	4.981	56,3
Vorfahrt	584	8,6	257	12,7	841	9,5
Punktestand je Personengruppe 2)						
ohne Punkte 3)	1.604	23,5	313	15,5	1.920	21,7
1 bis 7 Punkte	4.744	69,5	1.644	81,6	6.390	72,2
8 bis 13 Punkte	377	5,5	51	2,5	429	4,8
14 und mehr Punkte	35	0,5	3	0,2	39	0,4

1) Einschließlich ohne Angabe zum Geschlecht.
2) Ohne Personen, deren Punktestand nicht mittels DV-Programm berechnet werden konnte (insgesamt 0,8 Prozent).
3) Einschließlich Personen, deren Fahrerlaubnis entzogen wurde.

* Im Kapitel 12 ist die Umrechnung der „alten" Punktwerte in das seit 1.5.2014 geltende neue Punktsystem dargestellt.

1,9 Mio.) sind Menschen, denen der Führerschein entzogen worden ist. Damit sind zwar die Punkte gestrichen, nicht aber die Eintragungen ins Verkehrszentralregister.

29 Mit welchen „Strategien" können Sie die MPU-Gutachter am besten überzeugen, Ihre Punkte-MPU (z. B. Telefonieren am Steuer, Geschwindigkeitsüberschreitungen) positiv zu beurteilen?

- ☐ *Ich muss die ganz außergewöhnlichen Umstände, die zur jeweiligen Auffälligkeit führten, deutlich machen, z. B. die Schuldanteile anderer Verkehrsteilnehmer*
- ☐ *Ich darf keinesfalls sagen, dass ich sehr oft zu schnell gefahren bin, sonst glauben die Gutachter, ich bin ein unverbesserlicher „Raser"*
- ☐ *Ich sollte den Stress vor der Punktefahrt und das Schnellfahren als unglückliche Ausnahmen darstellen, damit die Gutachter verstehen, dass von mir normalerweise keine Gefahr ausgeht und ich ein verantwortungsbewusster Mensch bin und kein Verbrecher*

- ☐ *Ich sollte auf die vielen Jahre hinweisen, in denen ich nie aufgefallen bin, weil das ins Verhältnis zu den wenigen Ausrutschern, die ich hatte, zu setzen ist*
- ☐ *Ich muss sie davon überzeugen, dass bei mir im Großen und Ganzen ein völlig normales Fahrverhalten vorlag und ich ein besonders fähiger und vorausschauender Autofahrer bin*
- ☐ *Ich muss sagen, dass ich sofort nach der letzten Tat meinen Fahrstil total verändert habe und dass es mir überhaupt nicht schwergefallen ist, mich an die Regeln zu halten*
- ☑ *Ich muss erklären, inwiefern sich mein (früherer) Umgang mit Problemen auf meinen Fahrstil ausgewirkt hat*
- ☑ *Ich muss sagen, welche negativen Gewohnheiten sich in meinem Fahrstil gefestigt haben und warum dies trotz wiederholter Bestrafungen geschehen konnte*
- ☑ *Ich muss erklären, wie ich künftig Auffälligkeiten konkret zu vermeiden gedenke*
- ☑ *Ich muss verdeutlichen, dass ich damit rechne, dass es auch Schwierigkeiten geben wird, meine guten Vorsätze konsequent umzusetzen*
- ☐ *Ich muss klarmachen, dass mein Verhalten zwar regelwidrig, aber keinesfalls gefährlich war, weil die Verkehrssituation es ermöglichte, z. B. schneller als zulässig zu fahren oder zu telefonieren*
- ☑ *Ich sollte eine Bescheinigung vorlegen, dass ich eine Schulung oder Therapie gemacht habe*
- ☐ *Ich muss verdeutlichen, dass der Schilderwald und die verstärkten Kontrollen der letzten Jahre nicht der Verkehrssicherheit, sondern der Abzocke dienen*
- ☐ *Was in der Führerscheinakte steht (z. B. Verurteilung wegen Drängeln, Unfallflucht), sollte ich, wo es geht, als Justizirrtum hinstellen, den ich nur auf Anraten des Anwalts hingenommen habe, weil wir nicht dagegen angekommen sind*
- ☐ *Ich muss erklären, weshalb ich ein besserer Autofahrer bin als die meisten anderen und daher auch nicht alle Regeln so genau beachten muss*
- ☐ *Am besten ist immer zu sagen, ich kann mich an den Vorfall nicht mehr erinnern, damit die Gutachter mir keinen Strick aus meinen Aussagen drehen können*
- ☐ *Ich muss denen klarmachen, dass ich einfach nur ein „Pechvogel"*

bin und dafür auch einige Beispiele aus anderen Lebensbereichen anführen

- ☐ *Ich muss auf die Stärken meines Fahrzeugs hinweisen, die Sicherheitsreserven bieten (z. B. Sportfahrwerk, breite Reifen, gute Bremsen, starker Motor)*

Wenn Sie die Ausführungen zu den Fragen 27 und 28 genau gelesen haben, wird schnell klar, dass es sinnlos ist, den Gutachter davon überzeugen zu wollen, dass andere Schuld am Delikt und insbesondere an der Anhäufung von Auffälligkeiten haben. Wie wollen Sie denn dann, wenn dem tatsächlich so wäre, in Zukunft echten Einfluss auf das Verhalten anderer Verkehrsteilnehmer nehmen und es schaffen, künftig Delikte zu vermeiden? Ebenso unklug ist es, der Statistik widersprechen zu wollen und die aktenkundigen Auffälligkeiten als Einzelfälle und Sondersituationen darzustellen. Gehen Sie stattdessen vielmehr genau auf das Gewohnheitsmäßige Ihres früheren Fehlverhaltens ein (z. B. dass Sie tagtäglich die Geschwindigkeitsbegrenzungen missachtet oder mit dem Handy beim Fahren telefoniert haben).

Wenn Sie versuchen, Ihre Fahreignung damit zu begründen, dass Sie ein besonders fähiger und vorausschauender Fahrer sind, der normalerweise ein völlig normales Fahrverhalten an den Tag gelegt hat und sich nur unter den ganz außergewöhnlichen Umständen, die zu den jeweiligen Auffälligkeiten geführt haben, nicht an die Verkehrsregeln gehalten hat, wird man davon ausgehen, dass Sie das Problem entweder noch nicht erkannt haben oder herunterspielen wollen.

Machen Sie sich dazu vorab Folgendes klar: Nur etwa 12,5 % aller Führerscheininhaber haben überhaupt Punkte in Flensburg, nur 0,4 % (bedeutet 4 von 1000) aller etwa 55 Millionen Führerscheininhaber erreichten 2013 einen Punktestand von mehr als 13 „alten" Punkten. Eine Entziehung der Fahrerlaubnis wegen 18 „alten" Punkten betraf vor der Punktereform jährlich nur 10.000–15.000 Kraftfahrer. Folglich gehören Sie zu einer sehr kleinen Gruppe von Menschen, die offensichtlich aus den unterschiedlichsten Gründen immer wieder Schwierigkeiten haben, die Regeln einzuhalten. Hinzu kommt die enorm hohe Dunkelziffer bei Verkehrsverstößen.

Glauben Sie immer noch, dass Sie die Gutachter davon überzeugen können, Sie seien ein im Grunde sehr regeltreuer und unauffälliger Fahrer und im Übrigen ein „Pechvogel“? Wenn Sie dagegen z. B. zugeben, dass Sie sehr oft zu schnell gefahren sind, wird man Ihren Angaben insgesamt eher Vertrauen schenken. Die Fähigkeit, die auf diese Weise verlorene Fahreignung wiederherzustellen, wird man Ihnen damit aber noch nicht absprechen.

Für die Aktenlage gilt das Gleiche wie bei den Drogen auch: Was in der Akte vermerkt ist und rechtskräftig geworden ist, gilt in der MPU als die Realität. Also bitte versuchen Sie nicht, gegenüber dem Gutachter Justizirrtümer neu aufrollen zu wollen. Wenn Ihnen die Delikte, die zur MPU führten, nicht alle bewusst und erinnerlich sind, benötigen Sie dringend Akteneinsicht. Nichts ist schlimmer, als sich in der Untersuchung an vieles überhaupt nicht erinnern zu können. Man wird daraus folgern, dass Sie sich nicht ausreichend mit Ihrem Fehlverhalten und den zugrunde liegenden Ursachen beschäftigt haben.

Auch eine Haltung wie „Ich fahre so gut, mein Auto ist so sicher, dass ich mehr Spielräume habe als andere“ ist völlig kontraproduktiv. Es geht ja gerade darum, zu prüfen, inwieweit Sie künftig bereit sein werden, sich den Regeln des Straßenverkehrs bedingungslos unterzuordnen. Wer hier anfängt, von der eigenen Kompetenz als Autofahrer oder von Abzocke zu reden, macht im Grunde nur deutlich, dass er keinen Grund sieht, etwas an seinem Fahrverhalten zu verändern und hinterlässt somit einen negativen Eindruck.

Die Behauptung, Sie hätten nach der letzten Auffälligkeit Ihr Fahrverhalten vollkommen verändert und damit keinerlei Schwierigkeiten gehabt, erscheint im Lichte der großen Schwierigkeiten, die Sie die ganze Zeit über damit hatten, sich an die Regeln zu halten, ziemlich unglaubwürdig. Sie haben ja nicht absichtlich immer wieder gegen Verkehrsregeln verstoßen, obwohl Sie immer wieder dafür bestraft wurden und wussten, dass Ihnen bei früher 18 Punkten (inzwischen 8 Punkten) die Fahrerlaubnis entzogen wird.

Sie haben sicherlich immer wieder gute Vorsätze gehabt und diese auch eine Zeit lang eingehalten. Wieso haben sich dennoch immer wieder alte Verhaltensweisen eingeschlichen? Hierfür gibt es Gründe, die in Ihrer Person und Ihren Lebensumständen zu suchen sind. Die Probleme, die sich aus Ihren Lebensumständen ergeben haben, haben sich aufgrund Ihrer Persönlichkeitsstruktur auf Ihren Fahrstil ausgewirkt. Dabei sind Gewohnheiten entstanden, die sich im Laufe der Zeit gefestigt haben.

Diese Zusammenhänge sollten Sie genauer analysieren. Nur dann sind Sie in der Lage, solche Vorsätze zu fassen, die auch wirklich helfen, zukünftig Verkehrsverstöße zu vermeiden. Niemand erwartet, dass die Einhaltung Ihrer Vorsätze immer vollkommen gelingt. Das wäre auch gar nicht realistisch. Daher ist es wichtig, dass Sie sich schon vorher auf die erwartbaren Schwierigkeiten einstellen und sich überlegen, wie Sie mit diesen dann umgehen werden.

Oft kommt es auch zu Verkehrsverstößen, weil man die entsprechenden Schilder zwar gesehen hat, deren Sinn aber gerade nicht versteht. Warum sollte man gerade hier nur 70 km/h fahren? Ist das nicht reine Schikane? Oder: Bei Tage mag die Geschwindigkeitsbegrenzung ja einen Sinn ergeben, aber jetzt in der Nacht ist die Straße doch frei, und man braucht sich nicht daran zu halten. Mit solchen Argumenten in einer MPU positiv beurteilt werden zu wollen, ist ein aussichtsloses Unterfangen.

Wie sollte in diesem Fall der Gutachter auch die Frage, ob zu erwarten ist, dass Sie auch zukünftig gegen Verkehrsregeln verstoßen werden, anders beantworten als mit: Ja, auf jeden Fall! Sie dürfen für sich nicht in Anspruch nehmen, die Verkehrsregeln je nach aktueller Situation auszulegen. Wenn Sie darüber einmal ganz genau nachdenken, ist das doch auch ganz gut so, denn hätten Sie dieses Recht, hätten es alle anderen ja auch, und hätten die Verkehrsregeln dann überhaupt noch einen Sinn? Dass sie einen Sinn haben, wird schon aus den Unfallstatistiken und den daraus ermittelten Unfallursachen deutlich, denn fast allen Unfällen geht ein Verstoß gegen Verkehrsregeln voraus. Als Unfallursache Nummer eins ragt hier die Geschwindigkeitsüberschreitung heraus.

Auch bei einer MPU aufgrund von Punkten gilt: Eine Schulung oder Therapie ist in „leichten Fällen" keine absolut zwingende

Voraussetzung für die wiedergewonnene Fahreignung, aber ein ausgesprochen hilfreiches Mittel, um die tatsächlichen Ursachen herauszufinden und darauf aufbauend geeignete Strategien zur Vermeidung weiterer Auffälligkeiten zu erarbeiten. Je häufiger und schwerwiegender jemand aufgefallen ist, desto deutlicher fordern die Bestimmungen auch eine angemessene therapeutische Maßnahme vor der MPU sowie ggf. auch Stabilisierungszeiträume (siehe Kapitel 9.4). Stabilisierungszeiträume bedeutet hier, dass einige Zeit seit dem letzten Delikt vergangen sein muss, sodass man eine echte Veränderung Ihrerseits als wesentliche Ursache für das „Nicht-Mehr-Auffällig-Werden" annehmen darf.

Sie sollten hierzu auch einen weiteren Aspekt bedenken: Anders als der Alkohol- oder Drogenauffällige können Sie als „Punktetäter" in der Regel keine Verhaltensänderung in der Zeit Ihres Führerscheinentzugs belegen. Während der Alkoholfahrer wiederholt sein Blut untersuchen lassen kann oder der Drogenfahrer seine Abstinenznachweise sammelt, können Sie nur durch Ihre Argumente glänzen, die man Ihnen glauben kann (wenn sie plausibel, problemangemessen und widerspruchsfrei sind) oder auch nicht. Die Vorlage einer Bescheinigung über eine Maßnahme steigert Ihre Chancen somit ungemein, weil hierdurch deutlich wird, dass Sie mit fachkundiger Hilfe an den Problemen gearbeitet haben.

5.4 Antworten zum MPU-Gespräch allgemein

30 Wie reagieren Sie, wenn Sie am Anfang der MPU gefragt werden, warum Sie überhaupt zur MPU müssen und weshalb Sie hier sind?

- ☐ *Ich sage, dass das Verkehrsamt es so von mir verlangt hat*
- ☐ *Ich mache deutlich, dass ich es für eine große Ungerechtigkeit halte, dass man mir überhaupt diese Überprüfung auferlegt, nur weil ich 1–2-mal etwas falsch gemacht habe*
- ☐ *Ich sage, dass ich die MPU für eine Abzocke halte und dass mit mir nicht zu spaßen ist*
- ☐ *Ich mache dem Gutachter klar, dass ich sowieso nicht glaube, dass es möglich ist, einen Menschen in einem so kurzen Test richtig zu beurteilen*

- ☐ *Ich sage, dass ich zur MPU muss, weil ich ein ganz schlechter Mensch bin und nun um Gnade bitten will, mir noch einmal eine Chance zu geben*
- ☑ *Ich sage, dass ich früher aufgrund von Mängeln in Einstellung und Verhalten zwangsläufig negativ aufgefallen bin und im Test zeigen will, dass ich mich inzwischen gebessert habe*

Hierbei handelt es sich um eine klassische Einstiegsfrage in das MPU-Gespräch mit dem Psychologen. Die Frage ist ganz bewusst sehr offen gestellt. Der Gutachter möchte sich gerne einen ersten Eindruck von Ihrem Problembewusstsein und Ihrer Bereitschaft zu einem offenen, ehrlichen Gespräch machen.

Schieben Sie die Schuld für das Zustandekommen der MPU besser nicht auf die Führerscheinstelle. Diese hält immer nur Gesetze ein, wenn Sie Ihnen eine MPU anordnet. Somit sind letztendlich doch Sie selbst der Auslöser dafür, dass die Eignung überhaupt anzuzweifeln ist. Auch von einer Diskussion, ob es fair oder unberechtigt ist, Sie zur MPU zu schicken, sei abgeraten. Der Gutachter ist hierfür der völlig falsche Ansprechpartner. Wenn Sie die Rechtmäßigkeit des Handelns der Fahrerlaubnisbehörde ernsthaft in Zweifel ziehen, bleibt Ihnen nichts anderes übrig, als einen Anwalt einzuschalten und vor das Verwaltungsgericht zu ziehen. Hier wäre der richtige Ort, um die Verhältnismäßigkeit der MPU-Anordnung für Ihren speziellen Fall zu entscheiden. Es sei darauf hingewiesen, dass die Mehrzahl der Versuche, die MPU zu umgehen, hier scheitert. Dies kostet Sie im Regelfall nicht nur einiges an Geld, sondern auch reichlich Zeit. Da die Anordnung einer MPU keinen Verwaltungsakt darstellt, sondern lediglich die Hilfe für einen Verwaltungsakt (Entziehung, Belassung, Neuerteilung der Fahrerlaubnis), lässt sich die Anordnung als solche auch nicht verwaltungsrechtlich anfechten.

Dem Gesprächspartner von vornherein unlauteres Verhalten oder Inkompetenz zu unterstellen („abgezockt werden", „kann einen sowieso nicht richtig beurteilen"), ist genauso ungeschickt wie falsch. Wenn Sie so ins Gespräch einsteigen, wird der Gutachter folgern müssen, dass Sie sich über die eigentlichen Probleme, die zu den Auffälligkeiten geführt haben, kaum Gedanken gemacht haben. Vielmehr scheinen Sie Ihre Energie für den Kampf gegen die nun eingeschalteten Institutionen (Fahrerlaubnisbehörde, MPU-Stelle) zu verwenden, anstatt an sich selbst zu arbeiten.

Sie befinden sich auch nicht im Beichtstuhl, wo es um Vergebung der Sünden geht. Gesühnt haben Sie durch Ihre Strafe vom Gericht schon. Es geht vielmehr darum, den Gutachter zu überzeugen, dass Sie aus Ihren früheren Fehlern auch die richtigen Konsequenzen gezogen haben und Ihre Einstellung und Ihr Verhalten eine positive Wendung genommen haben.

31 Wie reagieren Sie, wenn Sie am Schluss der MPU gefragt werden, ob Sie noch etwas sagen oder hinzufügen möchten?

- ☐ *Diese Frage ist ein Test. Ich sage nichts, sonst glauben die Gutachter, ich bin mir meiner Sache nicht sicher oder habe vorher gelogen*
- ☐ *Ich frage den Gutachter jetzt nachdrücklich, wie meine Begutachtung gelaufen ist. Ich gebe mich nicht mit ausweichenden Antworten zufrieden. Der Gutachter will nun sehen, wie ernst es mir mit dem Führerschein wirklich ist*
- ☑ *Sofern vorher noch nicht geschehen, mache ich deutlich, welche positiven Seiten ich meinem Führerscheinproblem rückblickend abgewinne (z. B. kein schlimmer Unfall passiert, endlich Fehler eingesehen und korrigiert)*
- ☐ *Ich frage den Gutachter, wie er es selbst mit Alkohol, Drogen und Verkehrsregeln hält und demonstriere so noch einmal, dass niemand ein Engel ist*
- ☐ *Jetzt muss ich noch einmal ganz ausdrücklich betonen, wie wichtig der Führerschein für mich ist und dass bei einem negativen Ausgang der Untersuchung mein ganzes Leben verpfuscht ist*
- ☐ *Nun ist der Moment, in dem ich Stärke und Selbstbewusstsein demonstrieren muss. Ich weise darauf hin, dass ich überzeugt bin, die Untersuchung gemeistert zu haben und dass ich für den Fall, dass etwas schiefgeht, meinen Anwalt einschalte*
- ☐ *Ich danke jetzt dem Gutachter ausdrücklich für sein Verständnis, mache ihm Komplimente und lobe ihn als äußerst kompetenten Fachmann*
- ☐ *Die Frage ist ein Wink mit dem Zaunpfahl, dass meine Story nicht angekommen ist. Ich widerrufe meine zuvor gemachten Aussagen und versuche eine andere Variante*

☐ *Die Frage zeigt an, dass der Gutachter jetzt Geld will, um mich positiv zu beurteilen. Ich halte einen Umschlag mit ca. 500 € bereit, den ich diskret unter vier Augen überreiche*

Die Abschlussfrage zu Ergänzungen Ihrerseits ist in der MPU völlig normal und nicht hinterhältig oder zweideutig gemeint. Der Gutachter möchte sich lediglich vergewissern, ob Sie denken, dass auch alle entlastenden Aspekte gebührend angesprochen und erwähnt worden sind.

Gibt es noch etwas aus Ihrer Sicht Wichtiges, können Sie es jetzt ansprechen. In den meisten Fällen hat der Gutachter aber durch seine vorherigen Fragen ein ausreichend klares Bild gewinnen können, sodass allzu ausufernde Darstellungen jetzt eher nerven, als dass sie helfen können, den zuvor entstandenen Eindruck noch einmal völlig zu verändern.

Auf keinen Fall sollten Sie an dieser Stelle völlig neue Themen anschneiden oder den Gutachter provozieren. Auch allzu heftiges Nachfragen, wie das Ergebnis aussieht, wird nicht auf Zustimmung stoßen. Wenn der Gutachter sich recht sicher ist, wird er Ihnen von sich aus eine Rückmeldung geben. Ist er sich nicht ganz sicher, wird er es auch nicht schätzen, wenn Sie ihn mit bohrenden Fragen, mit Drohungen oder dramatischen Prophezeiungen versuchen, unter Druck zu setzen.

Auch von Bestechungsversuchen muss unbedingt abgeraten werden. Denken Sie wirklich, Sie finden einen Gutachter, der für ein paar 100 € von einem fremden Menschen seine Existenz aufs Spiel setzt und riskiert, ins Gefängnis zu gehen? Leider gibt es immer wieder Klienten, die der Meinung sind, die MPU sei korrupt, daher erscheint es an dieser Stelle sinnvoll und wichtig, solchen Vorurteilen entschieden entgegenzutreten.

Auch von Komplimenten für den Gutachter sollten Sie absehen. Er macht seine Arbeit, wird dafür bezahlt. Sie sind Kunde, er sachverständiger Dienstleister. Es wird Ihr Untersuchungsergebnis nicht positiver ausfallen lassen, wenn Sie anfangen, sich einzuschmeicheln, vielmehr wird dies dem Gutachter unangenehm sein.

Auf gar keinen Fall dürfen Sie am Schluss alles infrage stellen, was Sie zuvor berichtet haben. Wenn es in Ihren Aussagen Aspekte gab, die der Gutachter nicht nachvollziehbar fand, hat er Ihnen dies bereits vorher signalisiert.

6 Test ausgewertet – wie geht es jetzt weiter?

Eine klare Aussage, wie viele falsche Antworten Sie sich genau leisten könnten, um in der Untersuchung noch positiv beurteilt zu werden, ist schwer zu treffen. Im Kenntnisstand zu den Auswirkungen des Alkohols auf Ihr Fahrverhalten kann der eine oder andere Fehler möglicherweise noch verziehen werden oder „nur" eine Nachschulungskursempfehlung zur Folge haben. Bei Denkfehlern in Bezug auf die zentralen Fragen zur eigenen Alkoholproblematik und zur Rückfallvermeidung kann bereits eine falsche Antwort alles zunichtemachen. Idealerweise sollten Sie daher jeden Fehler vermeiden.

Eines aber sollte Ihnen klar sein: Allein das neu erworbene Wissen und die Einsicht, dass es nie wieder zu Verkehrsauffälligkeiten kommen sollte, reichen zumeist nicht aus, um in der MPU zu überzeugen und (selbst wenn doch) auch später dann Verkehrsverstöße, Alkohol- oder Drogenmissbrauch zu vermeiden. Hierzu bedarf es noch weiterer Schritte und Veränderungsprozesse.

Wie Sie gesehen haben, nimmt man aufgrund der aktenkundigen Delikte zunächst an, dass jemand seine Fahreignung verloren hat. Bei Fahrerlaubnisinhabern ist zumindest zu überprüfen, ob die Eignung weiterhin besteht. Das deutsche „MPU-System" funktioniert aber so, dass jedem (ggf. unter Beachtung der Sperrfrist) die Möglichkeit eingeräumt wird, seine Fahreignung wiederherzustellen, und das unabhängig davon, aus welchen Gründen oder wie oft ihm die Fahrerlaubnis entzogen wurde. Klar ist aber auch: Je dicker die Führerscheinakte, das heißt, je öfter man bereits negativ aufgefallen ist, desto schwieriger ist es, in der Untersuchung ein positives Gutachten zu erzielen, und desto dringender sollte man eine „Verkehrstherapie" in Anspruch nehmen – und zwar vor der MPU.

Der erste Schritt zur Rehabilitation (bedeutet so viel wie Wiedereingliederung) ist nach der Einsicht, dass eine Fehlentwicklung stattgefunden hat, immer, die persönlichen Beweggründe bzw. die „Motive" zu erkennen, die zu den Auffälligkeiten geführt haben. Denn nur dann, wenn man verstanden hat, was zu einem bestimmten Verhalten geführt hat, kann man dieses auch gezielt beeinflussen und verändern.

All das, was dazu führt, dass die Fahreignung infrage gestellt wird, ist Folge eines nicht geglückten Umgangs mit sich selbst und der Welt. Es handelt sich oftmals um gelernte und deshalb über die Jahre automatisierte Gewohnheiten, seien es nun ein unkritischer Umgang mit Alkohol, der Konsum von Drogen, wiederholte Verstöße gegen die Verkehrsregeln oder auch Straftaten.

Ohne einen (auf Bewusstmachung der eigenen Fehlhaltungen und Irrtümer beruhenden) Veränderungsprozess, der auf die Ursachen und Hintergründe dieses gelernten Verhaltens abzielt, bleibt das Risiko, erneut in gleicher oder ähnlicher Art und Weise aufzufallen, stark erhöht. Es wurde bereits gezeigt, dass z. B. die Wahrscheinlichkeit für eine weitere Trunkenheitsfahrt über 30 % beträgt, wenn schon einmal eine stattgefunden hat, und mit jeder weiteren entdeckten Fahrt weiter ansteigt.

Diese Rückfallwahrscheinlichkeit sinkt nach einer qualifizierten Verkehrstherapie auf etwa 5–10 %. Diese Wahrscheinlichkeit ist dem Gesetzgeber gering genug, um von einer wiederhergestellten Fahreignung auszugehen – eine Rehabilitation ist also möglich!

An dieser Stelle wird vielleicht auch deutlich, dass im Grunde genommen die Führerscheinstelle, die Gutachter in der MPU und Sie selbst das gleiche Ziel haben: die Vermeidung von erneuten Auffälligkeiten. Was nützt Ihnen denn der neue Führerschein, wenn Sie diesen kurze Zeit später wieder entzogen bekommen? Es lohnt sich daher, die Wahrscheinlichkeit für Rückfälle gezielt zu senken, und zwar vor der MPU. Dazu müssen Sie einen Veränderungsprozess einleiten, der zunächst mit einer gründlichen Analyse der Gründe für Ihre derzeitigen Schwierigkeiten mit dem Fahren im Rahmen der Bestimmungen beginnt. Sie sollten sich also fragen, wieso Sie an dem betreffenden Tag so viel Alkohol getrunken haben, wieso Sie überhaupt so viel Alkohol vertragen und immer noch fahren konnten, seit wann und vor allem auch wozu (also aus welchen Beweggründen heraus, mit welchem Ziel) Sie so viel trinken.

Oder, wenn Sie den Führerschein aufgrund von Verkehrsverstößen ohne Alkohol verloren haben, könnten Sie sich fragen, wieso es für Sie so schwer war, trotz Punkten und Geldstrafen Ihr Verkehrsverhalten dauerhaft zu verändern. Was hat Sie dazu veranlasst, immer wieder zu schnell, zu gefährlich oder zu aggressiv zu fahren oder immer wieder während der Fahrt mit dem Handy zu telefonieren?

Wenn Sie wegen Drogen zur MPU aufgefordert werden, sollten Sie sich dementsprechend fragen, wozu Sie eigentlich illegale Drogen genommen haben, was für Sie im nüchternen Leben so unerträglich war, dass es Ihnen mit Drogen einfach besser ging und weshalb Sie das Risiko eingegangen sind, trotz dieses Konsums noch zu fahren.

Niemand behauptet, dass es einfach ist, diese Fragen zu beantworten. Es ist sicherlich einige Zeit nötig, um sich mit diesen Themen ernsthaft auseinanderzusetzen. Darum ist es falsch, damit erst einige Wochen vor der MPU zu beginnen. Qualifizierte Fachleute können Ihnen außerdem helfen, den Prozess der Suche nach den eigentlichen Gründen und der Veränderung hin zu einem Verhalten, das keinen Zweifel an Ihrer Fahreignung mehr lässt, effektiv zu durchlaufen.

Es ist sicherlich auch möglich, ohne fachliche Unterstützung ein positives Gutachten zu erhalten, erfahrungsgemäß ist dies allerdings sehr schwierig und meist auch deutlich langwieriger – und damit oft auch nicht billiger. Etwa 75 % derjenigen, die zur MPU gehen, ohne vorher eine seriöse psychologische Maßnahme in Anspruch genommen zu haben, erhalten zunächst ein negatives Gutachten. So zumindest unsere Erfahrungen.

Die Wahrscheinlichkeit, in einer MPU negativ beurteilt zu werden, nachdem man eine seriöse Verkehrstherapie auf Einzelfallebene durchlaufen hat, ist dagegen in der Regel geringer als 15 %. Bei reinen Gruppenmaßnahmen (die oft kostengünstiger sind) liegt die Quote negativer Gutachten allerdings höher, da hier ein festgelegtes und qualitativ gutes inhaltliches Programm absolviert wird, aber die letzten Vertiefungen der Aufarbeitung des Einzelfalls zumeist nicht stattfinden können.

Dass Menschen nach einer „MPU-Vorbereitung" eher positiv begutachtet werden, liegt nicht, wie häufig angenommen wird, daran, dass die Psychologen alle „unter einer Decke stecken", sondern daran, dass es ohne Hilfe von außen eben schwierig ist, wirklich befriedigende Antworten auf die oben gestellten Fragen zu finden. Jeder Mensch hat, wenn er sich selbst analysieren möchte, eben „blinde Flecken" und seelische Barrieren, die eine umfassende und ganz sachliche Sichtweise auf das eigene Lebensschicksal und die persönlichen Probleme äußerst kompliziert machen. Dies kann letztendlich nur durch eine mit viel Erfahrung, Einfühlungsvermögen und Kompetenz durchgeführte Beratung oder Psychotherapie ermöglicht werden.

Allein das Wort „Therapie" macht vielen Menschen Angst. Es kommt aus dem Griechischen und bedeutet nicht mehr und nicht weniger als „Hilfe", also im Sinne von jemandem helfen, und nicht, dass einer geisteskrank ist. Das Wort „Psycho" bedeutet Seele. Also wird in der Psychotherapie der Seele des Menschen geholfen, mehr Kompetenz im Umgang mit sich selbst und der Umwelt (anderen Menschen, dem Straßenverkehr usw.) zu entwickeln.

Viele Betroffene gehen (hier möchte unsere Seele unbewusst unseren Wert als Mensch schützen und ihn nicht herabstufen lassen) doch erstmal davon aus, dass nur die besonderen Umstände, die an dem Tag der jeweiligen Auffälligkeit vorgelegen haben, schuld daran sind, dass der Führerschein entzogen wurde. Man hat eben Pech gehabt (einen Pechvogel trifft doch keine wirkliche Schuld). Oder man hat zunächst das Gefühl, dass der eigene Alkoholkonsum nicht besonders auffällig war – klar, vielleicht hat man manchmal etwas zu viel getrunken, das haben die anderen aber auch (zumindest diejenigen, die man als Vergleichsmaßstab für sich selbst auswählt). Der einzige Grund dafür, dass man manchmal einen über den Durst getrunken hat, wäre demzufolge die Geselligkeit und die Tatsache, dass die anderen einen dazu animiert haben. Aber ist das wirklich schon alles?

Natürlich hat das Umfeld etwas damit zu tun, wie viel man trinkt. Wir leben in einer insgesamt stark gestörten Trinkkultur (Lindenmeyer, 2001), in welcher uns im Grunde von keiner Seite klare Maßstäbe und Grenzen des Alkoholkonsums aufgezeigt werden. Es gibt aber viele Ursachen für leichtsinniges Trinkverhalten und damit auf längere Sicht auch für die Entwicklung eines Alkoholproblems (Sie erinnern sich, Alkoholproblem bedeutet keinesfalls, dass man alkoholabhängig ist, sondern auch, dass man unvorsichtig, zu oft, zu viel trinkt). Die eigentlichen, tiefer liegenden Ursachen sind immer in der eigenen Persönlichkeit zu finden. Dies gilt analog auch für ein Drogen- oder Anpassungsproblem.

Wenn Sie Schritt für Schritt herausfinden, was genau Ihnen am Alkohol- oder Drogenrausch gefallen hat, sind Sie auf dem richtigen Weg. Haben Sie zum Beispiel im angetrunkenen Zustand leichter fremde Menschen ansprechen können und sich einfach sicherer gefühlt? Oder machen Sie sich oft Sorgen und fühlen sich deswegen angespannt, was sich im angetrunkenen/berauschten Zustand deutlich verbessert? Sind Sie mit Ihrem Leben, Ihrer Arbeitssituation, Ihrer Beziehung, all Ihren Zwängen überhaupt ein glücklicher Mensch? Ist das nüchterne Leben eine Lust oder mehr eine Last? Hat das Trinken oder das Kiffen nicht viel mehr mit Stressabbau zu tun als mit Geselligkeit? Welches sind die wichtigsten Ziele in Ihrem Leben und wie weit sind Sie von diesen entfernt?

Auch wenn Sie im Moment das Gefühl haben, derartige Ursachen lägen bei Ihnen nicht vor, zeigt sich doch immer wieder, dass bei einer genaueren Betrachtung der Entwicklung einer Persönlichkeit viele Aspekte zutage treten, die menschlich absolut nachvollziehbare Gründe dafür sein können, dass ein berauschter Zustand als besonders angenehm erlebt wird – und wenn es nur einmal am Wochenende ist, um einfach mal richtig loszulassen, im „Hier und Jetzt" zu leben und abzuschalten.

Schließlich gibt es ja auch Leute, denen ein Rausch nicht das Geringste bedeutet, auch wenn Sie solche Leute vielleicht gar nicht kennen mögen. Wenn aber der Rausch einen angenehmen Effekt hat, entsteht schnell ein Bedürfnis und daraus dann eine Gewohnheit, diesen Effekt erneut erreichen zu wollen (war ein gutes Gefühl). Und das ist auch dann so, wenn einem dieser Effekt im Grunde genommen überhaupt gar nicht bewusst ist.

Ihr Gehirn merkt sich, was Ihnen gutgetan hat und steuert Sie in Richtung einer Wiederholung des entsprechenden Verhaltens. Sie mögen sich nun fragen: Wenn das alles so ist, was kann man denn dann daran verändern? In einer qualifizierten Verkehrstherapie wird genau daran gearbeitet.

Ausgehend von den wirklichen und anfänglich oft unbewussten Ursachen für das Problemverhalten wird nach Möglichkeiten gesucht, den zugrunde liegenden Mangel auszugleichen oder zumindest anders damit umzugehen. Es wird nach individuell passenden Lösungen gesucht, um den positiven Effekt, den zum Beispiel der Alkohol oder Cannabis früher lieferten, auf andere Art und Weise zu erreichen. Auf diese Weise finden Sie zu einem veränderten Verhalten, das Sie nicht unter einem inneren Druck aufrechterhalten müssen. Es geht darum, neue Verhaltensmuster zu erlernen und zu festigen, mit denen Sie genauso glücklich sind wie mit dem früheren Verhalten, oder, genauer gesagt, sogar noch glücklicher, weil die Nebenwirkungen des früheren Verhaltens wegfallen (z. B. der Kater am Morgen danach, die Angst, mit Drogen erwischt zu werden, das Bußgeld nach dem Blitzer etc.).

So gesehen beschränken sich die positiven Effekte einer gründlichen Verhaltensänderung nicht nur auf die Fahreignung, sondern sie erstrecken sich auch auf Ihre Lebensqualität insgesamt. Immer wieder berichten Klienten, dass sie im Nachhinein froh sind, erwischt worden zu sein, da sich in der Folge des Führerscheinverlusts und der deshalb ergriffenen Maßnahmen ihr ganzes Leben verbessert habe. Die augenblickliche schwierige Situation, in der Sie sich befinden, kann also auch als Chance verstanden werden, sich selbst besser kennen zu lernen, neue Kompetenzen zu entwickeln und zu lernen, anders mit sich umzugehen. Der (ehrliche) Weg zurück zum Führerschein über eine gründliche Aufarbeitung der individuellen Situation und Problematik, idealerweise eine Verkehrstherapie mit anschließender positiver MPU, hat damit Vorteile, die Sie zum Beispiel über den Erwerb eines EU-Führerscheins nicht haben. Nebenbei sei darauf hingewiesen, dass EU-Führerscheine oft rechtlich ausgesprochen heikel sind und in der Regel auch teurer als eine Verkehrstherapie und MPU in Deutschland.

Wenn Sie diese Chance nutzen und tatsächlich zu besserer Lebensqualität finden, haben Sie auch gute Gründe und Chancen, das veränderte Verhalten auch zukünftig aufrechtzuerhalten und nicht wieder gegen das alte Leben mit Alkohol/Drogen/Rasen eintauschen zu wollen. Natürlich möchten auch die Gutachter in der MPU wissen, welche Gründe Sie dazu veranlasst haben, Ihre alten Gewohnheiten aufzugeben und dies weiterhin aufrechterhalten zu wollen. Solange Sie auf etwas verzichten, weil Sie müssen, nur um zum Beispiel den Führerschein wiederzubekommen, wird man nicht davon ausgehen, dass Sie neue Verhaltensweisen sehr lange durchhalten werden. Wenn Sie sich zu etwas entschließen, weil ein äußerer Druck Sie dazu zwingt, werden Sie unbewusst immer nach einer Möglichkeit suchen, ein Schlupfloch zu finden, das Ihnen erlaubt, mal wieder „Fünfe gerade sein" zu lassen. Oft fängt dann alles allmählich wieder von vorne an.

Am Anfang eines solchen Veränderungsprozesses kann selbstverständlich der äußere Druck helfen, neue Wege zu gehen. Im Laufe der dann folgenden Erfahrungen sollte aber zunehmend eine innere Zufriedenheit wachsen, die es Ihnen ermöglicht, den Kurs langfristig beizubehalten, immer unabhängiger von MPU und Führerschein.

7 Woran erkennt man einen guten (Verkehrs-)Therapeuten?

Die Verkehrstherapie stellt eine hochgradige Spezialisierung der Psychotherapie dar. Sie verknüpft therapeutisches Wissen und Können mit den rechtlichen Rahmenbedingungen der MPU, den Anforderungen in der MPU sowie viel Expertenwissen zum menschlichen Verhalten im Umgang mit Alkohol, Drogen und Autofahren. Sie stellt an den Therapeuten insofern hohe Anforderungen und benötigt einiges an Ausbildung und Berufserfahrung. Ebenso ist regelmäßige Fortbildung erforderlich, um den sich ändernden Anforderungen in der MPU gerecht zu werden und neue wissenschaftliche Erkenntnisse in die Arbeit einfließen zu lassen.

Eine jährliche Fort- und Weiterbildung von mindestens 16 Stunden wird deshalb von allen Verkehrspsychologen verlangt, die Kurse mit Rechtsfolgen (nach §§ 36, 43 und 70 FeV) abhalten und die meist auch Verkehrstherapie anbieten, sowie von allen „Fachpsychologen für Verkehrspsychologie (BDP)" (dies sind die durch Zusatzausbildungen auf die MPU spezialisierten Diplom-Psychologen) und von allen zugelassenen „Amtlich anerkannten verkehrspsychologischen Beratern" sowie den „Seminarleitern für die verkehrspsychologische Teilmaßnahme der Fahreignungsseminare" (auf Beratung verkehrsauffälliger Kraftfahrer spezialisierte Diplom-Psychologen und darüber hinaus für Punkteabbau zugelassen).

Um überhaupt die o. g. Qualifikationen erreichen zu können, sind neben dem ordentlichen Diplom- oder Masterstudium in Psychologie an einer Universität eine nachgewiesene Ausbildung als Verkehrspsychologe (z. B. in einer MPU-Stelle) und eine mindestens 3- bis 5-jährige Berufserfahrung in der Begutachtung oder Rehabilitation auffälliger Kraftfahrer Mindestvoraussetzung. Daneben sind diverse Seminare zu besuchen, z. B. für den Bereich des Verkehrsrechts und für weitere verkehrspsychologische Vertiefungsthemen.

Leider regelt der Gesetzgeber den sogenannten „Vorbereitungsmarkt" auf die MPU bisher nicht. Der Betroffene ist somit auch nicht vor unqualifizierten oder gar unseriösen Anbietern geschützt, die es eventuell mehr auf das Geld des Ratsuchenden absehen als auf eine echte Hilfestellung, nicht nur die MPU „zu packen", sondern den Führerschein dann auch langfristig zu behalten. Wenn Sie den Text aufmerksam gelesen haben, ist Ihnen klar geworden, dass es nicht darum gehen kann, sich irgendwie durch die MPU „zu mauscheln", sondern dass auf Grundlage einer geeigneten Motivation echte, positive Einstellungs- und Verhaltensänderungen erreicht und gefestigt werden sollen, die es Ihnen auch langfristig ermöglichen, sich problemlos an die Vorschriften zu halten.

Hinweise, dass Sie sich bei einem qualifizierten Verkehrspsychologen befinden, sind folgende:

- ☺ *Diplom in Psychologie (heute auch Masterstudium).*
- ☺ *Mindestens eine Zusatzausbildung in Verkehrspsychologie, z. B. Titel als „Fachpsychologe für Verkehrspsychologie (BDP)" und/ oder „amtlich anerkannter verkehrspsychologischer Berater gemäß § 4, Abs. 9 StVG" und/oder „Seminarleiter für die verkehrspsychologische Teilmaßnahme der Fahreignungsseminare".*
- ☺ *Alternativ oder zusätzlich Qualifikation als Kursleiter für Nachschulungskurse nach § 70 FeV und/oder besondere Aufbauseminare gemäß §§ 36 und 43 FeV.*
- ☺ *Ausbildung und Berufserfahrung als MPU-Gutachter in einer Begutachtungsstelle für Fahreignung.*
- ☺ *Zertifikate von regelmäßigen Fortbildungen in der Verkehrspsychologie.*
- ☺ *Evtl. therapeutische Qualifikation (z. B. Zulassung zur Psychotherapie nach HPG (Heilpraktikergesetz) oder durch Approbation zum Psychologischen Psychotherapeuten).*
- ☺ *Ein Ködern mit „Erfolgsgarantien" wird es in einer seriösen Anlaufstelle nicht geben, da es eben diese Garantie in der Realität auch nicht gibt. Ein integerer Fachmann wird Sie über Möglichkeiten und Grenzen des Machbaren aufklären.*
- ☺ *Sehr kurzfristige Maßnahmenlaufzeiten – es sei denn, der Fall liegt tatsächlich so, dass die wesentlichen Einstellungs- und Verhaltensänderungen schon erreicht worden sind – werden Ihnen nicht in Aussicht gestellt, da Sie hierdurch die Stabilität Ihrer positiven Entwicklung und auch die Erfolgsaussichten für die MPU unnötig senken.*
- ☺ *Sie werden nicht unter Druck gesetzt, sich schnell für oder gegen eine Rehabilitationsmaßnahme zu entscheiden und sofort etwas zu unterschreiben.*

Kein seriöser Anbieter wird empört darauf reagieren, wenn Sie gezielt nach den aufgeführten Qualifikationen fragen und sich die entsprechenden Urkunden von ihm zeigen lassen. Im Gegenteil, hiermit signalisieren Sie, dass Sie an einer wirklich guten Arbeit und nachhaltigen Wiederherstellung Ihrer Fahreignung interessiert sind.

Als weitere Hinweise auf einen qualifizierten Fachmann können folgende Informationen gelten: Ein Arbeits- und Zeitplan sowie ein Angebot für Ihre Rehabilitation wird nicht pauschal am Telefon, sondern auf Basis mindestens eines (in der Regel kostenpflichtigen ausführlichen) Beratungsgesprächs erstellt, in welchem Ihre Vorgeschichte, die verfügbaren Unterlagen zu Ihrem Fall sowie Ihr Umgang mit Alkohol/Drogen und/oder ihre Verkehrsauffälligkeiten erörtert worden sind.

Der qualifizierte Berater/Therapeut wird Ihnen bereits im ersten Gespräch einen interessierten, freundlichen, sachlich-kompetenten Eindruck vermitteln. Er wird Rücksicht nehmen auf eventuell noch bestehende Scham- und Schuldgefühle und nicht ruppig oder arrogant darüber hinweggehen. Idealerweise sollten Sie nach der Erstberatung ein Beratungsprotokoll bekommen, welches die wichtigsten Erkenntnisse und Empfehlungen zum weiteren Vorgehen ausweist. Dass der Berater/Therapeut womöglich auf Barzahlung besteht und bei Eintritt in eine Behandlung auch einen Therapie- oder Honorarvertrag mit Ihnen abschließen möchte, ist keinesfalls ungewöhnlich. Nicht vereinbarungsgemäß abgesagte Sitzungen müssen im Allgemeinen entschädigt werden. Da die Zahlungsmoral oft zu wünschen übrig lässt, bestehen viele Verkehrspsychologen auf einer sofortigen Entlohnung.

Erkundigen Sie sich ruhig bei Ihrer Führerscheinstelle, Ihrem Anwalt oder ansässigen MPU-Stellen nach dem Ruf des Beraters/Therapeuten. Man wird Ihnen dort zwar zumeist keine klare Empfehlung geben (Wettbewerbsrecht!), zwischen den Zeilen hören Sie aber dennoch oft klar heraus, mit welchen Therapeuten und Beratungsstellen man dort gute oder schlechte Erfahrungen gemacht hat.

Auch die Bundesanstalt für Straßenwesen (BASt) hat unlängst auf ihrer Homepage Informationen zur MPU und Merkmale seriöser verkehrspsychologischer MPU-Vorbereitung veröffentlicht unter www.bast.de/mpu

Gute therapeutische Maßnahmen finden in der Regel nicht ausschließlich in Gruppen statt, sondern beinhalten auch individuelle Gespräche auf Einzelfallebene. Gerade besonders hochwertige Maßnahmen bestehen (fast) ausschließlich aus Einzelgesprächen, in welchen einzig und alleine auf Sie und Ihre spezielle Persönlichkeit und Sachlage eingegangen wird.

Die Kosten für die Maßnahmen, welche in aller Regel nicht von den Krankenkassen, teilweise aber von der Agentur für Arbeit bezahlt werden können, liegen in einem der Leistung (Anzahl der Sitzungen, Komplexität des Falls) angemessenen Rahmen. Honorare wie in anderen vergleichbaren Berufsgruppen (z. B. Arzt, Anwalt, Steuerberater) müssen entsprechend einkalkuliert werden. Sie sind regional recht unterschiedlich und bewegen sich zumeist zwischen 80 und 160 € pro Stunde. „Erfolgszuschläge" oder „Geld-zurück-Garantien bei Nichterfolg" sind bei seriösen Therapeuten nicht üblich. Pauschalpreise sind hingegen bei relativ übersichtlichen Sachlagen und Arbeitsaufwänden nicht ausgeschlossen.

Ein guter Therapeut kennt den Spannungsbogen, in dem sich Ihr „Fahreignungsdrama" abspielt, nur zu gut. Es geht dabei im Wesentlichen um folgende Aspekte und um die sich zum Teil widersprechenden Interessen:

- Ihren dringenden Wunsch und die existenzielle Notwendigkeit, die Mobilität schnell wiederherzustellen
- die enormen Strapazen und finanziellen Belastungen, die sich für Sie aus dem Delikt (den Delikten) und dem Führerscheinentzug ergeben haben
- die Wut, die Scham- und Schuldgefühle, die in der Angelegenheit eine Rolle spielen
- den Verlust Ihres sozialen Ansehens in Ihrem Umfeld durch den Führerscheinentzug
- Ihre erlebte Ohnmacht gegenüber dem behördlichen Handeln, Ihre Sorge und Angst, in der Untersuchung nicht positiv beurteilt zu werden

- Ihre Enttäuschung und Ratlosigkeit, wenn Sie in der MPU bereits ein negatives Gutachten erhalten haben
- Ihre Unzufriedenheit damit, sich eingestehen zu müssen, es alleine nicht geschafft zu haben, das Führerschein-/Alkohol-/Drogenproblem zu lösen und nun auch noch eine „Therapie" machen zu sollen/müssen
- die Bemühungen, Ihr Selbstwertgefühl zu schützen und Ihr Gesicht zu wahren, gerade in den ersten Sitzungen einer Verkehrstherapie
- die Risiken für die Verkehrssicherheit durch Fahrer, die sich riskant, selbst- und fremdgefährdend verhalten
- den Standpunkt der Behörde, die in ihrem Handeln lediglich Vorschriften umsetzt und für Verkehrssicherheit verantwortlich ist, ohne Sie persönlich genauer zu kennen
- die Vorurteile und weitverbreiteten Irrtümer gegenüber der MPU
- die wissenschaftlichen Erkenntnisse, z. B. die Statistiken zu Rückfällen
- die Situation der MPU-Stellen, die fachlichen Vorgaben, wie die Beurteilungskriterien, genau einzuhalten und dabei selbst regelmäßig und streng kontrolliert zu werden
- die oft undankbare Rolle des Gutachters in der MPU, der die Rolle eines Schiedsrichters übernehmen muss und der hinterher zum „Buhmann" gemacht wird, obgleich er nur vorschriftsmäßig handelt.

Ihr Berater/Therapeut wird alle diese Dinge in seiner Arbeit mit Ihnen angemessen berücksichtigen und sich bemühen, eine für alle Seiten gute und akzeptable Lösung zu finden, sodass ein Miteinander möglich wird und das Gegeneinander nicht noch mehr zugespitzt wird.

Damit sind wir auch schon bei dem Thema, welche Kennzeichen es für wenig qualifizierte oder unseriöse Maßnahmen gibt. Seien Sie vorsichtig, wenn Sie auf folgende Merkmale stoßen:

☹ Keine gesetzlich klar definierten Qualifikationen, keine Titel wie oben genannt: „Verkehrspsychologe", „Psychologe" oder „Fahreignungsberater" darf sich jeder nennen. Gesetzlich geschützt sind nur Titel wie „Diplom-Psychologe", „Fachpsychologe für

Verkehrspsychologie (BDP)", „Amtlich anerkannter verkehrspsychologischer Berater", „Psychologischer Psychotherapeut". Informieren Sie sich bei Unsicherheit im Internet, ob der für Sie interessante Ansprechpartner über echte Qualifikationen/Titel verfügt, bevor Sie einen Kontrakt schließen.

- ☹ Ausschließlich Gruppenvorbereitung in pauschaler Form (für alle das gleiche Programm, unabhängig vom Einzelfall).
- ☹ Hohe Kosten, z. B. mehr als 3.000 €, deren Zustandekommen nicht aufgeschlüsselt und nachvollziehbar wird.
- ☹ Kurze Laufzeit der Vorbereitung, z. B. „nur ein, zwei oder drei Wochenendseminare".
- ☹ Aggressive Werbung, z. B. sehr auffällige, meist durch gesponserte Links hochgepuschte Internetseiten mit großen Versprechungen („Wir bringen Sie durch die MPU", „Erfolgsgarantie", „Geld-zurück-Garantie" bei Nichtbestehen, „Führerschein ohne MPU" usw.).
- ☹ Extreme, einschmeichelnde Verbrüderung mit Ihnen gegen die vermeintlichen „Feinde", wie Polizei, Verkehrsamt, MPU-Stelle usw.
- ☹ Andeutungen, wie „Wir kennen da die Gutachter", „Wir arbeiten mit denen zusammen", „Das klappt 100%ig".
- ☹ Übertrieben geschäftsmäßiges Auftreten (Designeranzug, goldene Manschettenknöpfe, Krawattennadel, Edeluhr), pompöses Sekretariat, Handyverbot, extrem ärztliches Auftreten (weißer Kittel, Arztjargon usw.) sind im seriösen, therapeutischen Branchenzweig unüblich. Hierdurch soll wohl zumeist versucht werden, Sie einzuschüchtern, damit Sie ohne lange zu überlegen einen teuren Knebelvertrag unterschreiben.

Machen Sie sich eines bewusst: Sie befinden sich weder im Sicherheitsbereich des Geheimdienstes, noch auf der Intensivstation. Die Show verfolgt einzig und allein den Zweck, dass Sie sich klein und krank fühlen, sich als schlimmen Problemfall erleben, der jetzt sofort (koste es, was es wolle) die ihm in Aussicht gestellte Hilfe/Heilung annehmen muss. Die meisten mir bekannten seriösen Therapeuten kleiden sich im Übrigen eher ungezwungen und arbeiten in funktional eingerichteten Räumlichkeiten, die zumeist eine gute Mischung aus Büro, Arbeitszimmer und Wohnzimmer aufweisen.

Also, so verführerisch die Versprechungen auch klingen mögen, besser die Finger davon lassen und sich an Fachleute mit echten

Qualifikationen wenden. Überlegen Sie doch mal, wen Sie konsultieren würden, wenn Sie ernsthaft krank sind. Einen niedergelassenen Facharzt, der sein Handwerk versteht, oder irgendeinen selbsternannten Wunderheiler ohne medizinische Ausbildung?

Zwei Register, die die Suche nach „Amtlich anerkannten verkehrspsychologischen Beratern" sowie „Seminarleitern für die verkehrspsychologische Teilmaßnahme der Fahreignungsseminare" (nur diese dürfen z. B. Punkteabbau anbieten und haben mindestens 5 Jahre Berufserfahrung in der Verkehrspsychologie nachgewiesen) ermöglichen, finden Sie unter:

- www.bdp-verkehr.de/beratung/register.html
- www.bdp-verkehr.de/service/berater/register.html

Zwei weitere Register helfen bei der Suche nach „Fachpsychologen für Verkehrspsychologie (BDP)":

- www.bdp-verkehr.de/register/neu2/suchep.php
- www.dpa-bdp.de/register_verkehr/

Viele niedergelassene Verkehrspsychologen sind auch im Bundesverband Niedergelassener Verkehrspsychologen (BNV, www.bnv.de) organisiert.

Zu der Frage, ob Sie sich besser an eine den großen MPU-Stellen nahestehenden Vorbereitungseinrichtungen wenden sollten oder an einen „freien" niedergelassenen Verkehrspsychologen, lässt sich Folgendes sagen:

Bis vor 20 Jahren gab es nur sehr wenige Institute, die sich mit der Rehabilitation auffällig gewordener Kraftfahrer befasst haben. Die meisten großen MPU-Stellen haben erst danach auch das „Vorbereitungsgeschäft" für sich entdeckt, woraus sich bald ein beachtliches Angebot an Beratungs- und Kursmodellen zur Vorbereitung auf eine MPU entwickelte.

Da sich mit dieser engen Symbiose zwischen Vorbereitung und eigentlicher MPU unter demselben Dach mit zumeist auch demselben

Personal hohe Synergien erzielen ließen, sah sich der Gesetzgeber schließlich aufgefordert, für eine strikte Trennung zwischen Begutachtung und Beratung zu sorgen, um die entstandene Wettbewerbsverzerrung zum Nachteil anderer Anbieter von Rehabilitationsmaßnahmen und MPU-Stellen ohne Beratungszweig abzubauen. Seit 2009 sind daher die eigentliche MPU und die Beratung/Vorbereitung streng voneinander getrennt. Wer als MPU-Gutachter arbeitet, darf also nicht mehr gleichzeitig in der Beratung auffälliger Kraftfahrer bzw. der Vorbereitung auf die MPU tätig sein. Außerdem mussten für die Beratung/Vorbereitung eigene Räumlichkeiten außerhalb der MPU-Stelle gesucht und neue Unternehmen gegründet werden.

Beratungs- und Vorbereitungsstellen, von denen bekannt ist, dass sie zur Dachorganisation eines großen MPU-Trägers gehören, genießen jedoch im Allgemeinen bei vielen Führerscheinstellen und in der Justiz nach wie vor hohes Ansehen, weil ihnen traditionell eine hohe Kompetenz zugeschrieben wird, was im Wesentlichen auch zutrifft.

Entsprechend groß ist auch ihr Zulauf, sodass sie vorwiegend in Form von Gruppenseminaren ihre Kunden auf die MPU vorbereiten, was weniger aufwendig ist als Einzelfallarbeit. Die didaktischen Konzepte hierzu sind in der Regel gut durchdacht. Meist gibt es außerdem ein Angebot für Einzelgespräche mit dem Verkehrspsychologen. Auch organisatorisch werden Kunden hier, angefangen bei der Homepage der Beratungsstelle und dem ersten Anruf, zumeist gut betreut und mit umfangreichen Informationen versorgt. Durch die in der Gesamt-Organisation vorhandenen Qualitätsmanagementsysteme gibt es auch kaum qualitative Mängel oder Unterschiede in der Arbeitsweise der jeweiligen Niederlassungen.

Eine solche „Industrialisierung der Verkehrstherapie“ bietet also auch dem Klienten viele Vorteile, hat aber wie fast alles im Leben auch ihre Nachteile: Wie in allen großen Unternehmen ist die Fluktuation des Personals höher als bei kleinen Anbietern. Nicht immer werden Sie also zwangsläufig von einem seit vielen Jahren dort tätigen, erfahrenen Mitarbeiter betreut. Nicht immer kann man (vor dem Hintergrund der beträchtlichen Kundenzahlen) auch ein 100%iges Engagement für die einzelnen Klienten voraussetzen, wie in inhabergeführten Instituten, welche zumeist wesentlich weniger Klienten gleichzeitig betreuen.

Seit der gesetzlichen Trennung von Begutachtung und Vorbereitung ist es auch nicht mehr selbstverständlich, dass Sie in einer Tochterfirma der großen MPU-Institute automatisch von einem Mitarbeiter betreut werden, der über jahrelange eigene Erfahrung als MPU-Gutachter verfügt und somit alle Seiten der Betrachtung eines Falles verinnerlicht hat.

Als eher „einfacher Fall" (z. B. Ersttäter mit Alkohol, ohne massives Alkoholproblem, ohne weitere Auffälligkeiten in der Fahrerlaubnisakte, keine allzu hohe Promillezahl) wird eine Schulung in einem solchen großen Vorbereitungsinstitut im Regelfall ausreichen, um eine MPU erfolgreich zu bestehen oder eine Sperrfristverkürzung zu erreichen.

Je komplexer Ihr Fall liegt (z. B. mehrere Delikte, hohe Promillewerte, Rückfälligkeit, Delikte, die sich gegen verschiedene Rechtsgüter richten, sprachliche oder psychische Barrieren, die eine Mitarbeit in der Gruppe erschweren), desto mehr sollten Sie in Erwägung ziehen, einen freien, niedergelassenen Verkehrspsychologen zu konsultieren oder zu einem Gruppenangebot noch Einzelstunden hinzuzubuchen. Bei einem unabhängigen Verkehrspsychologen kann aufgrund des Nichtgebundenseins an Kursprogramme, eines höheren Anteils an Einzelgesprächen und der zumeist großen Erfahrung in der Regel wesentlich stärker auf die Besonderheiten des Einzelfalls eingegangen werden. Häufig findet man hier auch eine größere terminliche Flexibilität, teilweise werden Sie auch zu Hause betreut und müssen keine beschwerlichen Anfahrten in Kauf nehmen. Hier sind Sie eben mehr Klient (das bedeutet so viel wie „Schützling") und nicht nur Kunde. Entscheiden Sie selbst, welche geschäftliche Beziehung und Betreuungsform Ihnen mehr entgegenkommt.

Niedergelassene Verkehrspsychologen, welche die zuvor genannten Qualitätsstandards erfüllen, gibt es bundesweit, allerdings verglichen mit der Größe des gesamten Markts immer noch nicht allzu viele, da Beratung und Rehabilitation auffälliger Kraftfahrer ein schwieriges Geschäft ist (insbesondere, weil die meisten Betroffenen die Leistungen aus eigener Tasche zahlen müssen). Wer hier seit vielen Jahren praktiziert, verfügt in der Regel nicht nur über gute Fachkompetenz, sondern auch über die Bereitschaft, sich in diesem schwierigen Marktumfeld immer wieder neu zu beweisen. Oft sind die Kosten für eine individuelle Betreuung durch freie Verkehrspsychologen in eigener Praxis nicht oder zumindest nicht wesentlich höher als in einem großen Institut.

8 Was leistet eine Verkehrstherapie?

Haben Sie bitte keine Angst vor dem Begriff „Therapie“. Er kommt, wie bereits im vorangegangenen Kapitel erwähnt, aus dem Griechischen und bedeutet nicht mehr und nicht weniger als „Hilfe“. Niemand behauptet, dass jemand, der sich einer „Therapie“ unterzieht, automatisch krank oder verrückt ist.

Da die Verkehrstherapie bislang gesetzlich noch nicht geregelt und auch noch nicht amtlich oder in anderer Form kontrolliert oder qualitätsgesichert sein muss, gibt es bis auf vereinzelte bereits zertifizierte Institutionen oder Maßnahmen auch keine einheitlichen Vorgehensweisen der diversen Anbieter.

Die nachfolgend aufgeführten Methoden und Beispiele sind insofern exemplarisch für Therapien aus der seit 1999 bestehenden Verkehrspsychologischen Praxis des Autors, was nicht bedeutet, dass nicht auch viele andere Ansätze sehr produktiv sind und zu hervorragenden Ergebnissen führen.

Hervorzuheben ist an dieser Stelle noch einmal ganz deutlich, dass in seriösen Verkehrstherapien an erster Stelle folgende Arbeitsziele stehen:

- Sofern noch nicht vorhanden: Aufbau einer echten Motivation zur Auseinandersetzung mit dem die Eignungsbedenken auslösenden Verhalten und zu positiven Veränderungen der Eignungsvoraussetzungen.
- Ein Verständnis dafür zu schaffen, welche auslösenden und aufrechterhaltenden Bedingungen einem für die Verkehrssicherheit riskanten Verhalten im Einzelfall zugrunde liegen.
- Das Finden, Einüben und Festigen von individuellen Lösungen, die es langfristig erlauben, riskantes Verhalten im Straßenverkehr zu vermeiden.

Aus einem Durchlaufen dieser Entwicklung, die mindestens Wochen, eher mehrere oder gar viele Monate umfasst, ergibt sich dann zumeist folgerichtig auch ein positives Gutachten in einer MPU. Selbstverständlich wird dann im Rahmen der verkehrstherapeutischen Gespräche und der vertiefenden Heimarbeiten auch nach geeigneten Wegen gesucht, die erreichten Verbesserungen im Rahmen der Untersuchung präzise und sachgerecht darzustellen. Denn machen wir uns nichts vor: Im Rahmen eines vielleicht knapp einstündigen Gesprächs mit dem psychologischen Gutachter wird es nicht gelingen können, alle zur Problematik und zur positiven Entwicklung gehörigen Aspekte ausführlich mitzuteilen. Zu viel Information kann oft eher Verwirrung stiften. Daher geht es auch darum, die wirklichen Schwerpunkte hervorzuheben und verschiedene Details eher wegzulassen. Die intensive Aufarbeitung und die gefundenen Lösungen werden daher in den folgenden Praxisbeispielen verdeutlicht.

Die zuvor dargestellten therapeutischen Schritte beziehen sich im Bereich *Erstberatung, Allgemeiner Teil* und *Erfolgskontrolle, Bescheinigung/Bericht* auf alle Maßnahmen, egal, ob für Alkohol, Drogen oder Punkte.

Im *Speziellen Teil* und *Individuellen Teil* wird hier beispielhaft auf das Vorgehen in einer Verkehrstherapie wegen Alkohol eingegangen, anschließend gibt es noch einige Beispiele für „Punktetäter". Im Drogenbereich wird im Wesentlichen mit einer vergleichbaren Logik wie beim Alkohol vorgegangen. Wenn Sie sich auf Ihre MPU vorbereiten oder darüber hinaus noch die Hilfe eines Verkehrspsychologen in Anspruch nehmen möchten, fertigen Sie sich bezogen auf Ihre Situation eigene Unterlagen an (z. B. Fragen zum Delikt, Tabelle zum früheren Umgang mit Alkohol, Ursachenmodell zum früheren Umgang mit Alkohol, Skizze zur inzwischen verbesserten Situation und Rückfallvermeidung usw.), die Sie zur eigenen Vorbereitung auf die MPU im Vorfeld der Begutachtung noch mehrere Male durchgehen sollten. Ihr vorab erarbeitetes Material können Sie für die Verkehrstherapie nutzen, sodass Sie dort weniger Stunden benötigen!

Zur MPU selbst sollten Sie Ihre Ausarbeitungen aber allenfalls mitführen, um sich z. B. im Wartebereich als Hilfe gegen das „Lampenfieber" die wichtigsten Aspekte noch einmal anzuschauen. Im Gespräch mit dem Psychologen ist dann gefordert, dass Sie die wichtigen Sachverhalte auch ohne „Spickzettel" vortragen können.

In den Beurteilungskriterien, 3. Auflage, heißt es dazu nämlich, dass der Prüfling „auch von sich aus und spontan" berichten soll. Wenn sich jemand dagegen „ausschließlich oder überwiegend auf vorbereitete Unterlagen stützt", führt dies zu einer negativen Beurteilung.

Die MPU-Gutachter berücksichtigen neben der Einhaltung der fachlichen Vorgaben (Beurteilungskriterien; Begutachtungsleitlinien zur Kraftfahrereignung) sehr genau, was für einen Menschen sie zu beurteilen haben (Einzelfallgerechtigkeit). Beruf und Bildungsgrad sowie sprachliche Fähigkeiten werden dabei immer berücksichtigt. Entsprechend gehen die Gutachter auf die individuellen Möglichkeiten des Klienten ein, was beispielsweise Aufarbeitung, Selbstreflexion und Genauigkeit in der Sprache angeht.

Erstberatung/Orientierungsgespräch

Dient dem gegenseitigen Kennenlernen und der ersten Einschätzung der Sachlage. Ein erfahrener Berater/Therapeut kann in der Regel in ca. einer Stunde die wichtigsten Bestimmungsstücke Ihres Falles einordnen und einen vorläufigen Zeit- und Inhaltsplan für eine verkehrstherapeutische Maßnahme entwickeln, z. B.: Besteht bereits eine ausreichende Motivation, sich auf psychotherapeutischer Ebene mit der Eignungsproblematik auseinanderzusetzen? Ist Alkoholverzicht/Abstinenz notwendig? Welche weiteren Anforderungen werden Sie in einer MPU erfüllen müssen? Welche Inhalte müssen im Wesentlichen noch erarbeitet werden und welche Zeit werden Sie voraussichtlich für die Herbeiführung/Festigung neuer Verhaltensgewohnheiten benötigen? Wann ist die MPU sinnvoll und welche Belege müssen bis dahin vorliegen? Welche speziellen Besonderheiten und möglichen Komplikationen kennzeichnen Ihre Angelegenheit? Mit welchen Kosten müssen Sie rechnen? Wann sollten Sie ggf. einen Antrag bei der Fahrerlaubnisbehörde stellen, wann welche Blutwerte oder Abstinenznachweise erbringen?

Bei vielen seriösen Verkehrspsychologen oder Beratungsstellen ist es üblich, dass Sie eine Art Beratungsprotokoll erhalten, welches die wichtigsten Bestimmungsstücke, Erkenntnisse und Empfehlungen darstellt. Es sollte hierbei auch auf die zur Erstberatung vorliegenden

Informationen zur Vorgeschichte eingegangen werden, da in vielen Fällen unvollständige Informationen die Einordnung der Problematik gemäß den Beurteilungskriterien (siehe Kapitel 9) erschweren. Eine zutreffende Einordnung wiederum ist für die dann folgenden Empfehlungen (z. B. hinsichtlich nachzuweisender Zeiträume der Abstinenz, therapeutischer Maßnahmen und Schwerpunkte) relevant.

Allgemeiner Teil

Ihre Lebensgeschichte (Kindheit, Familie, Schule, Ausbildung, Beruf, Partnerschaften, eigene Familie, Hobbys, Freizeitgestaltung, soziales Umfeld, Biografie als Verkehrsteilnehmer) wird in der Regel ausführlich besprochen, sodass der Therapeut sich zunächst einmal ein Bild von Ihnen als Persönlichkeit und Ihrem Lebensweg sowie Ihrem beruflichen und privaten Alltag machen kann. Nur vor diesem Hintergrund ist es möglich, sich in ein Problemverhalten mit seinen individuellen Ursachen überhaupt einzufühlen und dieses besser nachzuvollziehen.

Sofern es sinnvoll erscheint, kommen auch schriftliche Persönlichkeitstests oder eine individualpsychologische Lebensstilanalyse zur Anwendung, um das Bild von Ihnen abzurunden und darauf aufbauend noch zielgerichteter an Verbesserungen Ihrer Kompetenz für sich selbst und dem Umgang mit anderen sowie Ihren zentralen Lebensaufgaben arbeiten zu können. Die Lebensstilanalyse erfordert einiges an therapeutischem Können und Erfahrung. Sie arbeitet zumeist auf Basis einer Selbstbeschreibung des Klienten und mit frühen Kindheitserinnerungen, welche sehr zentrale Lebensthemen und individuelle Lebensziele abbilden. Eine Analyse Ihrer persönlichen Entwicklung ist grundsätzlich Inhalt der Verkehrstherapie, wobei je nach therapeutischer Ausrichtung auch andere Methoden eingesetzt werden (z. B. Verhaltensanalyse; Schemaanalyse).

Im Weiteren wird man sich eingehend mit den vorliegenden Unterlagen zu Ihrem Fall beschäftigen und zumeist auch die Führerscheinakte einsehen. Nur so ist es möglich, sich ein Bild davon zu machen, welcher „Typ" Sie nach „Aktenlage“ sind. Denn hiervon hängen bereits entscheidende Weichenstellungen für die spätere MPU ab. Für die Fahrerlaubnisbehörde und die MPU-Gutachter sind Sie zunächst einmal der Mensch, wie er in der Führerscheinakte beschrieben ist. Und – wie Sie bereits dem vorherigen Kapitel entnehmen konnten – die Aktenlage ist für die MPU der Ausgangspunkt der Beurteilung, auch wenn Sie die Fakten anders sehen sollten oder der Meinung sind, der Akteninhalt beschränke sich nur auf negative Vorgänge und sage nicht alles über einen Menschen aus.

Jeder Mensch ist anders als jeder andere und daher eben absolut einzigartig. Aus diesem Grund wird der Therapeut die eine oder andere Sitzung mit Ihnen benötigen, um sich ein genaueres Bild von Ihrer Persönlichkeit mit all Ihren Stärken und Schwächen sowie Ihrem Lebenshintergrund zu machen, um ein besseres Gefühl für Ihren Fall zu bekommen und um Ihnen darauf aufbauend wertvolle Tipps und Hilfestellungen anbieten zu können, wie Sie sachlicher und geschickter mit sich selbst, mit anderen und Ihren zentralen Lebensaufgaben umgehen können.

Spezieller Teil

Alkohol: Hier wird zunächst dafür gesorgt, dass dem Klienten die elementaren Grundlagen und das Basiswissen für die Alkohol-MPU vermittelt werden, gewissermaßen das „kleine 1x1". Der Klient baut Kompetenzen auf, indem er die MPU besser versteht, angsterzeugende Vorurteile abbaut, die Untersuchung als Chance sieht und das Thema Alkohol im Straßenverkehr genauer betrachtet. Er lernt im Weiteren die für ihn wichtigen Beurteilungskriterien der MPU kennen und die Fragen, welche in der Untersuchung in seinem speziellen Fall, insbesondere vor dem Hintergrund der Aktenlage, zu erwarten sind. Dieses Schaffen von Transparenz („ich weiß, was mich erwartet und was in meinem Fall besonders wichtig ist") gibt Sicherheit und erleichtert die Arbeit im darauffolgenden und wichtigsten individuellen Therapieteil (welcher gerade in Gruppenmaßnahmen mit standardisiertem Kursprogramm oft zu kurz kommen kann).

Individueller Teil

Im Regelfall wird hier zunächst ausführlich auf das aktenkundige Alkoholdelikt, ggf. auch auf mehrere Delikte, eingegangen. Hiernach wird auch in der MPU intensiv gefragt werden. Zu klären wäre bei einer Trunkenheitsfahrt z. B. Folgendes:

- Welches Datum, welcher Wochentag war es?
- Wie spät war es?
- Wo habe ich getrunken?
- Wer hat mitgetrunken?
- Was war der Anlass zum Trinken?
- Wann habe ich angefangen zu trinken und wann aufgehört?
- Was genau und wie viel habe ich getrunken?
- Habe ich ggf. noch andere berauschende Mittel konsumiert?
- Wohin wollte ich dann fahren?
- Warum habe ich mich selbst hinters Steuer gesetzt?
- Welche Gedanken habe ich mir vor und während der Fahrt gemacht?
- Welche Alkoholwirkungen habe ich bemerkt, gibt es Erinnerungslücken?
- Wie viele Kilometer bin ich gefahren?
- Wie viele Kilometer wollte ich fahren?
- Wodurch bin ich aufgefallen?
- Wie hoch war meine Blutalkoholkonzentration (BAK, Promillezahl, Tatzeit, Zeitpunkt der Blutentnahme)?
- Habe ich vorher irgendwie versucht, mich gegen das Zustandekommen einer Alkoholfahrt abzusichern? Wenn ja, woran ist dies gescheitert?
- Wie hätte ich meine Trunkenheitsfahrt vermeiden können?
- Hatte ich vorher schon andere (unentdeckte) Alkoholfahrten? Geschahen diese vielleicht aus denselben Gründen?
- Wie erkläre ich kurz zusammengefasst, dass mir dies passieren konnte?

Oft hilft es, das Wesentliche hierzu in einem kurzen Text aufzuschreiben, den man später noch öfter durchgeht und ggf. präzisiert. So wird einem immer klarer, wie man in der Untersuchung hierzu sachlich und selbstkritisch Stellung beziehen möchte.

8.1 Praxisbeispiele Alkohol

Beispiel 1: Klient, Mitte 40, Einwanderer, selbstständig, Trunkenheitsfahrt mit 1,61 ‰ und Auffahrunfall mit Fahrerflucht

Ich habe zum Geburtstag meines Sohnes am Wochenende viele Freunde ins Restaurant eingeladen ab 16.00 Uhr. Es war eine Feier, wie sie unter uns Leuten aus Jugoslawien üblich war. Die Feier ging bis nach 21.00 Uhr. Geplant war, dass meine Frau mich später abholt und ich das Auto stehenlasse. Später kam aber ein Freund, der anbot, mich nach Hause zu bringen, deshalb habe ich meine Frau nicht angerufen. Ich habe über die gesamte Zeit ca. 10 Glas Wein à 0,2 l getrunken. Weil der Pinot Grigio alle war, bin ich zum Schluss auf eine andere Sorte umgestiegen, was ich schlecht vertragen habe. Ich war plötzlich total müde und mir war schlecht.

Das war mir vor den anderen Gästen sehr peinlich, deshalb bin ich schnell abgehauen, wollte nur noch nach Hause. An der frischen Luft bekam ich einen Filmriss, deshalb bin ich wohl selbst ins Auto gestiegen und losgefahren, an die Fahrt kann ich mich so gut wie gar nicht erinnern, nach 2–3 km kam es zum Unfall. Ich stand unter Schock und bin abgehauen, weil ich gar nicht mehr klar denken konnte. Kurze Zeit später hat mich die Polizei zu Hause abgeholt. Aus Angst, den Führerschein zu verlieren, auf den ich beruflich sehr angewiesen bin, habe ich zuerst abgestritten, selbst gefahren zu sein. Ich dachte, damit komme ich vielleicht durch, weil mich ja keiner auf frischer Tat ertappt hat. An meinem neuen BMW hatte ich einen Schaden von 30.000 €, am anderen Fahrzeug entstand ein Schaden von 1.000 €. Man hat dann 1,61 ‰ festgestellt.

Vergegenwärtigen Sie sich auch die Kosten und anderen Folgen, die Ihre Alkoholfahrt nach sich zog. (Sie erinnern sich: Ein Alkoholproblem bedeutet, dass man sich und/oder anderen durch seinen leichtsinnigen Umgang mit Alkohol geschadet hat.)

Bitte rechnen Sie aus, wie viel Geld Sie Ihr (letztes) Trunkenheitsdelikt bisher gekostet hat und wahrscheinlich noch kosten wird. Überlegen Sie weiter, welche Zeitverluste Ihnen dadurch entstanden sind, dass Ihnen der Führerschein entzogen wurde.

Beispiel 2: Klient, 37 Jahre, Schichtarbeiter, Trunkenheitsfahrt mit 1,84 ‰ und Auffahrunfall

Durch meine Alkoholfahrt sind mir folgende Kosten und zeitliche Belastungen entstanden:

Geldstrafe im Strafbefehl 40 Tagessätze zu 50 €	*2.000 €*
Sämtliche Nebenkosten wie Blutentnahme, Gerichtskosten, Verwaltungsgebühren usw.	*400 €*
Anwaltshonorar	*850 €*
Schadensersatzleistungen für Unfallgegner (hat meine Versicherung von mir zurückgefordert)	*5.000 €*
Schaden am eigenen Fahrzeug	*3.800 €*
Taxikosten 50 Fahrten pro Jahr x 25 € (sonst wäre ich nicht pünktlich zur Arbeit gekommen)	*1.250 €*
Gebühren für 1. Neubeantragung	*210 €*
1. Medizinisch-Psychologische Untersuchung (negativ)	*415 €*
Verkehrspsychologische Maßnahme	*1.300 €*
Blutwerte vom Arzt (4 Messungen)	*150 €*
Gebühren für 2. Neubeantragung	*210 €*
2. Medizinisch-Psychologische Untersuchung (positiv)	*415 €*
Sonstige Kosten	*500 €*
Gesamtkosten	***16.500 €***

Die erste unvorbereitete MPU hätte ich mir sparen können. Hierdurch habe ich nicht nur mehr als 700 € verloren, sondern bestimmt ein halbes Jahr an Zeit, in dem die erhöhten Kosten und Zeitverluste unnötig weiterliefen. Von der Summe, die mich das alles gekostet hat, hätte ich mir ein neues Auto kaufen können.

Durch den Führerscheinverlust hat sich aber auch der Tagesablauf geändert, und für meine täglichen Wege musste ich insgesamt reichlich zusätzliche Zeit aufwenden, weil ich nicht selbst fahren durfte. Ich habe jeden Tag gut eine Stunde länger gebraucht, um mit öffentlichen Verkehrsmitteln, Kollegen oder sonst wie zur Arbeit zu kommen. Das sind in der Woche gut 5 Stunden. Dazu kam, dass ich für die Wege in meiner Freizeit, z. B. zum Sport, zum Einkaufen, zum Kindergarten, zu Freunden gut 1 Stunde länger brauchte als früher. Das sind noch mal ca. 6 Stunden pro Woche. Wenn ich das auf die gesamte Zeit von jetzt 18 Monaten (ca. 75 Wochen) hochrechne, komme ich auf ca. 830 Stunden Zeitverlust, das sind fast 35 volle Tage, also mehr als 1 Monat, den ich an Lebenszeit vergeudet habe.

Neben den Kosten und zeitlichen Nachteilen sind Ihnen sicherlich noch weitere Unannehmlichkeiten entstanden. Vermutlich müssen Sie auch auf das eine oder andere verzichten, was Ihnen Spaß machte und was nun ohne Führerschein oder infolge des Entzugs der Fahrerlaubnis nicht mehr möglich ist. Bitte denken Sie darüber nach und schreiben alle Dinge auf, die Ihnen dazu einfallen.

Im nächsten Schritt wird dann das frühere und heutige Trinkverhalten, sprich der Umgang mit Alkohol, so genau wie möglich geklärt. Auch dieser Baustein ist ein elementarer Bestandteil der späteren medizinisch-psychologischen Untersuchung. Erfahrungsgemäß fällt gerade dieser Schritt Klienten besonders schwer. Wer kann sich schon genau erinnern, wie viel er vor 5 oder 10 oder gar 20 Jahren getrunken hat? Und wie soll man das mit wenigen Sätzen konkret und nachvollziehbar beschreiben? Dieses aufzuarbeiten, ist aber (auch für das Problembewusstsein und die Ursachenforschung) so entscheidend, dass hier akribisches Nachdenken lohnt.

An dieser Stelle kann als Zwischenschritt ein Verfahren hilfreich sein, welches den Lebenslauf gewissermaßen als Zeitstrahl „auf einen Blick" darstellt. Wichtige Phasen, Aspekte und Ereignisse (schulisch-beruflich, familiär, privat, gesundheitlich im Hinblick auf die

Fahrerlaubnis werden dort eingetragen. Nicht zuletzt auch der Umgang mit Alkohol (im Sinne von gleichbleibend, mehr, weniger). Diese „Konsumkurve" (in den nachfolgenden Beispielen 3 und 4 in der oberen Kurve dargestellt) gibt dann einen zunächst einmal qualitativen Hinweis, in welchen Lebensphasen mehr/häufiger/seltener/weniger getrunken wurde. Die Grafik dient dann als Grundlage dafür, einen genaueren tabellarischen Überblick zum Trinkverhalten zu erarbeiten, in welchem dann auch konkrete Mengen- und Häufigkeitsangaben auftauchen sollen. Zu einem späteren Zeitpunkt liefert der „Zeitstrahl" dann oft auch wichtige Hinweise zu Ursachen, Motivationen und Hintergründen für übermäßiges oder reduziertes Trinken.

Fertigen Sie sich anschließend am besten wie in den darauffolgenden Beispielen 5 bis 7 aus der Praxis einen tabellarischen Überblick an, der die wichtigsten Randdaten Ihres Alkoholkonsums zusammenfasst.

Auch in diesem Punkt gilt: Sie können sich gar nicht exakt an das erinnern, was Sie früher alles „so getrieben" haben. Bei den unzähligen Trinkanlässen haben Sie sicher nicht Tagebuch geführt oder alle Bewirtungsbelege aufbewahrt. Rechnen Sie immer damit, dass Ihr lückenhaftes Gedächtnis Sie im Stich lässt und damit verhindert, dass Sie sich genau erinnern können. Viele Trinkanlässe und jede Menge Drinks sind Ihnen schlicht und einfach entfallen und damit nicht mehr erinnerlich.

Noch schlimmer wird die Situation, wenn Sie sich wegen Ihres früher leichtsinnigen und freizügigen Umgangs mit Alkohol inzwischen schämen oder auch schon längere Zeit geschämt haben. Dann nämlich neigt unsere Psyche ganz deutlich dazu, noch mehr von den mit Schamgefühlen besetzten Erinnerungen zu verdrängen und damit zu entsorgen, sodass unser Gewissen wieder entlastet wird. Sie haben bestimmt schon von schlimmen Fällen von Kindesmissbrauch gehört, bei denen sich die Opfer hinterher nicht mehr an die besonders schlimmen Sequenzen des Vorfalls erinnern können. Wie funktioniert so etwas? Eigentlich ganz einfach. Unsere Seele sorgt mit ihren sogenannten „Abwehrmechanismen" dafür, dass wir uns von belastendem Material trennen können. „Seelischer Müll", der unser Funktionieren im Alltag gefährden könnte und damit unsere Lebensfähigkeit bedroht, muss vergraben werden,

Beispiel 3: Lebensgeschichte als Zeitstrahl, 1. Teil (Quelle: Sohn, 2013)

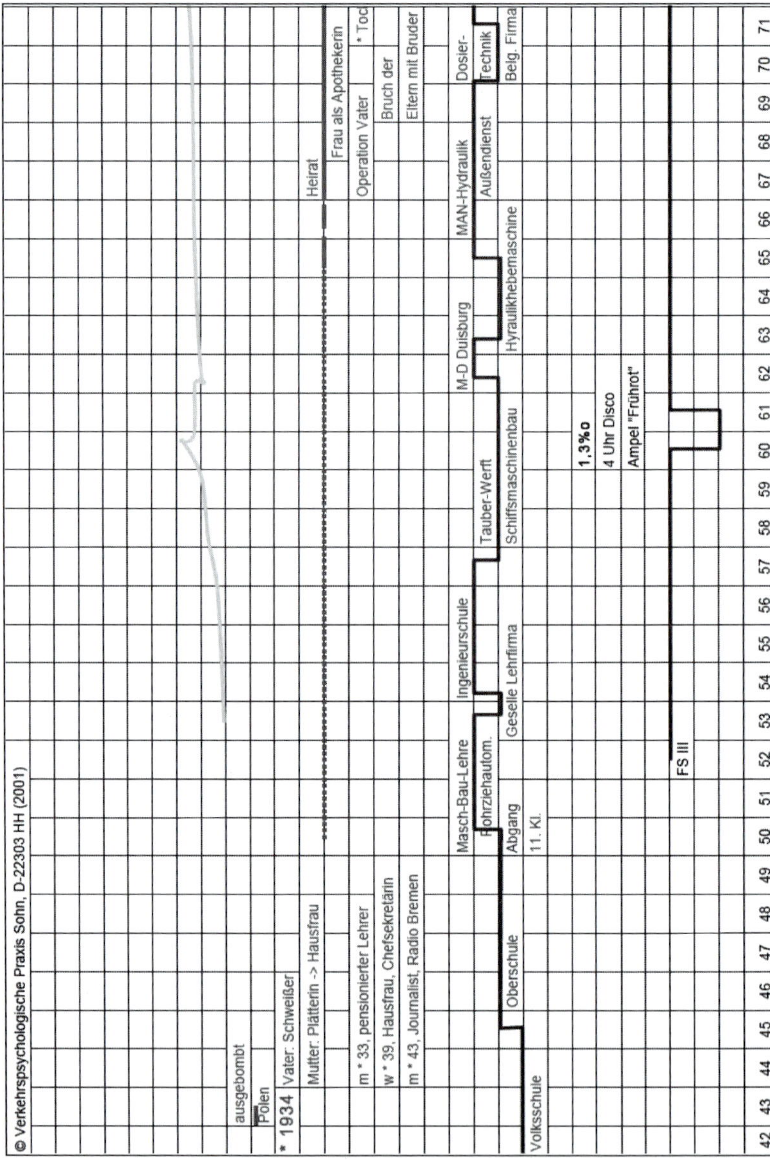

Beispiel 4: Lebensgeschichte als Zeitstrahl, 2. Teil (Quelle: Sohn, 2013)

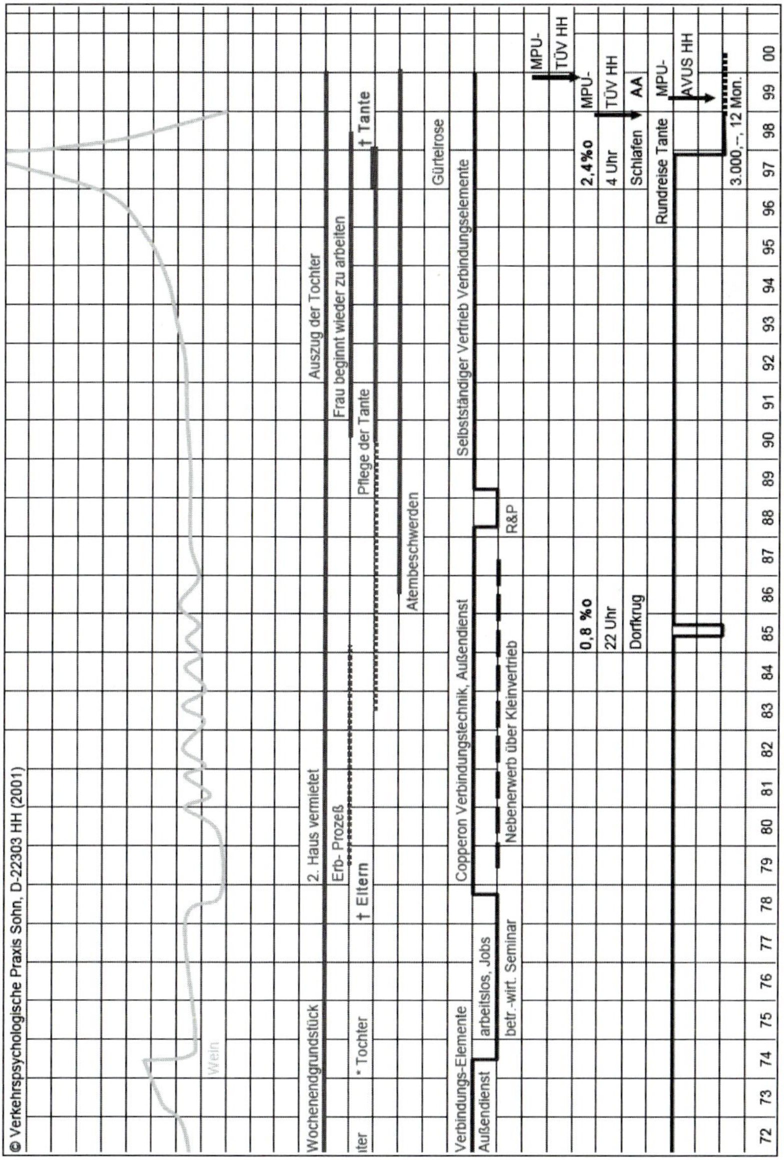

damit wir ihn erst einmal los sind. Aber das Vergraben alleine beseitigt den Müll leider meist nicht endgültig, so wie der Giftmüll unser Trinkwasser oder den Boden langsam kontaminiert.

Durch die Therapie haben Sie stattdessen die Chance, den Müll gewissermaßen zu recyceln. Er wird genauer untersucht und das Brauchbare darin erneut nutzbar gemacht (z. B. akzeptieren statt verdrängen, aus Fehlern lernen, logische Konsequenzen ziehen).

Fertigen Sie sich auf einem Blatt Papier eine Blankotabelle an mit vier Spalten, die Sie folgendermaßen beschriften und dann nach guter Überlegung mit Inhalt füllen:

- Lebensabschnitt: Hier geht es darum, Lebensphasen, z. B. anhand des Zeitstrahls, sinnvoll zusammenzufassen. In fast jeder Biografie lassen sich solche Phasen gegeneinander abgrenzen, die durch ein unterschiedliches Trinkverhalten gekennzeichnet sind. Denken Sie bei der Einteilung der Lebensphasen z. B. an Bestimmungsstücke wie schulische/berufliche Situation, ggf. Partnerschaft, Wohnort, Freundes-/Bekanntenkreis, Freizeitgestaltung, finanzielle Möglichkeiten.
- Trinkanlässe: Listen Sie hier die für die jeweilige Lebensphase typischen Trinkanlässe auf. Insbesondere dieser Spalte sollten Sie sich mehrfach widmen, da man dazu neigt, den einen oder anderen durchaus relevanten Trinkanlass beim ersten oder zweiten Durchgehen schlichtweg zu vergessen (z. B. Trinkmuster im Urlaub).
- Häufigkeit: Überlegen Sie, wie oft die zuvor aufgezählten Trinkanlässe in der jeweiligen Lebensphase in einer normalen Alltagswoche, einem typischen Lebensmonat oder -jahr vorgekommen sind.
- Trinkmengen: Versuchen Sie möglichst exakt einzugrenzen, in welchem Bereich (von mindestens bis maximal) Ihre Alkoholtrinkmenge bei den jeweiligen Anlässen gelegen hat. Insbesondere die maximalen Trinkmengen sind wichtig, um Ihre mit der Zeit erworbene Giftfestigkeit zu erklären.

Schlagen Sie auf Ihre erinnerten Zahlen in der anzufertigenden Tabelle (Häufigkeit, Trinkmengen) also am besten immer einen großzügigen

Beispiel 5: Junger Mann, ca. 80 kg, mit 1,9 ‰ aufgefallen

Entwicklung meines Umgangs mit Alkohol von Beginn bis heute

Lebensabschnitt	Alter	Trinkanlässe	Häufigkeit	Trinkmenge
7.–10. Klasse	14–17	Partys/Geburtstagsfeiern	1–2 x / Monat	5–8 Fl. Bier 0,33 l
11.– 13. Klasse	18–20	Wochenenden (Fr & Sa)	4–6 x / Monat	7–10 Fl. Bier 0,33 l
Studium	21–22	Wochenenden Abendstunden	5–8 x / Monat 2–4 x / Woche	8–12 Fl. Bier 0,33 l 1–2 Fl. Bier 0,33 l
Ausbildung & Zweitjob	22–24	Samstage & Urlaub Feierabendbier	4 x / Monat 4 x / Woche	6–10 Fl. Bier + 2–4 Mischgetränke 1 Fl. Bier 0,33 l
Selbstständigkeit & neue Freundin & eigene Wohnung	25–28	Samstage Feierabendbier Wein zum Abendessen Grillen mit Kollegen	2–4 x / Monat 4–5 x / Woche 1–3 x / Woche 1–2 x / Monat	6–12 Fl. Bier + 3–5 Mischgetränke 1–2 Fl. Bier 0,33 l 0,35–0,7 l Wein 5–6 Fl. Bier 0,33 l
Trunkenheitsfahrt	28	Geburtstagsfeier Mitarbeiter	1 x / Leben	2 Fl. Bier 0,33 l + 0,2 l Wein 4 x 0,4 l Bier + 4 x 4 cl Jägermeister 2 x Jumbomischgetränk + 0,33 l Bier
Nach Trunkenheitsfahrt (nach 6 Wochen Verzicht)	28–heute	Seminare & Firmenfeiern Samstage Restaurant	4 x / Jahr 1 x / Monat 1 x / Monat	0–3 Glas Bier 0,25 l 2–3 Fl. Bier 0,33 l 1–2 Glas Wein

Sicherheitszuschlag auf: Wenn Sie sich an 10 Bier erinnern, können es sicher auch gerne mal 12 oder 13 gewesen sein. Überlegen Sie auch genau, was passiert ist, wenn Sie erstmal ordentlich angetrunken waren. Sind nicht doch öfter einige Schnäpse hinzugekommen? Waren es 1–2 oder doch auch mal eher 4–6 „Kurze", an die Sie sich vielleicht aufgrund des Rausches oft gar nicht mehr erinnern konnten?

Auch die Anzahl der Trinkanlässe wird in der Rückschau zumeist deutlich zu gering eingeschätzt (siehe dort). Geben Sie sich nicht mit der erstbesten Erinnerung zufrieden. Versuchen Sie alles zu bedenken, wo Sie in der Vergangenheit Alkohol konsumiert haben (z. B. auch Reisen, verlängerte Wochenenden, Freizeitaktivitäten usw.). Je öfter Sie wieder und wieder darüber nachdenken, desto mehr „verstaubte" Erinnerungen haben die Chance, in Ihre Auflistung zu gelangen.

Wenn es Sie interessiert, machen Sie sich doch einmal die Mühe auszurechnen, welche Lebensphasen durch besonders hohen Alkoholkonsum gekennzeichnet waren. Dies ist zwar etwas mühselig, kann aber für den kommenden Therapieschritt eine wertvolle Hilfe darstellen. Berechnen Sie doch einmal, wie viel Gramm Alkohol, wie viele Bier oder Gläser Wein Sie durchschnittlich pro Woche oder täglich im jeweiligen Lebensabschnitt zu sich genommen haben.

Um in Ihrer späteren MPU den Zeitraum nach der Alkoholfahrt präzise rekonstruieren zu können (letzte Zeile der Trinktabellen), empfiehlt es sich (sofern Sie sich für den Weg des „kontrollierten Trinkens" entscheiden) über den dann stattfindenden Alkoholkonsum gewissermaßen Tagebuch zu führen. Fertigen Sie sich zu diesem Zweck ein entsprechendes Datenblatt an, in welchem Sie systematisch beginnen, Ihren Alkoholkonsum zu planen, einzutragen und zu kontrollieren. Die systematische Selbstkontrolle und Selbstbeobachtung hilft gerade in der Anfangsphase des neuen Verhaltens enorm und kann auch in der Verkehrstherapie immer wieder den Erfolg prüfbar machen und als Diskussionsgrundlage herangezogen werden. Diese Protokolle (Muster siehe Seite 172) können Sie später zur Veranschaulichung Ihrer Verhaltensänderung zur MPU mitführen. Datum und Unterschrift geben dem Papier den Charakter einer Vereinbarung mit sich selbst, die vorab erstellte Planung einzuhalten bzw. nicht maßgeblich überschreiten zu wollen. Ziel ist es ja, vorab geplante Vorsätze in Bezug auf das Trinken auch einhalten zu lernen.

Nachdem hierdurch das frühere Trinkverhalten im Wesentlichen geklärt werden konnte, geht es im nächsten Schritt darum, zu ergründen, welche wichtigen (positiven) Funktionen der Alkohol, insbesondere in Lebensphasen mit erhöhtem Konsum, hatte.

Als Merksatz kann hier gelten: Egal, ob Alkohol-, Drogenmissbrauch oder Punkte in Flensburg – es hat immer auch etwas sehr Wesentliches mit unseren Gefühlen zu tun. Daher wird in vielen Verkehrstherapien zunächst diskutiert, welche Akzeptanz und welchen Stellenwert die Gefühle im Leben des Klienten überhaupt einnehmen. Viele Menschen, insbesondere Männer, neigen dazu, ihre sehr mannigfaltigen Gefühle nur unzureichend wahrzunehmen und diese auch nicht wertzuschätzen. Die Kontrollfunktion des Großhirns über das Zwischenhirn wurde im Kapitel 5 ja bereits ausführlich erörtert. Oft leugnen wir daher unsere Gefühle.

Nach Überzeugung vieler Psychologen sind aber gerade auf der einen Seite eine sehr ausgewogene Mischung aus Wertschätzung und Berücksichtigung unserer Bedürfnisse und Gefühle (um glücklich und authentisch sein zu können und um auch mit anderen Menschen mitfühlen zu können) sowie auf der anderen Seite Vernunft und Pflichtbewusstsein (um uns erfolgreich im Leben behaupten zu können) die Grundlage unserer seelischen Zufriedenheit. Kann ich aber – weil ich den Anteil der Vernunft und des „Müssens" immer schon überbewertet habe – meine Gefühle gar nicht richtig wahrnehmen, verunsichern mich meine Gefühle mehr, als dass ich sie „gut finde". Dann werde ich natürlich bemüht sein, mich ihrer zu entledigen. Hierzu bieten sich Alkohol oder andere Drogen an, denn sie dämpfen und beseitigen meine echten Gefühle, geben mir dafür künstliche Gefühle (z. B. Entspannung, Euphorie, Leichtigkeit), die ich mir gewissermaßen bestellen kann.

Eine geeignete Methode, um sich wieder mehr mit den eigenen Gefühlen zu beschäftigen, ist das „Gefühls-Verbalisierungs-Training" (Höcher, 2007). Ziel ist es hierbei, die für einen selbst wichtigsten

Beispiel 6: Älterer Kraftfahrer, ca. 70 kg, der mit 2,2 ‰ einen Auffahrunfall verursachte

Lebensabschnitt	Trinkanlässe	Häufigkeit	Trinkmenge
Bis 1961 als junger Mann	Volksfest, Tanzen Schützenverein Geburtstage Kneipe/Kartenspiel	5–8 x Jahr 1 x Woche 1 x Monat 2 x Monat	3–4 Bier, später bis 10 x 0,2 l 2–3 Bier 0,2 l 2–5 Bier 0,33 l 2–3 Bier 0,2 l
1961–1962 Bundeswehr	Mit Kameraden Schützenverein Geburtstage Volksfest, Tanzen Schützenfest	3–4 x Woche 1 x Woche 1 x Monat 2–3 x Jahr 1 x Jahr	6–7 Bier 0,2 l 2–3 Bier 0,2 l 2–5 Bier 0,33 l 10 Bier 0,2 l 20 Bier 0,2 l
1962–1966 Als Junggeselle	Volksfest, Tanzen Schützenverein Geburtstage Kneipe/Kartenspiel Schützenfest, Vatertag	5–8 x Jahr 1 x Woche 1 x Monat 2 x Monat 2 x Jahr	10 x 0,2 l 2–3 Bier 0,2 l 2–5 Bier 0,33 l 2–3 Bier 0,2 Mindestens 20 Bier 0,2 l
1966–1967 Als Kraftfahrer 1967-68 Steinmetzschule	Nur am Wochenende Schützenverein, Feiern, Ausgehen, Kartenspiel	Jedes Wochenende	3–6 Bier 0,2 l
1969–1970 Stuttgart	Rosenmontag Geburtstag	1 x 1 x	Ca. 10 Bier 0,3–0,5 l
1970–1976 Selbständig	Volksfest, Tanzen Schützenverein Geburtstage Kneipe/Kartenspiel Schützenfest, Vatertag	5–8 x Jahr 1 x Woche 1 x Monat 2 x Monat 2 x Jahr	10 x 0,2 l 2–3 Bier 0,2 l 2–5 Bier 0,33 l 2–3 Bier 0,2 Mindestens 20 Bier 0,2 l
1976–1997/1998 Selbständig	Volksfest, Tanzen Schützenverein Geburtstage Kneipe/Kartenspiel Schützenfest, Vatertag Kegeln Kurzurlaube Mit Frau zuhause	5–8 x Jahr 1 x Woche 1 x Monat 2 x Monat 2 x Jahr 1 x Monat 1 x Jahr (einige Tage) Samstags	10 x 0,2 l 2–3 Bier 0,2 l 2–5 Bier 0,33 l 2–3 Bier 0,2 Mindestens 20 Bier 0,2 l 10–15 Bier 0,2 l + 2–3 Kurze 10–15 Bier 0,2 l + 2–3 Kurze 0,5 l Wein
1998– Führerscheinentzug 27.6.2005	Volksfest, Tanzen Schützenverein Geburtstage Kneipe/Kartenspiel Schützenfest, Vatertag Kegeln Kurzurlaube Mit Frau zuhause Mit Freundin in neuer Stammkneipe in BS Bei Freundin zuhause	5–8 x Jahr 1 x Woche 1 x Monat 2 x Monat 2 x Jahr 1 x Monat 1 x Jahr (einige Tage) Samstags 1 x Monat 1 x Woche	10 x 0,2 l 2–3 Bier 0,2 l 2–5 Bier 0,33 l 2–3 Bier 0,2 Mindestens 20 Bier 0,2 l 10–15 Bier 0,2 l + 2–3 Kurze 10–15 Bier 0,2 l + 2–3 Kurze 0,5 l Wein 10 Bier 0,3 l + 5–6 Ouzo 1 Flasche Wein zu zweit
Nach dem Führerscheinentzug			4–5 Wochen Verzicht aus Schock, Wut, Schamgefühl, um zu zeigen, dass keine Abhängigkeit vorliegt
Ab Mitte August 2005	Schützenverein Geburtstage, Feiern Kneipe/Kartenspiel Kegeln Kurzurlaube	1 x Woche 1 x Monat 2 x Monat 1 x Monat 1 x Jahr (einige Tage)	Wasser 2–3 Bier 0,33 l Wasser 3 Bier 0,2 l 2–3 Bier 0,2 l

Beispiel 7: Ältere Dame, ca. 70 kg, mit 1,7 ‰ nachts aufgefallen, die zunächst eine Verkehrstherapie abbrach (und weitertrank)

Lebensabschnitt	Trinkanlässe	Häufigkeit	Mengen
1962–1969 In ... mit Eltern, Ausbildungen	Ausgehen mit Freundinnen Familienfeiern Essen gehen	2 x Monat 1 x Monat 2–3 Monat	1 Cocktail 2–3 Mixgetränke 1–2 Bier + 1 Mixgetränk
1969–1991 Arbeit + Wohnen in ..., Wochenende oft bei Eltern	Feierabend, gem. Aktivitäten Schützenfeste u. ä. Urlaub Familienfeiern	1–2 x Woche 1–2 Jahr 1 Jahr, jeden Abend 14 Tage 1 x Monat	3–4 Drinks (verschieden) 2–3 Bier + 5 Jägermeister 2 Drinks 2–3 Mixgetränke
1991–1993 Frust durch neuen Chef, Kündigung	Feierabend, gem. Aktivitäten Schützenfeste u. ä. Urlaub Familienfeiern Aus Frust abends alleine	1–2 x Woche 1–2 Jahr 1 Jahr, jeden Abend 14 Tage 1 x Monat Unregelmäßig „quartalsmäßig" 2–3 Tage hintereinander	3–4 Drinks (verschieden) 2–3 Bier + 5 Jägermeister 2 Drinks 2–5 Mixgetränke 1 Bier + 2–4 „Flachmänner" 0,1 l
1993–2002 Rückkehr nach ..., kurz in ... gearbeitet, Im Geschäft des Bruders geholfen, zusammen mit Mutter gewohnt	Familienfeiern Abends alleine 1993–96 seltener 1996–2002 sukzessive häufiger	1 x Monat Unregelmäßig „quartalsmäßig" 2–3 Tage hintereinander	2–5 Mixgetränke/Drinks 1 Bier + 2–4 „Flachmänner" 0,1 l
2003–2004 Pflegebedürftigkeit und Tod Mutter	Familienfeiern Abends alleine	1 x Monat 8–10 Tage im Monat	2–5 Mixgetränke/Drinks 2–3 Mixgetränke 1 Bier + 2–4 „Flachmänner" 0,1 l
2004–25.2.2008	Familienfeiern Abends alleine (Das erste Jahr eher weniger, ab 2005 eher zunehmend)	1 x Monat 8–10 Tage im Monat	2–3 Mixgetränke 1 Bier + 2–5 „Flachmänner" 0,1 l über 6–7 Stunden
Ab 26.2.2008 bis Ende 2008 Beginn der Verkehrstherapie, Abbruch	Familienfeiern Abends alleine	1 x Monat 1–2 Woche	1–2 Bier 0,33 l 1 Bier, selten Schnaps 0,1–0,2 l
Negative MPU			
2009 bis heute	Alkoholverzicht		

positiven Gefühle und seelischen Haltungen herauszufinden (z. B. sich geliebt fühlen, Anerkennung erfahren, entspannt sein, stolz auf sich sein, gebraucht werden). Und welche Gefühle sind besonders schlimm für jemanden? Sich zu blamieren, sich von anderen nicht

Beispiel 8: Datenblatt zur wöchentlichen Planung, Erfassung und Kontrolle des Trinkverhaltens

Selbstbeobachtungstagebuch zum kontrollierten Trinken (die Wochenplanung bitte Sonntagabend oder Montagvormittag machen!)

Woche Nr. ____. Datum: vom ______________ bis ______________.

1) Planung:

- Ich werde in dieser Woche insgesamt höchstens ____ Gläser alkoholische Getränke zu mir nehmen, davon ____ Glas Bier, ____ Glas Wein oder Sekt und/oder ____ andere Getränke, und zwar: ______________________.
- Die tägliche absolute Obergrenze wird bei ____ Glas zu je ____ Liter liegen. Die maximale Wochenration bei ____ **Gramm** Alkohol insgesamt.
- Ich werde diese Woche an mindestens ____ Tagen überhaupt keinen Alkohol trinken.
- Um dies zu schaffen, werde ich folgende Strategien anwenden (ankreuzen):

❐ Nicht alleine trinken

Nicht vor ❐ ____ Uhr trinken

❐ Mit antialkoholischem Getränk anfangen

❐ Nach jedem alkoholischen Getränk eins ohne Alkohol trinken

❐ Mir mindestens eine halbe Stunde pro Drink Zeit lassen

❐ Andere Strategie: ______________________

Datum: ______________________ Unterschrift: ______________________

2) Selbstbeobachtungsergebnisse:

Datum	Alkohol: ja, nein	Trinkanlass	Art und Menge der alkoholischen Getränke	Mit wem getrunken	Von wann bis wann getrunken	Wie viel Zeit pro Getränk	Heimweg	Warum wirklich getrunken (wozu)	Promille maximal

3) Vergleich: Planung eingehalten? ❐ Ja, Trinkmenge sogar unterschritten ❐ Ja, recht genau ❐ Fast ❐ Nein ernst genommen oder gar verhöhnt fühlen, Angst vor dem Versagen oder der Zukunft? Im nächsten Schritt kann es dann gelingen, auch den Bezug von Alkohol- oder Drogenkonsum zu den Gefühlen besser einzuordnen.

Um darauf aufbauend den Sinn des Alkoholkonsums im eigenen Leben besser zu verstehen, wird parallel in die biografische und charakterliche Befundaufnahme zurückgeschaut. Dabei ergibt sich zumeist, dass weder der leichtsinnige Umgang mit Alkohol noch die daraus resultierende Trunkenheitsfahrt auf einen Grund alleine zurückzuführen sind. Ein Klient hat immer viele „gute Gründe" zu trinken/zu kiffen/zu rasen. Die Umschreibung „gute Gründe" ist hierbei absolut ernst gemeint. Es soll nicht heißen, dass es moralisch gut oder gesetzlich legitim war, sich selbst und seine Mitmenschen im Straßenverkehr zu gefährden. Es bedeutet, dass sich bei genauer Analyse des problematischen Verhaltens mit dem nötigen Einfühlungsvermögen sehr gut nachvollziehen lässt, weshalb jemand so gefühlt und gehandelt hat, selbst wenn es vielleicht nicht besonders schlau war.

Es lassen sich so mehrere Aspekte als bedeutsam für das Problemverhalten herausarbeiten, die dann in der Summe wesentlich mehr auf unser Verhalten Einfluss nehmen als der eine oder andere Teilaspekt für sich genommen. Das Ganze ist eben auch hier mehr als die Summe seiner Teile. In diesem Zusammenhang hat sich in der Verkehrstherapie bewährt, dass die wesentlichen Bestimmungsstücke des problematischen Verhaltens in einer Art Übersicht auf einem Blatt Papier zusammengefasst werden. Im Zentrum des Blattes steht das aus den umliegenden Ursachen resultierende Problemverhalten (welches als eine Konsequenz auch die Führerscheinproblematik auslöst).

Fertigen auch Sie sich Ihre Skizze an. Jedes Kästchen mit einem Verursachungsanteil sollte mit einer prägnanten Überschrift versehen werden. Darunter zählen Sie stichwortartig einige Erläuterungen zu dem jeweiligen Aspekt auf. Solch eine Skizze hilft Ihnen später als Gedächtnisstütze für das Gespräch mit dem MPU-Psychologen. Sie können Ihre Übersicht sowie auch die Tabelle zum Trinkverhalten zur MPU mitnehmen und so die Pausen im Warteraum nutzen, um alles noch einmal kurz durchzugehen. Im Gespräch mit dem Psychologen sollten Sie dann aber (wie bereits erwähnt) ohne Hilfsmittel auskommen.

Sie sollten eines immer bedenken: Im „Wettkampf“ ist es immer schwieriger, sein ganzes Leistungspotenzial abzurufen als im „Training“. Anders gesagt, wenn es nicht so darauf ankommt (Training), verwandelt fast jeder Spieler seinen Elfmeter. Im Spiel aber, vor Publikum, wenn es für die Mannschaft entscheidend ist, kommt auch das Lampenfieber dazu und die Knie werden weich. Hier trifft dann meist nur ein gestandener Spieler, der eben eine gewisse Qualität hat und sich dessen auch bewusst ist.

Auch dies ist ein Grund, dass eine gute Verkehrstherapie zumeist doch einige Zeit Ihres Lebens begleiten sollte, um Sie zu einem wirklich sicheren „Elfmeterschützen" zu machen. Bis sich neue Verdrahtungen zwischen Ihren Nervenzellen im Gehirn gebildet haben, vergehen mindestens 28 Tage. Da Sie nicht alles Wichtige gleich in den ersten 2–3 Sitzungen erarbeiten können, vergeht so Zeit, bis die neuen Erkenntnisse, Standpunkte und Verhaltensmuster belastbar gefestigt sein können.

Ein guter Verkehrstherapeut wird Ihnen daher empfehlen, sich für diesen Prozess Zeit zu nehmen. Er weiß nur zu genau, dass eine gute Qualität der Arbeitsergebnisse eben auch wesentlich von der „Reifezeit“ abhängt. Hierfür muss man keinesfalls automatisch mehr Sitzungen in Anspruch nehmen. Nach jeder Sitzung sollten aber doch mehrere Tage vergehen, in denen das Neue wirken und sich setzen kann. Ebenso wie ein guter Wein braucht auch eine gute Therapie Zeit, um zu reifen. Auch vor diesem Hintergrund empfiehlt es sich, bereits in Eigenarbeit Vorüberlegungen anzustellen, bevor Sie idealerweise ergänzend fachliche Unterstützung in Anspruch nehmen.

Kommen wir zurück zu der Skizze der Ursachen und Hintergründe des problematischen Verhaltens. Das nächste Beispiel zeigt die Ursachenanalyse eines älteren Klienten, bei welchem es zur Alkoholabhängigkeit, im Weiteren zu einem Speiseröhrenkrebs und zum Führerscheinentzug gekommen ist. Durch die Krebserkrankung war der Klient auch optisch deutlich gezeichnet. Dieses sehr drastische, aber authentische Beispiel zeigt, wie weit Alkoholkonsum, der sich

Beispiel 9: Alkoholabhängiger Klient, Ende 50

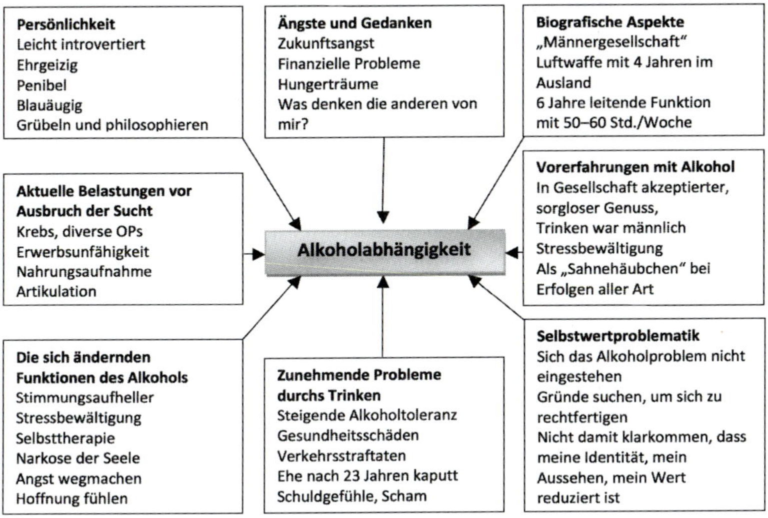

immer mehr in Alkoholmissbrauch wandelt, nach vielen Jahren führen kann. Es zeigt aber auch, wie differenziert sich Klienten, die es wirklich ehrlich meinen und engagiert sind, ihr Problem zu analysieren und in den Griff zu bekommen, mit ihrem Leben auseinandersetzen können.

Man sieht hier klar, wie vielschichtig die Ursachen und Hintergründe eines immer schlimmer werdenden Alkoholproblems zumeist sind, denn auch in dieser Übersicht kommen wiederum nur die wesentlichsten Bestimmungsstücke der Alkoholproblematik zum Tragen, der eine oder andere durchaus noch mitverantwortliche Aspekt wird hier aus Gründen der Prioritätensetzung gar nicht mit aufgeführt. Der Mensch ist eben genau dadurch gekennzeichnet, dass jeder in seinem Charakter und seinem Lebensschicksal absolut einzigartig ist. Dies ist ein entscheidender Grund dafür, dass die meisten Verkehrspsychologen bevorzugen, ihre Klienten vorwiegend oder ausschließlich in Einzelgesprächen zu betreuen.

Die Gruppengespräche sind Einzelgesprächen im Wesentlichen nur in einer Hinsicht überlegen: Man kann dort erleben, wie andere

Betroffene mit ähnlicher Problematik ihr Schicksal und ihre Situation verarbeiten. Man kann ganz unmittelbar spüren, dass man nicht der einzige Betroffene ist und dass auch andere durchaus sympathische, korrekte Menschen in eine Führerscheinproblematik „hineingerutscht" sind. Dies kann (wenn andere es vorleben) jemanden ermutigen, sich der Thematik ebenfalls mutiger und selbstkritischer zu stellen, als es ihm ohne Vorbilder in der Gruppe gelingen würde. Es ermöglicht auch Vergleichsprozesse (wo stehe ich?), die im Rahmen therapeutischer Einzelgespräche so nicht möglich sind.

Sind die wesentlichen lebensgeschichtlichen sowie seelischen Zusammenhänge und Funktionen des Alkohols identifiziert, fällt es auch leichter, das Ereignis der Trunkenheitsfahrt selbst besser und umfassender einzuordnen.

Beispiel 10: Mann, zum Zeitpunkt der Alkoholfahrt 22 Jahre

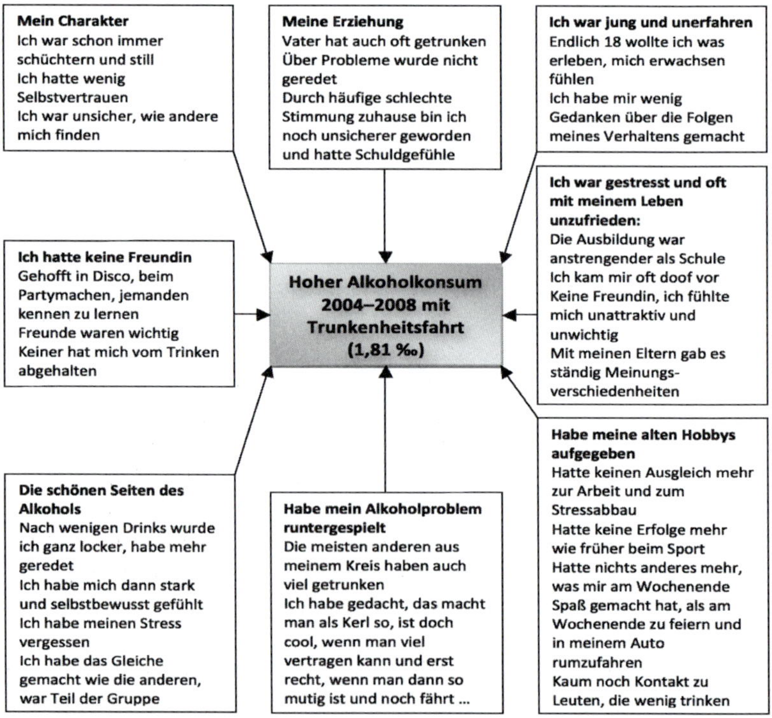

Beispiel 11: Mann mittleren Alters, der nach längerem Auslandsaufenthalt wegen Trunkenheit auffiel im Anschluss an ein gemütliches Beisammensein mit neuen Arbeitskollegen. Er hatte einen Filmriss, konnte sich an das Zustandekommen der Fahrt selbst nicht erinnern

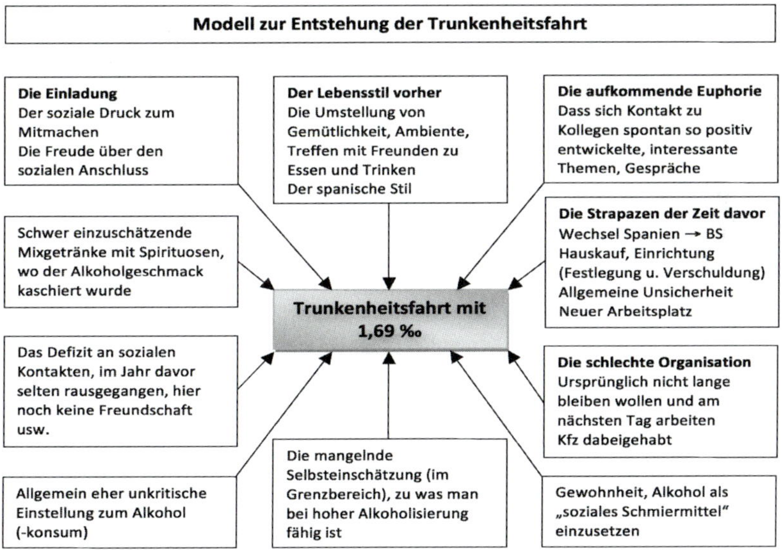

Hat man diese Ursachenanalysen bewältigt, sollte man verdeutlichen, mit welchen Mitteln und Veränderungen in Einstellung und Verhalten man inzwischen eine gute Grundlage geschaffen hat, künftig übermäßigen Alkoholkonsum und damit auch Alkoholfahrten zu vermeiden. Schauen Sie sich hierzu die Bestimmungsstücke des früher problematischen Verhaltens genau an und versuchen Sie darauf aufbauend, für jedes „Kästchen" zu formulieren, was sich hier ggf. inzwischen verändert hat.

Auch dies lässt sich grafisch darstellen, wie im Beispiel 10 des jungen Mannes, der zwei Jahre später erfolgreich die MPU ablegte. An seiner Ausarbeitung wird deutlich, dass man für eine stabile und belastbare Einstellungs- und Verhaltensänderung an mehreren „Schrauben" des alten Systems drehen sollte. Eine wirklich robuste neue Situation muss stets auf mehreren „Säulen" aufgebaut werden.

Denn selbst, wenn ein bis zwei Säulen wegbrechen sollten, ist das Fundament der Änderung damit nicht automatisch total instabil. Wie ein guter Artist, sollte man auch bei der Veränderung seines Alkohol-/Drogenproblems am besten mit Netz und doppeltem Boden arbeiten.

Nicht zuletzt muss man sich auch über das Thema „Rückfälligkeit" und der Frage, wie man dem Rückfall am besten vorbeugen kann, Gedanken machen. Gerade für Alkoholkranke ist das Rückfallrisiko besonders groß. Gerade bei sehr schweren Alkoholproblemen (Alkoholabhängigkeit, klinischer Missbrauch an der Grenze zur Sucht) ist meistens auch der regelmäßige Besuch einer Selbsthilfegruppe (SHG) notwendig, um das Rückfallrisiko zu senken. Die Selbsthilfegruppe schützt den Betroffenen davor, sein Alkoholproblem mit der Zeit, in der man nicht mehr getrunken hat, zu vergessen bzw. zu verdrängen. Gute Verkehrstherapien bieten auch Nachsorgetermine

Beispiel 12: Darstellung der positiven Entwicklungen (vergleiche Beispiel 10)

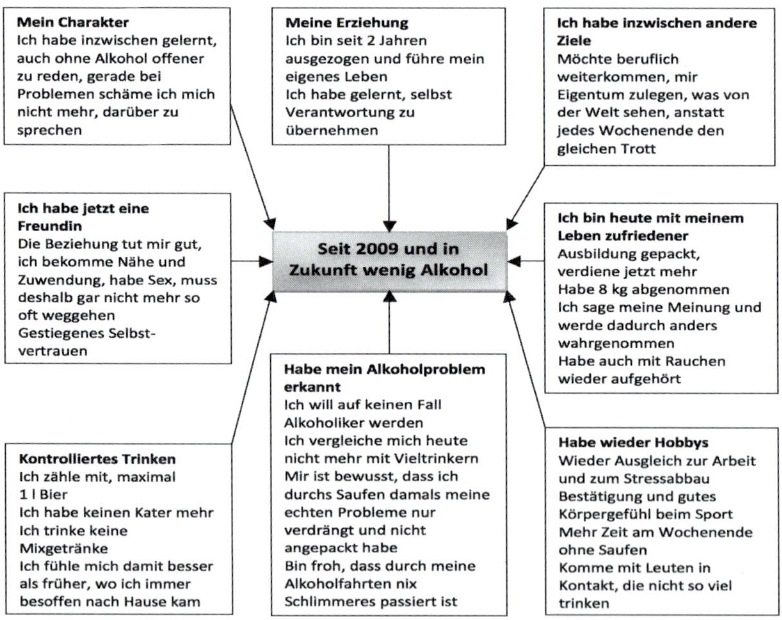

an, um nach einigen Monaten Bestandsaufnahmen zu machen, wie gut man „auf Kurs geblieben" ist und welche Fortschritte man zwischenzeitig gemacht hat.

Die Thematik der Rückfallvorbeugung ist nicht immer so komplex wie im Beispiel des alkoholabhängigen Klienten. Jeder aber hat seine individuellen Schwachpunkte, die er kennen sollte, um überhaupt die Chance zu haben, sich darauf einzustellen.

Hier die Ausarbeitung des bereits in Beispiel 9 angesprochenen alkoholkranken Klienten:

Beispiel 13: Rückfallrisiken und -ursachen bei Alkoholabhängigkeit

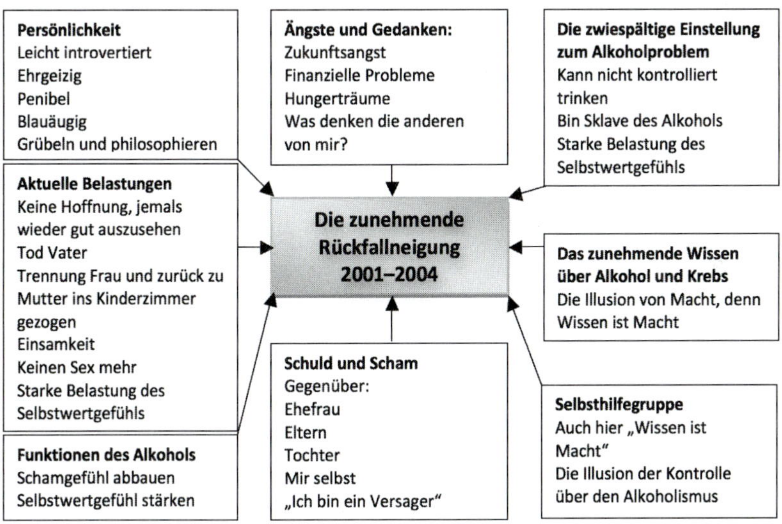

Denn mit den Monaten und Jahren, die seit der Trunkenheitsfahrt und der anschließenden MPU vergehen, verblasst allmählich auch die Erinnerung an das Leiden in der Zeit ohne Führerschein. Untersuchungen zeigen, dass der „MPU-Effekt" durchschnittlich vier Jahre anhält.

Man sollte daher auf der Hut sein, zu glauben oder glauben zu wollen (um sein Selbstwertgefühl aufrechtzuerhalten), dass das

Alkoholproblem doch irgendwann „ausgeheilt" ist und man wieder „ganz normal" (ohne mitzuzählen) trinken kann.

Die MPU-Gutachter werden Sie danach fragen, wie Sie Ihr Rückfallrisiko einstufen, welche konkreten Situationen für Sie brenzlig sein könnten und wie Sie mit dieser individuellen Konstellation von Risikofaktoren umzugehen gedenken, wenn der „MPU-Druck" ausgestanden ist.

Hier wird in der Verkehrstherapie mit Ihnen ein individuelles Rückfallvermeidungsverhalten erarbeitet, welches die Ursachen des früheren erhöhten Alkoholkonsums (z. B. Unsicherheit, Freundeskreis, in welchem viel getrunken wurde, keine Hobbys), Ihre jetzige Lebenssituation, realistische Risikofaktoren (z. B. Trennung, Umzug, Arbeitslosigkeit, Trauer, Krankheit) und Charaktereigenschaften (z. B. Bedürfnis nach Bestätigung und Anerkennung) berücksichtigt.

Auch hierzu lohnt es sich, die wichtigsten Gesichtspunkte in Textform zusammenzufassen, später noch mehrmals durchzugehen, um sich selbst noch einmal auf Vollständigkeit zu kontrollieren und auch, um im MPU-Prüfungsstress besser auf seine Argumente zurückgreifen zu können.

Hierzu Praxisbeispiel 14 des bereits zitierten Einwanderers aus Beispiel 1:

Ich gehe jetzt nicht mehr zu dem Unternehmertreffen, wo alle viel trinken. Das wäre auf Dauer ein zu großes Risiko, dass ich mich doch wieder dazu animieren lasse, mitzutrinken. Das waren auch keine echten guten Freunde, sondern ziemlich oberflächliche Menschen, denen es im Grunde nur um das Partymachen und um die Selbstdarstellung ging.

Im Kreise meiner Familie wissen alle über meine Situation Bescheid und welcher Schaden uns durch mein Alkoholproblem wiederholt entstanden ist. Daher werde ich bei Familienfeiern auch nicht aufgefordert, zu trinken. Im Gegenteil, meine Familie ist stolz auf mich, dass ich jetzt so konsequent bin und zu meinem Problem stehe. Die anderen halten sich beim Trinken auch mehr zurück als früher.

Ich habe die Erfahrung gemacht, dass die Feiern auch so schön sind, ohne Rausch. Die Gespräche sind intensiver und die gute Stimmung ist irgendwie echter, nicht nur künstlich durch den Alkohol hervorgerufen. Im Nachhinein sehe ich, dass eigentlich ich früher derjenige war, der immer am meisten getrunken hat bei solchen Feiern und der sich eingebildet hat, das muss so sein und das gehört zum Feiern dazu.

Als nächstes habe ich mir ein Hobby gesucht, um Stress abzubauen und was für mich zu tun. Ich gehe seit einem Jahr regelmäßig ins Fitnessstudio, da kann ich mich auspowern, duschen, und danach fühle ich mich besser. Ich bin auch stolz darauf, dass ich so eine bessere Figur bekommen habe. Mir ist heute bewusst geworden, dass ich einen regelmäßigen Ausgleich zu meinem Job brauche, um nicht in die Versuchung zu geraten, wieder schnell über Alkohol abschalten zu wollen.

Ich werde darauf achten, dass meine Arbeitsbelastung nicht wieder auf ein Niveau ansteigt wie damals, sodass ich keine Zeit mehr habe für Hobby und Familie. Ich habe mir Rücklagen gebildet, sodass ich auch in einer schlechten geschäftlichen Phase nicht gleich schlecht schlafen muss.

Wenn eines meiner Kinder sterben würde oder meine Partnerin, wäre das sicher sehr schlimm für mich. Oder wenn meine Firma pleite machen würde und ich wieder ganz unten anfangen müsste. Ob ich dazu noch mal die Kraft hätte, weiß ich nicht. Hier hilft es aber letztendlich nur, sich immer wieder bewusst zu machen, dass das Trinken auch keine Lösung des Problems darstellt, sondern nur dazu führt, dass es mir insgesamt noch schlechter gehen würde. Bei solchen Extremsituationen müsste ich stattdessen sehr viel mit nahestehenden Menschen über meine Situation reden, wozu ich früher zu stolz war.

Eine andere große Gefahr, rückfällig zu werden, lauert dann, wenn ich anfangen würde, mein Alkoholproblem langsam zu verdrängen und mir einbilden würde, dass ich nach ein paar Jahren wieder total gesund bin und deshalb auch wieder kontrolliert mit Alkohol umgehen kann. Ich bin ein stolzer Mensch, und die Eitelkeit, so zu denken, ist für mich eine Gefahr, die ich ernst nehmen muss. Ich baue hier auch auf die Unterstützung meiner Familie. Durch die Gespräche mit dem

Psychologen ist mir klar geworden, dass man nie wieder vernünftig mit Alkohol umgehen können wird, wenn man einmal im Leben – so wie ich – eine gewisse Grenze beim Trinken überschritten hat. Wenn ich wieder anfangen würde, Alkohol zu trinken, würde es langsam aber sicher wieder viel werden, und dann sitze ich irgendwann auch wieder betrunken am Steuer, weil ich mich im Rausch stark und unantastbar fühle.

Ich muss mir – wie ich das in der Therapie gelernt habe – immer wieder klarmachen, dass ich niemandem mehr etwas beweisen muss. Ich bin nicht mehr der kleine Gastarbeiter, der mittrinken muss, um integriert zu sein, ich brauche auch nicht mehr durch Alkoholexzesse, großspuriges Verhalten und Geldausgeben darauf aufmerksam zu machen, dass ich ein erfolgreicher Unternehmer bin.

Erfolgskontrolle

Zum Ende der Verkehrstherapie gilt es, das zwischenzeitig erarbeitete reichliche Material in einem gut strukturierten Gespräch zusammenzufassen und auch verständlich zu vermitteln. Dies fällt gerade Klienten, die es z. B. beruflich nicht gewohnt sind, allzu sehr mit Sprache zu arbeiten, oder Menschen mit Migrationshintergrund oft nicht leicht. Daher wird der Therapeut oder auch ein Kollege des Therapeuten, mit dem Sie zuvor nicht gesprochen haben, sehr unbefangen zuhören, wenn Sie die zentralen Fragen der Untersuchung durchsprechen. Es macht in der Untersuchung einen guten Eindruck, wenn Sie es schaffen, Wichtiges von weniger Wichtigem zu trennen sowie kurz und präzise zu argumentieren. Dies vereinfacht dem Gutachter seine Arbeit und zeigt auf, dass Sie sich eine kritische Distanz zum Problemraum erarbeitet haben, indem Sie zusammenfassend und Zusammenhänge aufzeigend berichten.

Dies zu erreichen, hängt (wie zuvor beschrieben) nicht zuletzt von der Zeit ab, welche Sie sich für die therapeutische Maßnahme genommen haben. Ein erfahrener Gutachter äußerte unlängst in einem Gespräch mit dem Autor sinngemäß Folgendes: „Es gibt viele Klienten, die wissen recht bald, was der Therapeut hören will, damit er zufrieden ist. Aber diesen Transfer in der MPU zu leisten, wenn dort ein fremder Gutachter sitzt, der die Fragen vielleicht etwas anders stellt, das schaffen eben nicht alle."

Bescheinigung/Bericht

Eine umfassende Bescheinigung oder auf Wunsch auch ein differenzierter Bericht zu den Randdaten (Dauer, Zeitraum, Stunden, Einzel- oder Gruppensitzungen, Behandlungsziele und -methoden), Erkenntnissen und Ergebnissen der Verkehrstherapie sowie der Qualifikation des Therapeuten wird am Ende erstellt und mit Ihnen besprochen. Diese dienen zur Vorlage bei der MPU als Bestätigung dessen, was Sie im Vorfeld an Rehabilitationsschritten und -fortschritten erreicht haben. Hatten Sie zuvor bereits eine negative MPU mit der abschließenden Empfehlung, sich einer verkehrstherapeutischen Intervention/Maßnahme anzuvertrauen, ist es sehr schwierig, in einer erneuten MPU ohne entsprechende Bescheinigung positiv beurteilt zu werden.

8.2 Praxisbeispiele Drogen

Für die Rehabilitation Drogenauffälliger gilt im Wesentlichen das gleiche Vorgehen. Hier werden ebenso die aktenkundigen Auffälligkeiten sowie das frühere Konsumverhalten besprochen und geklärt, biografische und charakterliche Aspekte zu einem Ursachenmodell zusammengeführt, sofern erforderlich, Einstellungs- und Verhaltensänderungen initiiert und gefestigt, um sie dann in einem Schaubild der neuen Situation zusammenzuführen.

Gerade im Drogenbereich arbeitet die Verkehrstherapie auch gerne mit zusammenfassenden Aufsätzen, die das eigene Lebensschicksal mit seinen Zusammenhängen zum Drogenkonsum darstellen. Aus Sicht vieler MPU-Gutachter stellt Drogenkonsum gegenüber Alkohol oder Geschwindigkeitsüberschreitung etwas noch „Schlimmeres" dar, was im Hinblick auf die hohe Rückfallgefahr und Illegalität nicht verwunderlich ist. Insofern lohnt es sich hier noch mehr, in die Aufarbeitung des Ursachengeflechts zu investieren.

Für die Rückfallvermeidung von Drogenkonsumenten gelten ähnliche Prinzipien wie im Alkoholbereich. Allerdings wird es für eine stabile Rückfallvermeidung im Drogenbereich zumeist erforderlich sein, sich gänzlich aus dem Drogen konsumierenden Umfeld zu lösen, um hier nicht erneut in Versuchung gebracht zu werden.

Der Unterschied zwischen den illegalen Drogen und der legalen Droge Alkohol ist insofern therapeutisch gesehen im Grunde nur graduell (nicht absolut wesentlich), nicht substanziell. Es geht mehr um die angestrebte Wirkung und Manipulationsrichtung, die durch die jeweilige Droge erreicht werden soll. Zum Beispiel wirkt Cannabis in die Richtung „ist mir doch egal", Kokain sorgt für ein gesteigertes Selbstbewusstsein und vermeintlichen Durchblick, Frische sowie Trinkfestigkeit. Speed und Ecstasy sorgen für Durchhaltevermögen und ein gutes Feeling beim stundenlangen Feiern und sind vergleichsweise kostengünstig.

Insofern wird nur ein Fallbeispiel aufgeführt. Zuvor werden einige Fragen aus der verkehrstherapeutischen Praxis genannt, über welche es sich lohnt, nachzudenken und das Wesentliche dazu aufzuschreiben. Die Fragestellungen entstammen u. a. dem psychotherapeutischen Rehabilitationsansatz IRIS (Illegale Drogen im Straßenverkehr) der IVT-Hö®, Köln (Individualpsychologische Verkehrstherapie nach German Höcher).

Im Zentrum des therapeutischen Konzepts der IVT-Hö®, welche (seit Ende der 1970er-Jahre nach eigener Aussage) als erste Praxis Deutschlands verkehrsauffällige Kraftfahrer rehabilitierte, steht die sogenannte individualpsychologische Lebensstilanalyse. Diese Analyse wiederum geht zurück auf einen sehr berühmten Psychologen, Alfred Adler, der Anfang des 20. Jahrhunderts seine wesentlichen Erkenntnisse veröffentlichte.

Grundidee der Lebensstilanalyse ist die absolute Einzigartigkeit jedes Menschen. Es gibt eben niemanden zweimal. Selbst Zwillinge, die mit den gleichen Genen im selben Milieu aufwachsen und sich zum Verwechseln ähnlich sehen, entwickeln doch bereits in der Kindheit einen unterschiedlichen Charakter. Der einzigartige Charakter eines jeden Menschen ist aus Sicht der Individualpsychologen genau die Antwort, die sich der Mensch selbst auf die wichtigsten Fragen und Erfahrungen seiner Kindheit gegeben hat. Er hat seinen

Charakter nicht zufällig entwickelt oder weil es in seinen Genen gelegen hat. Mit seinem Charakter (psycho-sozialer Lebensstil) hat sich der Mensch auf ganz bestimmte Meinungen und Strategien festgelegt, mit denen er glaubt, sein Leben am besten meistern zu können. Er versucht, sich durch seinen Charakter vor Schmerz, Niederlage und Versagen zu schützen, Liebe, Anerkennung und Wertschätzung anderer Menschen zu bekommen und sich so seine Existenz zu sichern.

Jetzt fragen Sie sich bestimmt: Wie kommt es dann, dass viele Menschen einen doch schwierigen Charakter haben, der sie oft mehr behindert, als ihnen hilft, im Leben erfolgreich zu sein?

Die Antwort darauf ist folgende: Die Charakterbildung findet in einer sehr frühen Phase unseres Lebens statt und ist aus verschiedenen plausiblen Gründen im 6. bis 7. Lebensjahr in wesentlichen Bestimmungsstücken bereits abgeschlossen. Also noch lange, bevor Schulbildung, Lebenserfahrung, weitgehende Unabhängigkeit von den Eltern und logisches Denken unser Handeln bestimmen konnten. Menschen treffen wichtige Festlegungen schon viel früher, nämlich als kleine Kinder, die noch fast ausschließlich gefühlsbetont und von momentanen Stimmungen abhängig entscheiden. Und die noch sehr abhängig sind von ihren Eltern und nur die kleine Welt sehen und kennen, in der sie aufwachsen. Daher ist das Verständnis, wie das Leben und die Welt funktionieren, beschränkt und naiv, gekennzeichnet auch von teilweise drastischen Irrtümern darüber, wie man am besten mit anderen Menschen und Aufgaben des Lebens zurechtkommt.

Jetzt werden Sie sich fragen, warum man dann die alten falschen Ansätze nicht einfach korrigiert, wenn man älter und reifer geworden ist, d. h. unpassende Charaktereigenschaften nicht einfach ändert, wenn man begreift, dass sie einem eher hinderlich als von Vorteil sind.

Weil der Mensch in seinem kindlichen Weltbild so festgelegt und eingefahren ist, dass er dies ohne eine fachkundig durchgeführte Psychotherapie normalerweise kaum schaffen kann. Es fängt schon damit an, dass er sich seiner ganz tiefsitzenden Grundüberzeugungen, die ihm seine geheimen Ziele vorgeben, selbst noch nicht einmal bewusst ist. Die Meinung über sich selbst (z. B. wer bin ich, was kann ich, was will ich, wovor fürchte ich mich am meisten, mit welchen Mitteln wehre ich meine Urfurcht ab) ist derart verfestigt und als Selbstverständlichkeit in Fleisch und Blut übergegangen, dass er ohne qualifizierte Hilfe von außen nicht mehr darüber nachdenken kann. Entsprechend ist er auch nicht in der Lage, kindliche Irrtümer zu erkennen und zu korrigieren.

Nach Auffassung der IVT-Hö® muss beim Klienten zunächst einmal eine grundlegende Bereitschaft vorhanden sein oder er muss ggf. auch mit therapeutischer Ermutigung angeregt werden, sich mit seinem psycho-sozialen Lebensstil auseinanderzusetzen. Die IVT-Hö® verweigert deshalb Verkehrstherapien, in denen es in der Hauptsache um die positive MPU und nicht um echte psychotherapeutische Ziele geht. Nur hierdurch kann es nach dortiger Einschätzung gelingen, sich selbst bessere Kompetenzen zu verschaffen, sich den zentralen Lebensaufgaben (Liebe/Partnerschaft, Schule/Ausbildung/Beruf, gute zwischenmenschliche Beziehungen, positive Lebensgestaltung) mit Mut und Erfolg zu stellen. Das Positive an diesem Ansatz ist, dass die IVT-Hö® den Klienten mit großer Wertschätzung und Verständnis gegenübertritt und keinesfalls behauptet, es handele sich um unbelehrbare, seelisch schwer kranke Verkehrsrowdys. Oft reichen bereits kleine Korrekturen an seelischen Haltungen und alten Glaubenssätzen, um künftig ein zufriedenerer Mensch zu sein, dem der Alkohol oder die Drogen nicht mehr gefährlich werden.

In der Verkehrstherapie mit Drogenauffälligen wird darauf aufbauend u. a. an den nachfolgenden Fragen gearbeitet. Überlegen auch Sie sich, wie diese Fragen zu beantworten sind.

Beispiel 15: Fragenkatalog für drogenauffällige Kraftfahrer aus dem Therapiekonzept IRIS

Welche Drogenkonsumgewohnheiten hatte ich zu der Zeit meiner Drogenauffälligkeit (bei mehreren Auffälligkeiten: zu der Zeit meiner ersten, zweiten usw.)?

Ich beschreibe u. a. die Drogenarten und -mengen, die typischen Drogenkonsumanlässe und ihre Häufigkeit, die auf den Drogen-

konsum bezogenen Kontakte zu anderen Menschen und die Drogenbeschaffung.

Welche Drogenwirkung habe ich damals gesucht und erreicht?

Ich beschreibe die Wirkungen auf meine Gefühle und mein Verhalten, jeweils bezogen auf die Drogenkonsumanlässe und ggf. auf die Kontakte zu anderen Drogenkonsumenten.

Wie ist es zur Drogenauffälligkeit gekommen?

Ich schildere den Hergang (die Hergänge) so, dass deutlich wird, inwieweit er (sie) sich verständlich und „logisch" aus meinem damaligen Umgang mit Drogen ergeben hat (haben), ich muss daher zu den entsprechenden Gesichtspunkten aus 1. und 2. Beziehungen herstellen (z. B. Art, Menge, Beschaffung, Anlass, Wirkung).

Wie konnte ich auf den Drogenkonsum verzichten?

Ich schildere u. a. die entsprechende Auswirkung der (letzten) Auffälligkeit, evtl. der MPU, Verkehrstherapie, der Entwöhnung, gehe auf Schwierigkeiten (körperliche, seelisch, soziale) ein und ggf. auch auf Rückfälle oder anfängliche Halbherzigkeiten.

Welche Auswirkungen hat der Verzicht auf den Drogenkonsum für mein Leben gehabt?

Ich gehe dabei vor allem auf Partnerschaft/Familie, Freundschaften, Beruf/Ausbildung ein, erwähne auch zwischenzeitliche oder immer noch nicht ganz gelöste negative Gesichtspunkte und stelle vor allem die den Kern meiner Persönlichkeit (z. B. das Selbstwertgefühl, die Interessen, die nicht mehr durch Drogen gedämpften Frustrationen, Spannungen, Ängste, Mutlosigkeiten) betreffenden Änderungen heraus.

Wie kann ich in einer Zusammenfassung und mit Blick auf meine Lebensgeschichte als Drogenkonsument den Satz „Die Drogen sind überhaupt kein Problem, Problem ist das drogenfreie Leben" auf mein persönliches Nachdenken, Erleben und die daraus gewonnenen Erkenntnisse und Schlussfolgerungen beziehen?

Ich gehe davon aus, dass die Droge Fluchtwege aus meinen Lebensproblemen eröffnet hat und beziehe das auf mein damaliges Bedürfnis nach dieser Drogenwirkung und auf die Konsequenzen meines jetzigen Drogenverzichts. Wer sagt, er habe Drogen genommen, „weil es Spaß machte", muss darüber nachdenken, welche Lebensfreude ihm sonst gefehlt hat, sodass er seinen Spaß auf diese Weise suchen musste.

Welche im Kern meiner Persönlichkeit verankerten Einstellungen zu meinem Leben und welche daraus resultierenden ausbaufähigen oder korrekturbedürftigen Verhaltensweisen in Partnerschaft/Familie, Freundschaften, Beruf/Ausbildung sind mir durch die Lebensstilanalyse und die Verkehrstherapie insgesamt bewusst(er) geworden?

Ich gehe darauf ein, wie ich die Grundlage meines seelischen und sozialen Lebensstils bereits als Stellungnahmen zu meinen lebensgeschichtlichen Erfahrungen ausgebildet habe und was sich daraus im positiven und negativen Sinne ergeben hat. Wenn ich im Nachdenken so weit gekommen bin, kann ich die Entwicklung meines Lebensstils bis in die Kindheit zurückverfolgen.

Welche vor der Verkehrstherapie weitgehend unbewussten Einstellungen zu mir selbst und zu anderen Menschen beschreiben am besten diesen Lebensstil?

Wenn ich im Nachdenken sehr weit gekommen bin, kann ich sogar darauf eingehen, wie ich die Grundlage meines seelischen und sozialen Lebensstils bereits als Stellungnahmen zu kindlichen Erfahrungen ausgebildet habe und was sich lebensgeschichtlich daraus im positiven und negativen Sinne ergeben hat.

Auf welchen – von mir alleine oder mithilfe der Therapie bewusst gewählten – Lebensstil setze ich meine Zukunft?

Ich leite meine Vorsätze aus meinen Erkenntnissen über meine ausbaufähigen Fähigkeiten, aus meiner Einsicht in die mit meiner Charakterstruktur verknüpften Gefahren und (vor allem) aus den Lebenszielen ab, die für mich die größte Bedeutung haben.

Warum will ich in Zukunft ohne Drogen leben und was werde ich dafür tun, dass dies gelingt?

Ich leite meinen Vorsatz und die Methoden, ihn durchzuhalten, aus den Erkenntnissen, die ich über meine frühere Beziehung zu Drogen gewonnen habe und vor allem aus der Einsicht in Grundstrukturen meiner Persönlichkeit ab. Ich weiß, dass auch ein korrigierter psychosozialer Lebensstil keinen anderen, nicht mehr gefährdeten Menschen aus mir gemacht hat, sondern nur hilft, den in mir selbst liegenden Gefahren besser begegnen zu können!

Aufbauend auf solchen und einigen weiteren Fragen und Diskussionen in den verkehrstherapeutischen Sitzungen gehen Klienten daran, ihre Sichtweisen und erreichten Veränderungsprozesse in Aufsatzform aufzubereiten, um sich so gut für ihre MPU zu rüsten. Es ist nicht verboten, seine Ausarbeitungen in der Untersuchung vorzustellen, um dem MPU-Gutachter so zu zeigen, dass man sich engagiert hat, um sein Drogenproblem langfristig in den Griff zu bekommen. Sie sollten dann aber auch deutlich machen, dass Sie selbst ggf. mit therapeutischer Unterstützung die wesentlichen Teile Ihrer Unterlagen erarbeitet haben und nicht etwa der Therapeut Ihnen die Arbeit abgenommen hat.

Auszüge aus einem Aufsatz eines Klienten (regelmäßiger Cannabiskonsument) der Praxis (Beispiel 16):

Ich habe früher mit den Drogen angefangen, um dazuzugehören, was ich schließlich auch erreicht habe. Dazugehören war mir sehr wichtig, weil meine Eltern sich oft gestritten haben, immer nur wenig Geld da war, und ich immer weniger hatte als die anderen Kinder. Ich kam mir deshalb minderwertig vor. Leider war das Erreichte das falsche Ziel. Ich gehörte nur zu einer kleinen Gruppe dazu, die sich in ihre eigene kleine Welt zurückzog und der wahren Gesellschaft, in der ich ursprünglich die Anerkennung und Akzeptanz suchte, den Rücken kehrte.

Somit habe ich mich unbewusst von der Wirklichkeit/Realität und der echten Gesellschaft immer weiter entfernt und selbst ausgeschlossen. Ich habe immer mehr gelogen, damit mein Drogenkonsum nicht auffällt. Ich habe mit der Zeit praktisch schon automatisch gelogen, ohne mir Gedanken zu machen, dass ich selbst von anderen auch nicht belogen werden will. Dabei habe ich dazugehört und wurde akzeptiert von den Menschen, die mich heute noch akzeptieren und unterstützen, meiner Familie, die trotz aller Probleme früher doch unheimlich wichtig für mich ist.

Das Cannabis half mir früher auch, den Druck der Realität runterzufahren. Meine Freunde und das gemeinsame Kiffen waren das Wichtigste in meinem Leben. Allerdings habe ich erst gemerkt, als ich damit aufgehört habe, dass es gar nicht meine Freunde sind, sondern nur so lange meine Freunde waren, wie ich was zu kiffen hatte. Das Aufhören ist mir schwergefallen, weil ich erstmal überhaupt keinen Ersatz fürs Drogennehmen hatte und auch bald keine Freunde mehr.

Heutzutage gehört zu meinem Leben ganz stark der Sport dazu, den ich früher so gut wie gar nicht betrieben habe. Er hat mir auch geholfen, von den Drogen wegzukommen, da ich oft, wenn mir langweilig war und ich zu Hause saß, zur Droge gegriffen habe. Heutzutage gehe ich entweder raus und fahre Fahrrad, gehe ins Fitnessstudio und gehe bis an meine Grenze, oder ich setze mich hin und lese ein Buch. Ich kann mir nicht vorstellen, jemals mit dem Sport wieder aufzuhören, da ich damals in wenigen Jahren viel zugenommen habe, was wohl auch mit am Cannabis lag, da ich dadurch oft an Heißhungerattacken litt und mich einfach in meiner Haut nicht mehr wohlgefühlt habe. Wegen meines schlechten Selbstwertgefühls habe ich auch oft zur Droge gegriffen, anstatt etwas dagegen zu tun. Was das angeht, war ich früher ein passiver Mensch und bin heute ein aktiver Mensch und fühle mich wieder richtig wohl in meiner Haut.

Ich habe erkannt, dass kein Schicksal oder Problem es rechtfertigt, zu Drogen zu greifen und somit vielleicht zu einer Gefahr für andere zu werden, ob im Straßenverkehr oder als Vorbildfunktion für die jüngere nachkommende Gesellschaft.

Ich muss akzeptieren, dass ich selbst für alles verantwortlich war und sein werde. Ich darf nicht nach Gründen suchen, wer oder welche Situation daran schuld war, dass ich Drogen konsumiert habe, sondern muss versuchen, mich damit auseinanderzusetzen und Alternativen zu suchen und zu finden, um Dinge oder Probleme nicht wieder auf diese Weise zu lösen.

Denn dafür habe ich bestimmte Ziele, die ich erreichen möchte, und als Konsument hat man keine realistischen Ziele, also kann man sie auch nicht erreichen. Man kann sein Selbstwertgefühl nur verbessern, wenn man in den wirklich wichtigen Lebensbereichen wie Ausbildung und Beruf, in Familie und Partnerschaft und der Freizeitgestaltung etwas für sich und andere tut und sich so immer weiterentwickelt, anstatt immer nur passiv in den Tag hineinzuleben und alles schlecht zu finden, weil einem alles zu stressig ist. Es fiel einem vorher gar nicht auf, dass man eigentlich wie in einer endlosen Spirale vor sich hin gelebt hat, dass die Zeit an einem vorbei gerannt ist, ohne dass man etwas Produktives für die Gesellschaft, die Familie oder sich selbst getan hat.

Ich muss lernen, mit Konfrontationen und Misserfolgen in meinem Leben zurechtzukommen und wenn es noch so unlösbar erscheint, mich zu öffnen und mir Hilfe zu suchen in der Familie oder evtl. vom Fach und vor allem selbst etwas zur Lösung beizutragen.

Es macht mich unsicher, aber ich glaube dieser Satz ist realistisch: „Einen Rückfall kann man nie ausschließen, auch wenn man momentan noch so davon überzeugt ist." Wenn es so einfach wäre, wäre ich jetzt nicht in dieser Situation.

Vielleicht ist es sogar besser, mal mit Zweifeln und Unsicherheit an die Sache heranzugehen als mit unkritischer Selbstsicherheit und Überheblichkeit, denn es heißt nicht umsonst: „Hochmut kommt vor dem Fall."

Und bis vor Kurzem bin ich gefallen, weil ich es bis vor einiger Zeit nicht ernst genommen und mich auch nicht deutlich genug damit auseinandergesetzt habe. Ich selbst habe mich auch nicht als drogensüchtig gesehen oder es sogar verharmlost, doch nun erkenne ich meine bis zur Drogenfahrt bestehende Uneinsichtigkeit.

Ich will meiner Vorbildfunktion als Vater in jedem Falle gerecht werden, und momentan macht es mir Angst, wie egoistisch ich in den

Jahren gehandelt habe, denn mit dem Verhalten und den Entscheidungen habe ich nicht nur mir selbst geschadet.

8.3 Praxisbeispiele Punkte/Straftaten

Zum Abschluss noch einige Beispiele aus der Verkehrstherapie mit Punktetätern. Bei der MPU wegen Verkehrsdelikten ohne Alkohol/Drogen ist es zunächst einmal absolut wesentlich, dass Sie zu den aktenkundigen Vorfällen differenziert und selbstkritisch Stellung beziehen. Können Sie sich an einige Vorfälle erst gar nicht mehr erinnern, wird der Gutachter daraus folgern müssen, dass Sie sich nur oberflächlich mit Ihrem Fehlverhalten beschäftigt haben.

Daher basiert die Verkehrstherapie im speziellen und individuellen Bereich zunächst fast immer auf einer Aktenanalyse und erarbeitet darauf aufbauend mit Ihnen Stellungnahmen zu den einzelnen Vorfällen, die insbesondere auch die emotionalen Anteile berücksichtigen.

Beispiel 17: Mann, Anfang 50, diverse Geschwindigkeitsüberschreitungen

18.9.2003: Geschwindigkeitsüberschreitung auf der A 7. Erlaubt 100 km/h, gemessene Geschwindigkeit 151 km/h.

Ich war mit meiner jüngsten Tochter aus erster Ehe unterwegs. Sie ist Asthmatikerin. Zu dieser Zeit gab es mit ihr ohnehin viele Probleme wegen der Scheidung. Sie bekam plötzlich einen Anfall. Bei ihren Sachen fand ich das Inhaliergerät nicht. Ich war dann sehr gestresst, weil ich solche Angst hatte, dass sie keine Luft mehr bekommt. Ich habe noch mit ihrer Mutter telefoniert, weil die das Gerät hätte einpacken müssen, auch die machte mir Vorwürfe. Ich bin dann so gerast, weil ich mit meiner Tochter ins Krankenhaus nach Göttingen wollte. Schließlich war das Asthmamittel doch im Kofferraum.

Mein Verhalten war also wieder überflüssig gewesen, ich hätte gleich besser nachsehen müssen, anstatt loszurasen. Wie ich mich verhalten habe, war wieder mal auch Ausdruck dessen, wie ich damals gelebt habe, alles unter Zeitdruck und mit Hektik verbunden. An meinen Führerschein oder die Sicherheit im Straßenverkehr habe ich nicht gedacht. Schneller als zulässig bin ich auch ohne solche Zwischenfälle permanent gefahren, wenn auch nicht immer so massiv.

Heute hat sich das Verhältnis zu meiner Exfrau wieder entspannt, und ich achte seitdem immer genau darauf, ob meine Tochter ihr Asthmamittel dabei hat, wenn ich sie bei mir habe.

25.3.2003: Geschwindigkeitsüberschreitung auf der B 214 gegen 21.00 Uhr. Erlaubt 50 km/h, gemessene Geschwindigkeit 77 km/h.

Ich habe beim Fahren wie so oft mit meiner Exfrau telefoniert, es gab wieder Meinungsverschiedenheiten, was mich gestresst und aufgeregt hat. Ich habe den festen Blitzer dort vergessen während des Telefonats. Ich bin damals sowieso meistens deutlich schneller als erlaubt unterwegs gewesen und habe auch oft beim Fahren telefoniert. Ich habe das alles zu dieser Zeit nicht so ernst genommen und als Kleinigkeiten betrachtet, weil ich immer nur auf meine Probleme fixiert war.

Heute ist mir klar, dass es so nicht geht; wenn alle so handeln würden, gäbe es viel mehr Unfälle. Stress oder andere persönliche Angelegenheiten sind keine Rechtfertigung dafür, sich im Straßenverkehr nicht an die Regeln zu halten. Ich gefährde dadurch mich und auch andere, die mit meinen Problemen nun wirklich überhaupt nichts zu tun haben.

Das Telefonieren beim Autofahren habe ich mir auch abgewöhnt. Dadurch, dass jetzt alles besser geregelt ist mit meiner Exfrau, gibt es auch seltener Telefonate.

Beispiel 18: Mann, Anfang 20

Geschwindigkeitsüberschreitung auf der Landstraße um 1.02 Uhr. Erlaubt 100 km/h, gemessene Geschwindigkeit 139 km/h.

Ablauf: *Ich war auf dem Weg zu meiner damaligen Freundin. Zuvor hatte ich bis in den späten Abend gearbeitet, mich frisch gemacht und bin losgefahren. Ich fuhr ausnahmsweise einen Audi A6 und habe mich auf den Sex gefreut, sodass ich gedanklich stark abgelenkt war. Zuvor hatte ich sie schon 3 Wochen nicht gesehen. Ich bin gedanken-*

verloren und vom Tag geschafft hinter einem anderen Pkw hergefahren, ohne auf die Beschilderung zu achten, bis es geblitzt hat.

Ursachen/Hintergründe: *Als Fahranfänger war es für mich auch ein richtiger Kick, mit so einem hochmotorisierten Auto über die Straße zu schweben oder stellenweise mal richtig Gas zu geben, um den Wagen zu testen und seine Power zu spüren. Ich habe damals dieser Versuchung nicht widerstehen wollen. Ich habe die damit verbundenen Risiken und auch die Übertretung von Regeln in Kauf genommen. Früher habe ich es auch als nicht so schlimm empfunden, wenn ein anderer gerast ist oder ich selbst. Ich dachte immer, solange nichts passiert, ist das doch nicht schlimm. Heute sehe ich, dass es nicht nur auf die unmittelbaren Folgen einer Tat ankommt, sondern auch darauf, ob man bereit ist, sich an Regeln zu halten, um auch mögliche schädliche Folgen seines Verhaltens abzuwenden. Über die fahrphysikalischen Gesetzmäßigkeiten, z. B. doppelte Geschwindigkeit gleich vierfacher Bremsweg, habe ich mir trotz vorangegangener Fahrschulausbildung keine Gedanken mehr gemacht, das große Fahrzeug hat meine Wahrnehmung für die Energie im System eingeschränkt, was es bedeutet, wenn man mit derartig hoher Geschwindigkeit z. B. von der Fahrbahn abkommt und gegen einen Baum knallt.*

Sinn der Bestimmung: *Die Beschränkung der Geschwindigkeit auf maximal 100 bei Landstraßen besteht, da man Gegenverkehr hat, es Kurven und Kreuzungen gibt, Lkw nur 60 fahren dürfen usw., sodass höhere Geschwindigkeiten für Pkw zu gefährlich sind.*

Künftige Deliktvermeidung: *Ich habe mir bereits in den letzten vier Monaten vor dem Führerscheinentzug schon angewöhnt, meine Fahrweise wesentlich bewusster zu beachten als davor, wo ich nur aus dem Bauch heraus gefahren bin. Dabei habe ich immer wieder zur Kontrolle auf den Tachometer geachtet und musste feststellen, dass ich quasi automatisch zu schnell gefahren bin und dass ich wieder etwas abbremsen musste. Das hat mehrere Wochen gedauert, bis ich wieder automatisch in den zulässigen Grenzen gefahren bin. Wenn ich künftig wieder den Führerschein habe, will ich genau da anknüpfen. Gerade die ersten Wochen genau darauf achten, dass sich kein negativer Fahrstil einstellt, sondern ich die Geschwindigkeit präzise einhalte. Stichwort aus der Verkehrstherapie: „Pilotieren" statt „Rasen".*

Geschwindigkeitsüberschreitung um 10.37 Uhr. Erlaubt 80 km/h, gemessene Geschwindigkeit 106 km/h.

Ablauf: *Ich war auf dem Weg zu einem Lieferanten, der fälschlicherweise keine Getränke geliefert hatte. Ich wollte an dem Tag noch zu meiner Freundin nach Lüneburg fahren und hatte es entsprechend eilig, vorher noch alles geregelt zu kriegen. Dass ich geblitzt wurde, habe ich gar nicht mitbekommen. An dieser Stelle besteht ein Tempolimit, weil in dem Industriegebiet zahlreiche Zufahrten zu Firmen sind.*

Ursachen/Hintergründe: *Ich habe meinen Zeitbedarf für die anfallenden Aufgaben immer zu optimistisch kalkuliert. Ich habe mich immer daran orientiert, wie viel Zeit man braucht, wenn alles optimal läuft, nicht daran, wie die Realität meistens ist. Das Ganze hat seinen Ursprung in meiner damaligen falschen Einstellung, immer möglichst schnell möglichst viel schaffen zu wollen. Ich habe den Zeitgewinn durch Geschwindigkeitsüberschreitungen massiv überschätzt. Heute ist mir klar, dass es sich allenfalls um wenige Sekunden handelt, die man aufholen kann. Zu diesem Zeitpunkt hatte ich den Führerschein bereits gut ein Jahr und bin dabei etwa 40.000 km gefahren. Ich hatte mir in dieser Zeit bereits einen Fahrstil angewöhnt, in welchem Geschwindigkeitsübertretungen üblich und normal waren.*

Sind die Stellungnahmen zu den Einzelereignissen erarbeitet, wartet auch in der MPU die verständliche Frage, warum es immer so weiterging, auch nach ersten Bestrafungen, Fahrverboten und Unannehmlichkeiten. Auch hierzu wird in der Therapie den individuellen Ursachen sorgfältig auf den Grund gegangen. Bleiben wir hierzu bei dem bereits zitierten Anfang 50-jährigen Punktetäter, der als Einwanderer nach Deutschland kam und sein Geld vorübergehend im Rotlichtmilieu erwirtschaftete:

Auch für diesen Fall wurde – ähnlich wie bei Alkohol – im weiteren Verlauf erarbeitet, welche Veränderungen in Einstellung, Verhalten und Lebensverhältnissen ein angepasstes Verkehrsverhalten in die Zukunft hinein begründen können. Die Ergebnisse dieser Arbeiten sind hier gegenübergestellt.

Beispiel 19:

Ursachen für meine vielen Geschwindigkeitsüberschreitungen und meine falsche Einstellung früher

Die neuen Lebensumstände und Belastungen
Scheidung nach 22 Jahren, Exfrau hatte neuen Freund
Neue Partnerschaft, kleines Kind
Probleme mit Kindern aus erster Ehe
Schlechtes Gewissen den Kindern gegenüber
Die Arbeit in neuer Branche
Angst, zu versagen
Angst, in meinem Alter keine weitere Chance mehr zu kriegen

Persönlicher Ehrgeiz
Unbedingt in Deutschland auch wer sein wollen
Geschäft unbedingt zum Laufen bringen
Reich zu sein, bedeutet frei zu sein und richtig zu leben

Verantwortung für 4 Kinder
Die sollen es nicht nötig haben, das Geld so wie ich zu verdienen
Davor schützen, in meine Kreise zu kommen
Angst, dass die auch ins Milieu abrutschen

20 Jahre in Russland Lkw-Fahrer
Andere Gesetze, keine Punkte, man hat das mit Geld und Kontakten geregelt, konnte sich immer freikaufen
In Stadt gute Beziehungen gehabt, über dem Gesetz gestanden
Gutes Geld verdient

Die finanzielle Situation
Alle Rücklagen und Geschäftskapital durch Betrug verloren, musste wieder von vorne anfangen, fühlte mich gedemütigt
Exfrau, 5 Kinder, neue Frau, kleiner Bruder, alle brauchten Geld ...
Meine Scham, alles verloren zu haben, wollte meinen Fehler unbedingt schnell wieder gut machen, um mich selbst wieder zu mögen

Die Sozialisation in Kasachstan
Kleine Gesetzesübertretungen sind nicht schlimm, man darf sich eben nicht erwischen lassen
Andere Vorstellungen von Kriminalität, nur richtige Folgen zählen, nicht mögliche Folgen falschen Verhaltens
Viel Schlimmes, Brutales erlebt, daher waren Geschwindigkeitsüberschreitungen „kleine Fische" für mich
Später erlebt, wie schnell man mit egoistischem Verhalten reich werden kann und dies unkritisch auf deutsche Verhältnisse übertragen

Bislang keine richtigen Konsequenzen
Bußgelder konnte ich verschmerzen, Fahrverbote überbrückt
Nie gedacht, dass ich Führerschein wirklich verliere
Zu leicht davongekommen

Die Angst, dass das neue Geschäft auch nicht läuft
Unbedingt die Kunden zufriedenstellen wollen und damit binden
Angst, dass es nicht korrekt läuft, wenn ich nicht selbst alles kontrolliere, mache, in der Hand habe
Bezahlung nicht korrekt, Gewalt gegen die Frauen
Die Frauen nicht nachts draußen warten lassen
„Große Familie", fühle mich für die auch verantwortlich

Nie Unfall gehabt
Der Glaube „Lieber Gott passt auf mich auf"
Gefühl, unverwundbar zu sein
Schnellfahren nicht als Gefahr wahrnehmen
Überschätzung von Zeitgewinn und Verlust beim Fahren
Gewöhnung ans Schnellfahren

Früher Motocross als Hobby
Spaß an hoher Geschwindigkeit gehabt
Lockere Einstellung zum Risiko
Das Gefühl, ein guter Fahrer zu sein, der deshalb auch schneller fahren kann und darf als andere

Tausende unentdeckte Geschwindigkeitsüberschreitungen

7 Geschwindigkeitsüberschreitungen in 2002–2005

Beispiel 20:

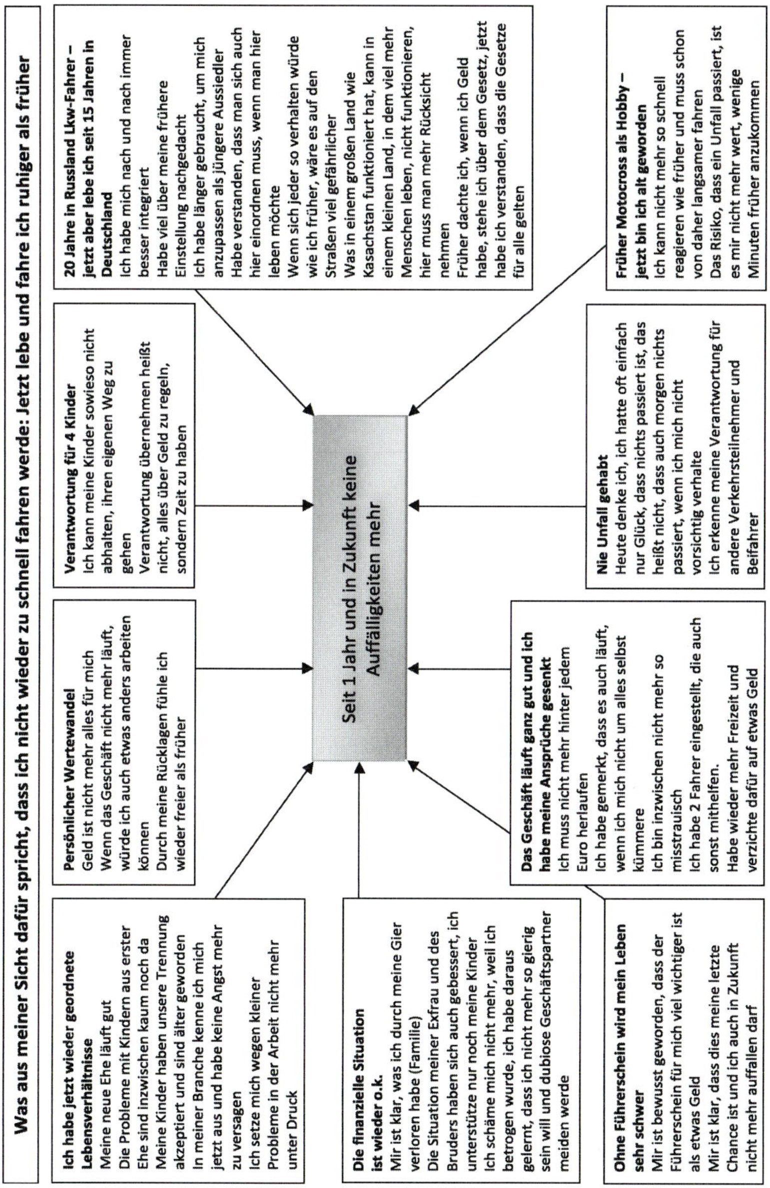

Was aus meiner Sicht dafür spricht, dass ich nicht wieder zu schnell fahren werde: Jetzt lebe und fahre ich ruhiger als früher
Seit 1 Jahr und in Zukunft keine Auffälligkeiten mehr
Ich habe jetzt wieder geordnete Lebensverhältnisse
Meine neue Ehe läuft gut
Die Probleme mit Kindern aus erster Ehe sind inzwischen kaum noch da
Meine Kinder haben unsere Trennung akzeptiert und sind älter geworden
In meiner Branche kenne ich mich jetzt aus und habe keine Angst mehr zu versagen
Ich setze mich wegen kleiner Probleme in der Arbeit nicht mehr unter Druck
Persönlicher Wertewandel
Geld ist nicht mehr alles für mich
Wenn das Geschäft nicht mehr läuft, würde ich auch etwas anders arbeiten können
Durch meine Rücklagen fühle ich wieder freier als früher
Verantwortung für 4 Kinder
Ich kann meine Kinder sowieso nicht abhalten, ihren eigenen Weg zu gehen
Verantwortung übernehmen heißt nicht, alles über Geld zu regeln, sondern Zeit zu haben
20 Jahre in Russland Lkw-Fahrer – jetzt aber lebe ich seit 15 Jahren in Deutschland
Ich habe mich nach und nach immer besser integriert
Habe viel über meine frühere Einstellung nachgedacht
Ich habe länger gebraucht, um mich anzupassen als jüngere Aussiedler
Habe verstanden, dass man sich auch hier einordnen muss, wenn man hier leben möchte
Wenn sich jeder so verhalten würde wie ich früher, wäre es auf den Straßen viel gefährlicher
Was in einem großen Land wie Kasachstan funktioniert hat, kann in einem kleinen Land, in dem viel mehr Menschen leben, nicht funktionieren, hier muss man mehr Rücksicht nehmen
Früher dachte ich, wenn ich Geld habe, stehe ich über dem Gesetz, jetzt habe ich verstanden, dass die Gesetze für alle gelten
Die finanzielle Situation ist wieder o.k.
Mir ist klar, was ich durch meine Gier verloren habe (Familie)
Die Situation meiner Exfrau und des Bruders haben sich auch gebessert, ich unterstütze nur noch meine Kinder
Ich schäme mich nicht mehr, weil ich betrogen wurde, ich habe daraus gelernt, dass ich nicht mehr so gierig sein will und dubiose Geschäftspartner meiden werde
Ohne Führerschein wird mein Leben sehr schwer
Mir ist bewusst geworden, dass der Führerschein für mich viel wichtiger ist als etwas Geld
Mir ist klar, dass dies meine letzte Chance ist und ich auch in Zukunft nicht mehr auffallen darf
Das Geschäft läuft ganz gut und ich habe meine Ansprüche gesenkt
Ich muss nicht mehr hinter jedem Euro herlaufen
Ich habe gemerkt, dass es auch läuft, wenn ich mich nicht um alles selbst kümmere
Ich bin inzwischen nicht mehr so misstrauisch
Ich habe 2 Fahrer eingestellt, die auch sonst mithelfen.
Habe wieder mehr Freizeit und verzichte dafür auf etwas Geld
Nie Unfall gehabt
Heute denke ich, ich hatte oft einfach nur Glück, dass nichts passiert ist, das heißt nicht, dass auch morgen nichts passiert, wenn ich mich nicht vorsichtig verhalte
Ich erkenne meine Verantwortung für andere Verkehrsteilnehmer und Beifahrer
Früher Motocross als Hobby – jetzt bin ich alt geworden
Ich kann nicht mehr so schnell reagieren wie früher und muss schon von daher langsamer fahren
Das Risiko, dass ein Unfall passiert, ist es mir nicht mehr wert, wenige Minuten früher anzukommen

Beispiel 21:

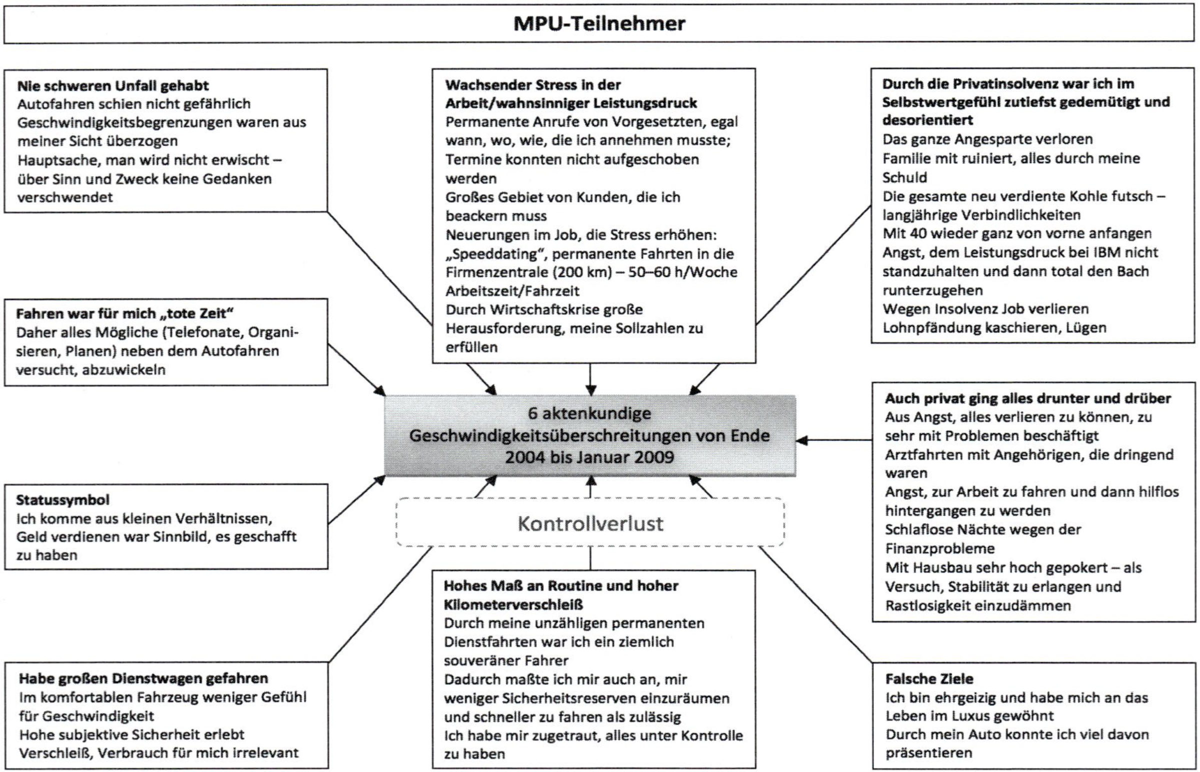
MPU-Teilnehmer
Nie schweren Unfall gehabt
Autofahren schien nicht gefährlich
Geschwindigkeitsbegrenzungen waren aus meiner Sicht überzogen
Hauptsache, man wird nicht erwischt – über Sinn und Zweck keine Gedanken verschwendet
Wachsender Stress in der Arbeit/wahnsinniger Leistungsdruck
Permanente Anrufe von Vorgesetzten, egal wann, wo, wie, die ich annehmen musste; Termine konnten nicht aufgeschoben werden
Großes Gebiet von Kunden, die ich beackern muss
Neuerungen im Job, die Stress erhöhen: „Speeddating“, permanente Fahrten in die Firmenzentrale (200 km) – 50–60 h/Woche Arbeitszeit/Fahrzeit
Durch Wirtschaftskrise große Herausforderung, meine Sollzahlen zu erfüllen
Durch die Privatinsolvenz war ich im Selbstwertgefühl zutiefst gedemütigt und desorientiert
Das ganze Angesparte verloren
Familie mit ruiniert, alles durch meine Schuld
Die gesamte neu verdiente Kohle futsch – langjährige Verbindlichkeiten
Mit 40 wieder ganz von vorne anfangen
Angst, dem Leistungsdruck bei IBM nicht standzuhalten und dann total den Bach runterzugehen
Wegen Insolvenz Job verlieren
Lohnpfändung kaschieren, Lügen
Fahren war für mich „tote Zeit“
Daher alles Mögliche (Telefonate, Organisieren, Planen) neben dem Autofahren versucht, abzuwickeln
6 aktenkundige Geschwindigkeitsüberschreitungen von Ende 2004 bis Januar 2009
Auch privat ging alles drunter und drüber
Aus Angst, alles verlieren zu können, zu sehr mit Problemen beschäftigt
Arztfahrten mit Angehörigen, die dringend waren
Angst, zur Arbeit zu fahren und dann hilflos hintergangen zu werden
Schlaflose Nächte wegen der Finanzprobleme
Mit Hausbau sehr hoch gepokert – als Versuch, Stabilität zu erlangen und Rastlosigkeit einzudämmen
Statussymbol
Ich komme aus kleinen Verhältnissen, Geld verdienen war Sinnbild, es geschafft zu haben
Kontrollverlust
Habe großen Dienstwagen gefahren
Im komfortablen Fahrzeug weniger Gefühl für Geschwindigkeit
Hohe subjektive Sicherheit erlebt
Verschleiß, Verbrauch für mich irrelevant
Hohes Maß an Routine und hoher Kilometerverschleiß
Durch meine unzähligen permanenten Dienstfahrten war ich ein ziemlich souveräner Fahrer
Dadurch maßte ich mir auch an, mir weniger Sicherheitsreserven einzuräumen und schneller zu fahren als zulässig
Ich habe mir zugetraut, alles unter Kontrolle zu haben
Falsche Ziele
Ich bin ehrgeizig und habe mich an das Leben im Luxus gewöhnt
Durch mein Auto konnte ich viel davon präsentieren

Beispiel 22:

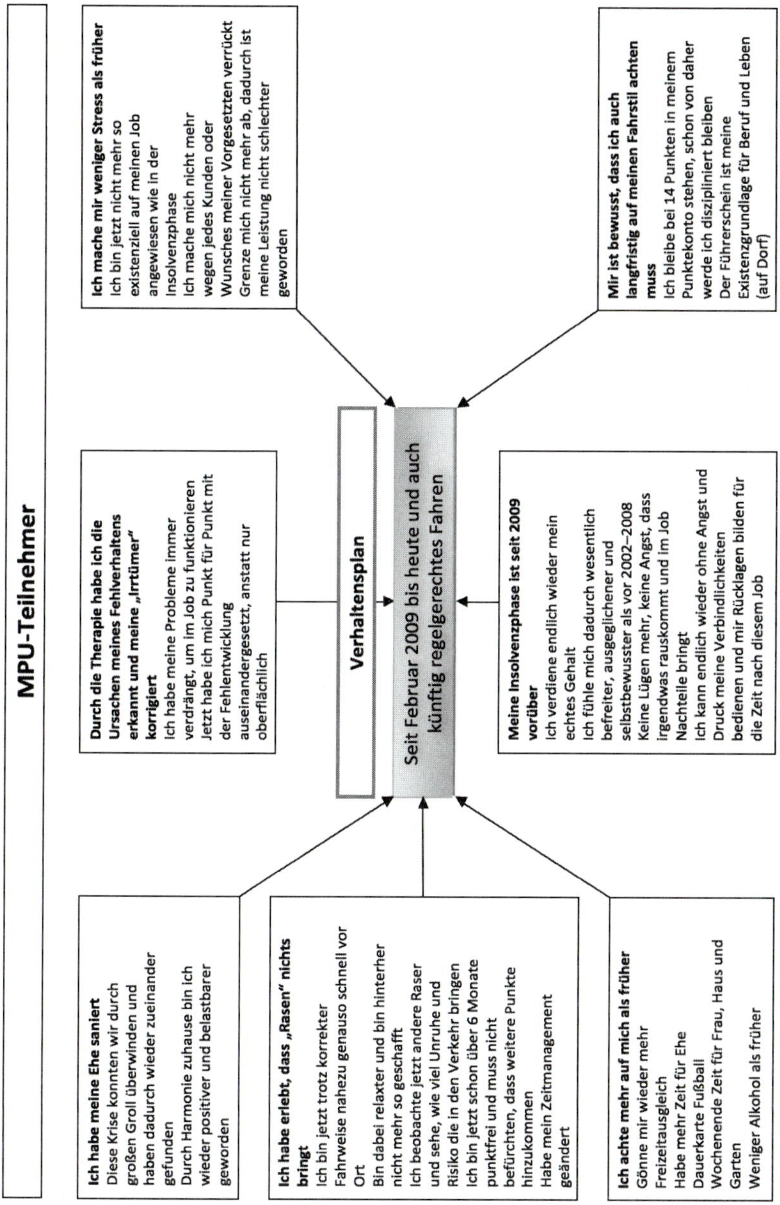
MPU-Teilnehmer
Ich habe meine Ehe saniert
Diese Krise konnten wir durch großen Groll überwinden und haben dadurch wieder zueinander gefunden
Durch Harmonie zuhause bin ich wieder positiver und belastbarer geworden
Durch die Therapie habe ich die Ursachen meines Fehlverhaltens erkannt und meine „Irrtümer" korrigiert
Ich habe meine Probleme immer verdrängt, um im Job zu funktionieren
Jetzt habe ich mich Punkt für Punkt mit der Fehlentwicklung auseinandergesetzt, anstatt nur oberflächlich
Ich mache mir weniger Stress als früher
Ich bin jetzt nicht mehr so existenziell auf meinen Job angewiesen wie in der Insolvenzphase
Ich mache mich nicht mehr wegen jedes Kunden oder Wunsches meiner Vorgesetzten verrückt
Grenze mich nicht mehr ab, dadurch ist meine Leistung nicht schlechter geworden
Verhaltensplan
Seit Februar 2009 bis heute und auch künftig regelgerechtes Fahren
Ich habe erlebt, dass „Rasen" nichts bringt
Ich bin jetzt trotz korrekter Fahrweise nahezu genauso schnell vor Ort
Bin dabei relaxter und bin hinterher nicht mehr so geschafft
Ich beobachte jetzt andere Raser und sehe, wie viel Unruhe und Risiko die in den Verkehr bringen
Ich bin jetzt schon über 6 Monate punktfrei und muss nicht befürchten, dass weitere Punkte hinzukommen
Habe mein Zeitmanagement geändert
Ich achte mehr auf mich als früher
Gönne mir wieder mehr Freizeitausgleich
Habe mehr Zeit für Ehe
Dauerkarte Fußball
Wochenende Zeit für Frau, Haus und Garten
Weniger Alkohol als früher
Meine Insolvenzphase ist seit 2009 vorüber
Ich verdiene endlich wieder mein echtes Gehalt
Ich fühle mich dadurch wesentlich befreiter, ausgeglichener und selbstbewusster als vor 2002–2008
Keine Lügen mehr, keine Angst, dass irgendwas rauskommt und im Job Nachteile bringt
Ich kann endlich wieder ohne Angst und Druck meine Verbindlichkeiten bedienen und mir Rücklagen bilden für die Zeit nach diesem Job
Mir ist bewusst, dass ich auch langfristig auf meinen Fahrstil achten muss
Ich bleibe bei 14 Punkten in meinem Punktekonto stehen, schon von daher werde ich diszipliniert bleiben
Der Führerschein ist meine Existenzgrundlage für Beruf und Leben (auf Dorf)

Ein anderes Beispiel zeigt den Fall eines sehr ehrgeizigen Außendienstmitarbeiters in einer sehr großen Firma. Der Problemraum ist von verschiedenen Ursachen für das Resultat „diverse Verkehrsauffälligkeiten" gekennzeichnet. An diesem Beispiel (Nr. 21) wird sehr gut deutlich, dass eine hohe Punktebelastung in Flensburg keinesfalls zufällig oder ohne massive Gründe entstehen kann. Die üblichen Alltagsprobleme und Ärgernisse (Stress im Job, Unzufriedenheit mit diesem oder jenem, Beziehungsdramen) hat doch fast jeder mal erlebt, ohne dass es hierdurch allein zu vielen Flensburg-Punkten gekommen wäre.

Bei den statistisch gesehen sehr seltenen „Punktetätern" kommen hingegen zumeist sehr viele akute Belastungen und sicherheitsabträgliche Einstellungen bei der Verkehrsteilnahme zusammen, sodass das Punktekonto derart massiv anschwillt, dass die Fahrerlaubnis entzogen wird.

Häufig sind, wie beschrieben, gerade aber auch Berufskraftfahrer potenzielle Kandidaten für eine MPU. Hierzu das **Beispiel 23** eines Mitte 20-jährigen Klienten, der sein Lebensschicksal und die Verknüpfung zu seinen Verkehrsauffälligkeiten in Form eines ausführlichen Aufsatzes zusammenführt:

Wie konnte es überhaupt zu einer derartigen Anhäufung von Verstößen kommen, obwohl mir klar war, dass ich meinen Führerschein existenziell benötige?

Ich möchte hiermit feststellen, dass ich durch die Aufarbeitung meiner Probleme mit Dr. H. erkannt habe, warum ich in der Vergangenheit zum Wiederholungstäter geworden bin.

Von meinem ersten Verstoß an, im Jahre 2006, befand ich mich in einer persönlichen, starken Lebenskrise. Auch bis dahin war mein Lebensschicksal von verschiedenen Belastungen gekennzeichnet, die zu der Eskalation 2006–2010 beigetragen haben. Ohne Vater aufgewachsen, meine Mutter hatte einige Stiefväter angebracht, mit denen ich mich nie gut verstanden habe. Es gab diverse Umzüge und damit verbundene Neuanfänge (wieder neue Schule, wieder neue Freunde suchen müssen, wieder der Außenseiter sein …) für mich. In der Schule war ich bereits übergewichtig und wurde gehänselt. Ich musste die 7. Klasse wieder-

holen, meine erste Berufsausbildung habe ich abgebrochen, Lkw-Fahrer zu sein mit 23 Jahren war mein erster richtiger Job, in dem ich mich endlich beweisen wollte. Um mich bei anderen beliebt zu machen, habe ich eigentlich nie das getan, was ich wirklich wollte, sondern das, was von mir verlangt wurde. Ich hatte bis vor Kurzem auch noch nicht die Reife und den Mut, die richtigen Prioritäten zu setzen.

Die konkreten Gründe ab 2006 dafür sind meine gescheiterte Beziehung zu meiner damaligen Lebensgefährtin, berufliche Unzufriedenheit und Anhäufung von immer größer werdenden Schulden durch meine frühere Spielsucht.

Ich habe in dieser Zeit 30 kg zugenommen. Die Perspektivlosigkeit und die Frustration, die dadurch entstand, habe ich nicht allein bewältigen können, und das hatte zur Folge, dass ich mich nicht mehr zu 100 % auf meine Arbeit konzentrieren konnte und den Straßenverkehr mehr und mehr als „Nebenkriegsschauplatz" missbraucht habe. Mein Selbstwertgefühl war ganz unten, ich habe keine Zeit mehr gefunden, z. B. Sport zu treiben, auch um abzunehmen oder etwas für meine Beziehung zu tun. Ich hatte Gewissensbisse wegen meiner teuren Spielsucht und brauchte einen Strohhalm, an den ich mich klammern konnte. Dies war damals meine Selbstwahrnehmung als toller Fahrer, der dadurch, dass er so gut ist, über Recht und Gesetz steht. Ich war seinerzeit nicht fähig, auf meine Fehler zu gucken, weil dies das letzte bisschen positive Meinung über mich selbst auch noch kaputt gemacht hätte. Ich habe mir die Tatsachen so zurechtgelegt, dass ich in meiner positiven Meinung über mich selbst bleiben konnte (z. B. Radarkontrollen und Abstandsmessung sind eine gezielte Abzocke, keine Unfälle beweisen doch automatisch, dass ich es richtig mache usw. …). Die große Verantwortung und Professionalität, die mit dem Lkw-Fahren verbunden sein müssen, habe ich mir nicht bewusst gemacht.

Ich hatte zu diesem Zeitpunkt die Kontrolle über mich verloren und handelte unüberlegt und unzufrieden, da ich mir selbst einredete, dass ich aus dieser Situation selbst wieder herauskäme. Ich habe vermieden, darüber mit meiner Familie oder Freunden zu sprechen, was sich als großer Fehler herausstellte. Ich hatte Angst, dass ich die Menschen verliere, wenn die von meinem Spielen erfahren – und dann total alleine und einsam dazustehen.

Die berufliche Unzufriedenheit war bis zu meiner Kündigung 2011 durch Verlust des Führerscheins mein ständiger Begleiter. Ich hatte zwar einen unbefristeten Arbeitsvertrag, was meine einzige Motivation war, in dieser Firma weiterzuarbeiten (widerwillig), um von meinem Schuldenberg herunterzukommen. Deshalb habe ich das Spiel mitgespielt, obgleich mir klar war, dass die Terminplanung dort im Rahmen der Legalität nicht zu schaffen war.

Was den Rest meiner Probleme angeht, habe ich Ende 2010 mein persönliches Glück gefunden: Eine ganz liebe Freundin, die trotz dieser widrigen Umstände zu mir hält. Meine Familie weiß von all meinen Problemen, und das ist sehr wichtig für mich, auch um ihre Unterstützung zu wissen.

Ich lebe seitdem viel ruhiger und ausgeglichener, klar sind die Schulden noch da, aber davon lasse ich mich nicht mehr verrückt machen.

Ich möchte noch mal betonen, dass die Probleme der Vergangenheit inzwischen an Bedeutung verloren haben, weil ich gelernt habe, mich diesen zu stellen und meine Stärken und Schwächen besser einzuschätzen. Daher bin ich kompetenter geworden und traue mir zu, meinen Ärger und Frust nicht mehr im Straßenverkehr auszuleben.

Das Jahr ohne Führerschein hat mir gezeigt, dass es, so schwer es auch ist, immer weitergeht. In Zukunft werde ich von vorneherein sehr genau die Regeln einhalten, wie in den letzten Monaten vor der Entziehung der Fahrerlaubnis auch, ich werde öfter auf die Bremse treten und rechts ranfahren, um sämtlichen Ärger und Stress zu vermeiden. Dabei ist mir bewusst, dass alte Gewohnheiten mächtig sind und drohen, sich wieder einzuschleichen. Zu wissen, dass alle meine Freunde und die Familie geschlossen hinter mir stehen, lässt mich positiv in die Zukunft blicken.

Wenn ich wieder in eine Krise geraten sollte (z. B. Partnerschaft, Job, Todesfall), werde ich die Zeichen früher erkennen und versuchen, sehr frühzeitig Hilfe zu suchen, indem ich meine Sorgen offen anspreche und nicht mehr in mich hineinfresse und die Sache immer mehr eskalieren lasse. Es gibt viele Ansprechpartner (Familie, Schuldnerberatung, Psychologen), und ich schäme mich nicht mehr, dort hinzugehen. Ich möchte mehr auf mich achten, regelmäßig Bewegung haben, abnehmen und mich wieder um meine Hobbys kümmern, um für einen Ausgleich zum Job zu sorgen. Das Spielen habe ich seit Ende 2010 erfolgreich aufgegeben.

Ein letztes Beispiel zur Rehabilitation von „Punkte- oder Straftätern" bezieht sich auf einen Fahranfänger mit Migrationshintergrund. Er ist bereits als Jugendlicher mehrfach straffällig geworden und einige Zeit später aufgrund eines Verkehrskonflikts mit einem anderen Autofahrer in Streit geraten, was schließlich in einer heftigen Auseinandersetzung endete und zum Entzug des Führerscheins führte sowie zur MPU mit „Strafrechtfragestellung".

Beispiel 24: 23 Jahre, Körperverletzung und Beleidigung

Ich bin in der Türkei geboren, ich habe noch 7 Geschwister. Im Alter von 2 Jahren bin ich nach Deutschland gekommen. Mein Vater war immer arbeitslos und früher sehr streng. Ich habe 9 Jahre eine Schule besucht und bin wegen schlechter Leistungen aussortiert worden und sollte ein Berufsvorbereitungsjahr (BVJ) machen, was ich nach einem halben Jahr abgebrochen habe. Wegen verschiedener Jugendstrafen und zuletzt einem Raubüberfall auf einen Getränkemarkt bin ich erst in U-Haft und dann im Jugendstrafvollzug gewesen.

Danach habe ich eine Ausbildung zum Einzelhandelskaufmann begonnen, aber nach einigen Monaten wieder abgebrochen, weil ich in der Berufsschule den Stoff nicht begriffen habe. Das war mir peinlich und deshalb habe ich mich entschlossen, einfach so ohne Ausbildung zu jobben. Seitdem arbeite ich als Aushilfe auf 400-€-Basis. Ich habe seit 7 Jahren eine feste Freundin, wir haben 3 gemeinsame Kinder im Alter von 2, 3 und 5 Jahren. In meiner Freizeit spiele ich im Verein Fußball.

Warum muss ich die MPU machen?

Ich habe früher viel Mist gebaut, weil ich mich beweisen wollte, war kriminell und habe auch im Straßenverkehr die Regeln nicht ernst genommen und bin deshalb auch in kurzer Zeit wiederholt aufgefallen. Deshalb hat die Führerscheinstelle Angst, mir den Führerschein wiederzugeben, weil die befürchten, dass ich so weitermache, wie ich damals aufgehört habe und dadurch die Sicherheit im Straßenverkehr gefährde. Heute will ich erklären, dass ich mich zum Positiven geändert habe und dass von mir keine Gefahr mehr ausgeht.

Zu den Jugendstrafen:

Ich war nach der Pubertät mit mir selbst und meinem Leben total unzufrieden. Ich war ein sehr schlechter Schüler, habe aufgrund meiner Sprachdefizite, meiner Erziehung und mangelnder Unterstützung durch meine Familie als eines von 8 Kindern die Leistungen nicht gebracht. Mir konnte zu Hause auch keiner helfen, ich habe kein Taschengeld bekommen und kam mir minderwertig vor, schlechter als andere in meinem Alter. Darunter habe ich sehr gelitten, wollte das aber nicht eingestehen, denn es wäre viel zu peinlich gewesen. Dann wäre ich bei den Gleichaltrigen endgültig der Loser gewesen, das wollte ich auf alle Fälle vermeiden. Deshalb habe ich versucht, aus meinem Dilemma irgendwie rauszukommen und auch Erfolge zu erzielen, die allen zeigen, dass ich kein Niemand bin. Da sich über Schule und Berufsausbildung keine kurzfristigen Erfolge einstellten, bin ich den einfacheren Weg gegangen. Ich habe mich mit Leuten angefreundet, die alle ähnliche Probleme hatten (Ausländer, schlechte Perspektiven) – unter diesen Menschen war ich schon mal gleichwertiger. Weil ich noch sehr naiv war, habe ich über das, was da getan wurde (z. B. Straftaten) gar nicht richtig nachgedacht. Mir war wichtiger, mich vor den Leuten zu beweisen, dass die mich cool finden und ich Geld hatte, um damit Klamotten und Handys zu kaufen, damit jeder sieht, dass ich erfolgreich bin. So habe ich versucht, die Unzufriedenheit mit meiner Situation und die Angst vor der Zukunft wegzukriegen. In der Gruppe war es auch wichtig, dass man überall mitmacht, um kein Außenseiter oder Feigling zu sein. Die Gruppe war mir als Ersatzfamilie wichtig, weil ich in meiner echten Familie keine Anerkennung und Bestätigung bekommen habe. Daher habe ich bei mehreren Straftaten mitgemacht, z. B. Diebstahl, Hehlerei, Raub.

Zum Delikt:

Ich war zu dieser Zeit noch Fahranfänger und konnte viele Verkehrssituationen deshalb noch nicht richtig einschätzen. Ich habe meine

Freundin, unser kleines Kind, meine Schwester und einen Kumpel im Auto gehabt. Als Fahrer habe ich mich toll und wichtig gefühlt. In einer Seitenstraße gab es ein Missverständnis mit einem entgegenkommenden Pkw. Ich habe mich uneindeutig verhalten, und der andere, auf dessen Seite parkende Fahrzeuge standen, ist dann losgefahren, weil er wohl dachte, ich will da parken oder lasse ihn durch. Ich habe gemeint, doch Vorfahrt zu haben und bin auch gefahren, sodass die Autos nicht aneinander vorbeigepasst haben. Ich musste daher nach rechts auf den Bordstein ausweichen, worüber ich mich sehr geärgert habe. Ich habe es damals in meiner Unzufriedenheit mit meinem Leben als Beleidigung empfunden, wenn mich jemand in meinen Rechten eingeschränkt hat und habe deshalb gehupt, um dem anderen klarzumachen, dass er einen Fehler gemacht hat und dass er sich entschuldigen soll.

Der hat dann aber eine provozierende Geste gemacht, was mich noch wütender gemacht hat. Nach dem Motto: Ich bin es nicht wert, dass man sich bei mir entschuldigt. Stattdessen verhöhnt der mich noch vor meiner Familie und dem Kumpel. Das wollte ich nicht auf mir sitzen lassen. Deshalb habe ich noch mal gehupt und bin stehen geblieben, auch, um die hinter ihm folgenden Fahrzeuge noch durchzulassen. Beim Zurückgucken habe ich gesehen, dass der rechts ranfuhr, das Fenster öffnete und wieder eine abfällige Geste machte. Dadurch habe ich mich weiter provoziert gefühlt und wollte vor den anderen nicht als Feigling dastehen, der kapituliert und gedemütigt wegfährt, ohne das wie ein Kerl zu klären. Meine Freundin sagte noch, ich soll weiterfahren, aber ich wollte das nicht auf mir sitzen lassen. Ich fühlte mich im Recht und keiner sollte mich ungestraft so lächerlich machen.

Deshalb bin ich auch ausgestiegen, und der andere und ich sind aufeinander zugegangen. Das war ein 2-Meter-Mann mit Müllabfuhr-Anzug, tätowiert, deshalb habe ich Angst gekriegt, dass ich dem unterlegen bin. Das wollte ich aber nicht zeigen, das wäre erst recht eine Niederlage gewesen. Mein Kumpel ist auch mit ausgestiegen, wollte schlichten. Es entwickelte sich ein Wortgefecht, in welchem ich den anderen mehrfach beleidigt habe, weil er mich als Ausländer verhöhnte. Ich habe so was gesagt wie „Nazi", „Fettsack", „fettes Schwein". Als er gesagt hat, dass ich stinke, habe ich ihn angespuckt.

Durch mein aggressives Verhalten habe ich gehofft, dass er abhaut und ich als Sieger vor den anderen dastehe. Er tat dies aber nicht, sondern wurde auch aggressiver, was mich geschockt hat, denn meistens hatte ich früher mit dieser Methode Erfolg. Aggressives Auftreten hat sonst immer gereicht, um mir Respekt zu verschaffen, jetzt kriegte ich Angst, dass der Ernst macht und mich auseinandernimmt. Deshalb habe ich ihn vorsorglich mit dem Pfefferspray kampfunfähig machen wollen, was mir auch gelungen ist.

Was war an meinem Verhalten falsch? Wie hätte ich das vermeiden können?

Es ging schon damit los, dass ich als unsicherer Fahrer, nachdem ich einen Fehler gemacht hatte, die Sache nicht auf sich habe beruhen lassen und stattdessen angefangen habe, zu hupen. Die Hupe ist ein Warnsignal und nicht dazu da, andere damit zu belästigen oder zu beschimpfen. Hätte ich den anderen einfach vorbeifahren lassen, wäre der ganze Konflikt nicht entstanden. Im Straßenverkehr kann es öfter passieren, dass es Missverständnisse gibt, weil Menschen nicht direkt aus ihren Autos heraus schnell was klären können.

Ich habe den Straßenverkehr hier missbraucht, um mal wieder beweisen zu wollen, dass ich kein Idiot bin, sondern jemand, dem Respekt gebührt. Es bringt auch gar nichts, einen solchen Konflikt immer mehr auszuweiten, auch im persönlichen Kontakt hätte es noch Möglichkeiten gegeben, die Sache vernünftig zu besprechen.

Ich hätte z. B. auch hier noch sagen können, dass ich vor Schreck und weil ich mein kleines Kind im Auto hatte, gehupt habe und dass es jetzt auch gut ist. Dann hätte der andere bestimmt auch kein Interesse mehr gehabt, den Streit fortzusetzen. Ich habe durch mein weiteres Verhalten aber erst dafür gesorgt, dass die Situation so eskalierte, dass eine körperliche Auseinandersetzung drohte. Der andere wollte sich wahrscheinlich genau wie ich selbst vor seiner Familie auch nicht blamieren, deshalb ist immer mehr Schärfe reingekommen.

Wenn ich heute in eine ähnliche Situation kommen würde, würde ich einfach weiterfahren; wenn ich etwas falsch gemacht habe, mich mit einer freundlichen Geste entschuldigen, man kann Missverständnisse und Fehler im Straßenverkehr nie 100%ig vermeiden. Jeder macht mal was falsch, dafür sollte man auch gegenseitiges Verständnis aufbringen und sich nicht aufregen.

Heute habe ich begriffen, dass der Straßenverkehr für mich früher ein „Nebenkriegsschauplatz" war, wo ich versucht habe, das zu bekommen, was ich in wichtigen Bereichen meines Lebens bis dahin nicht geschafft habe. Ich war ein vorbestrafter junger Mensch, frisch aus dem Knast, ohne Schulabschluss, Ausbildung, Perspektive, ohne Geld, ohne Selbstbewusstsein, der jetzt auch noch ein Kind hatte, was er nicht bezahlen konnte. Im Straßenverkehr hatte ich die Chance, genauso gut oder besser zu sein als andere, z. B. schneller zu fahren, jemand, der sich sein Recht nimmt. Das hat mir zumindest die Illusion von „Ich bin wer" gegeben, so ähnlich wie früher die Klamotten, Handys und das Gang-Getue.

Heute ist mir klar, dass der Straßenverkehr, wo es um Leben und Sicherheit geht von Menschen, die mit meinen Problemen gar nichts zu tun haben, der völlig falsche Ort ist, sich beweisen zu wollen oder sich zu streiten. Ich muss meinen Erfolg und meine Selbstbestätigung in anderen Lebensbereichen bekommen, nur das ist meine Chance, seelisch zufrieden zu sein.

9 Wann liegt die Fahreignung (wieder) vor?

Die Frage, die sich nun stellt (auch nach einer Verkehrstherapie), ist die, woran die Gutachter erkennen können, dass Ihre Rückfallwahrscheinlichkeit ausreichend gesenkt ist. Auch Fachleute können weder in Sie hinein noch in die Zukunft blicken. Die Gutachter müssen sich daher an empirischen Befunden (das heißt an Erfahrungswissen anhand von gezielten Beobachtungen in der Praxis) orientieren. Solche Befunde werden ausgewertet und in den Begutachtungsleitlinien und Beurteilungskriterien zusammengefasst, die die Grundlage für die Arbeit der Gutachter sind. Abweichungen von diesen Vorgaben müssen von den Gutachtern im Einzelfall überzeugend begründet werden.

Die Struktur dieser Regelwerke sieht vor, dass zur Bewertung eines Veränderungsprozesses zunächst das Ausmaß der früheren Problematik eingeschätzt werden muss. Dies ist notwendig, weil sich problematische Gewohnheiten eben in einem sehr langen Zeitraum stetig entwickelt und schließlich verfestigt haben, was es schwierig macht, diese Gewohnheiten wieder abzulegen und durch andere zu ersetzen. Je langwieriger und ausgeprägter die Problematik ist, desto schwieriger ist nun natürlich auch die Veränderung und Festigung neuer Verhaltensmuster. Daher müssen je nach Art und Ausmaß der früheren Problematik die Veränderungen auch unterschiedlich intensiv und unterschiedlich lange erprobt werden, bevor man davon ausgehen kann, dass diese auch dauerhaft stabil bleiben.

Die erste Aufgabe der Gutachter besteht deswegen darin, zu überprüfen, ob Ihre Schilderungen zu Ihrem früheren Verhalten realistisch sind und damit als Grundlage für die Einschätzung des Ausmaßes des Problems herangezogen werden können. Stimmen zum Beispiel Ihre Angaben zu der Trinkmenge am Tag der Auffälligkeit mit der festgestellten Blutalkoholkonzentration überein? Ist es nachvollziehbar, dass die von Ihnen geschilderten früheren Trinkgewohnheiten zu der dazu erforderlichen Trinkfestigkeit geführt haben? Ist es plausibel, dass das von Ihnen geschilderte frühere Verkehrsverhalten zu der aktenkundigen Anzahl an Flensburg-Punkten geführt hat?

Wenn Ihre Angaben für den Gutachter nachvollziehbar (also glaubwürdig) sind, erfolgt als nächstes auf dieser Grundlage die Zuordnung in eine Systematik, die das Ausmaß der Problematik beschreibt (sind Ihre Angaben nicht nachvollziehbar, bekommen Sie bereits deshalb ein negatives Gutachten, weil man keine zuverlässigen Daten von Ihnen erhält, die eine solche Zuordnung möglich machen würden). Diese Systematik ist in den Beurteilungskriterien wiedergegeben und beinhaltet außerdem die Anforderungen, die jeweils erfüllt sein müssen, damit man die Rückfallwahrscheinlichkeit für ausreichend gesenkt erachten darf.

Im Falle von Alkohol heißt das zunächst, ob ein veränderter Umgang mit Alkohol dergestalt, dass nun sehr viel weniger und vorsichtiger getrunken wird, ausreichend sein kann oder eine lebenslange konsequente Alkoholabstinenz (bei Alkoholkranken) oder Alkoholverzicht (bei dauerhaft nicht kontrollierbarem Umgang mit Alkohol) gefordert werden muss. Bei Drogen gilt fast immer, dass ein völliger Verzicht auf jegliche illegale Drogen gefordert wird.

Glauben Sie selbst, dass Sie künftig immer und in jeder Situation maßvoll und entsprechend Ihren eigenen Vorsätzen trinken können? Oder halten Sie das in Ihrem eigenen, ganz persönlichen Fall doch für schwierig, sodass Sie zu dem Schluss gelangen, dann lieber ganz auf Alkohol verzichten zu müssen? Diese Entscheidung ist nicht einfach und für die Gutachter an eine Reihe von Merkmalen geknüpft, die im Gespräch überprüft werden. Auch bei der Entscheidung, welches konkrete Verhalten Sie künftig praktizieren wollen, um nicht wieder im Verkehr aufzufallen, können Ihnen Fachleute helfen.

Die Systematik der Beurteilung beinhaltet außerdem die Anforderungen an die Zeiträume, die jeweils bereits verstrichen sein müssen, damit das neue Verhalten als ausreichend erprobt und damit als stabilisiert angesehen werden darf, und wie genau das neue Verhalten z. B. mit Laborbefunden im Vorfeld einer MPU belegt sein sollte. Hierbei ist immer darauf zu achten, dass Untersuchungsergebnisse, die nicht im Rahmen der MPU selbst erhoben werden, vom durchführenden Arzt abgestempelt und unterschrieben werden, um die Echtheit des Befunds abzusichern. Besonders bei Urinproben oder Haaranalysen auf das Alkoholabbauprodukt EtG bzw. illegale Betäubungsmittel sind zahlreiche formale Anforderungen zur Entnahme, Analyse und Bescheinigung der Ergebnisse zu beachten.

Viele, die z. B. wegen einer Drogenauffälligkeit zur MPU müssen, haben schon einmal gehört, dass sie jetzt ein Jahr Drogenfreiheit beweisen müssen. Das ist nicht ganz falsch, aber auch nicht immer richtig: In bestimmten Fällen kann der notwendige Zeitraum auch länger oder kürzer sein. Außerdem spielt es je nach Ausmaß der Problematik auch eine wichtige Rolle, ob und zu welchem Zeitpunkt eine Therapie stattgefunden hat.

„Warum das?", mögen Sie sich fragen. Der Grund ist einfach: Man stellt immer wieder fest, dass während einer laufenden Therapie die Rückfallquote noch relativ gering ist, verglichen mit der Rückfallquote in der ersten Zeit nach Ende der Therapie. Darum müssen je nach Problematik auch unterschiedliche sogenannte „Stabilisierungszeiträume" nach abgeschlossener Maßnahme belegt werden.

Viele dagegen, für die wegen Alkohols eine MPU ansteht, haben schon einmal gehört, dass sie nun ab und zu „Leberwerte" beim Hausarzt erheben lassen müssen. Auch das ist nicht ganz falsch und nicht ganz richtig: Zum Nachweis eines inzwischen gemäßigten Alkoholkonsums können und sollten durchaus Leberwerte vom Hausarzt herangezogen werden. Hier ist neben GGT, GOT und GPT insbesondere auch der CDT-Wert wichtig: Der CDT-Wert ist im Gegensatz zu den Leberwerten bei fast jedem erhöht, der mehrmals wöchentlich einige Drinks zu sich nimmt. Die anderen Werte (GGT, GOT, GPT) sind bei manchen Menschen trotz hohen Alkoholkonsums unauffällig oder auch erhöht aufgrund anderer Usachen.

Wenn jemand aufgrund von vielen Flensburg-Punkten und/oder Straftaten verhaltensauffällig wurde, ist in ähnlicher Weise der Schweregrad des Einzelfalles zu bewerten. Ist jemand nur unwillig, aber durchaus fähig, sich an die Vorschriften zu halten? Liegt eine stärker verfestigte Störung vor, die es dem Betroffen erheblich erschwert, sich trotz eventuell vorhandener guter Absichten an Regeln zu halten? Weist jemand in seiner Lebensgeschichte Hinweise darauf auf, dass er schon immer massiv verhaltensauffällig war, sodass nur eine gezielte psychotherapeutische Behandlung eine echte Verbesserung im Verhalten erwarten lässt? Entsprechend dieser Einstufungen ergeben sich auch hierzu sinnvolle Anforderungsprofile, welches Ausmaß an Einstellungs- und Verhaltensänderungen gegeben sein muss, um künftig ein regelgerechtes und sicherheitsorientiertes Verhalten als Verkehrsteilnehmer erwarten zu können.

Fordert die Fahrerlaubnisbehörde aufgrund verschiedener Verstöße ein MPU-Gutachten mit kombinierter Fragestellung (z. B. Alkohol und Drogen), müssen Sie entsprechend die Anforderungen sowohl für den Alkohol- als auch für den Drogenbereich erfüllen.

9.1 Haarproben und Urinkontrollen als Nachweis für den Verzicht auf Alkohol und/oder Drogen

Urinproben oder Haaranalysen sind die einzigen in der MPU akzeptierten Möglichkeiten, einen Drogenverzicht nachzuweisen. Für einen Nachweis des Verzichts auf Alkohol ist es in speziellen Fällen alternativ möglich, auch über eine Reihe von Messergebnissen von Bluttests Abstinenz oder zumindest Verzicht zu belegen (siehe Kapitel 9.2).

Zum Nachweis des Alkoholverzichts oder einer strikten Alkoholabstinenz ist es erforderlich, mittels Urinscreeningprogramm oder Haaranalysen zu zeigen, dass ein bestimmtes Stoffwechselprodukt, das der Körper beim Abbau von Alkohol erzeugt (Ethylglucoronid oder kurz EtG), nicht vorliegt.

Bei der Analyse des Urins auf Betäubungsmittel dürfen ebenso wie bei Haarproben nicht nur die Drogen untersucht werden, mit denen Sie schon aufgefallen sind, sondern alle gängigen illegalen Betäubungsmittel. Die Labore haben hierfür eine Liste. Aus der Bescheinigung, die Sie erhalten, wenn die Vertragslaufzeit abgeschlossen ist, müssen diese Sachverhalte hervorgehen.

Die zu testenden Stoffgruppen sind folgende:

- Cannabinoide
- Opiate
- Kokain
- Amphetamine
- Methadon
- Benzodiazepine.

Ist ein Opiatkonsum bekannt, müssen sowohl in der Haarprobe als auch in Urintests weitere Substanzen (Opioide und deren Metabolite) untersucht werden, wodurch sich die Kosten nochmals erhöhen.

Wenn jemand mit Betäubungsmitteln und Alkohol aufgefallen ist, kann er auch kombinierte Proben durchführen lassen.

Sowohl für Haaranalysen als auch für Urinproben, die in der MPU verwertet werden dürfen, benötigen die Labore eine spezielle Zulassung (Akkreditierung als forensisches Labor nach DIN ISO 17025). Wenn ein Labor ohne eine solche Zulassung Ihre Proben analysiert, ist das Ergebnis für Sie wertlos! Wenn Sie ihre Tests bei einer der bundesweit über 270 amtlich anerkannten Begutachtungsstellen für Fahreignung (MPU-Stelle) in Auftrag geben, können Sie sichergehen, dass formal alles den Anforderungen entspricht, auch das Zertifikat, welches Sie über Ihre Ergebnisse erhalten. Theoretisch können die Proben auch an anderer Stelle entnommen werden, ohne in Widerspruch zu den Anforderungen der Beurteilungskriterien zu geraten, nämlich:

- bei einem Arzt mit der Gebietsbezeichnung „Rechtsmedizin“,
- bei einem Arzt oder Toxikologen in einem für forensische Zwecke akkreditierten Labor,
- bei einem Arzt des Gesundheitsamtes oder der öffentlichen Verwaltung, der die hierfür erforderliche Qualifikation besitzt.

Hierdurch soll gewährleistet werden, dass Proben nur durch neutrale, qualitätsgesicherte Stellen auf dem neuesten Stand von Wissenschaft und Technik entnommen und analysiert werden. Insbesondere sollen Interessenskonflikte beim Nachweis von Alkohol oder Drogen verhindert werden. Die genauen Bestimmungen hierzu enthalten die sogenannten CTU-Kriterien (Chemisch-Toxikologische Untersuchung) der Beurteilungskriterien (2013).

Haaranalysen allgemein

Bei der Haaranalyse gilt, dass man von einem durchschnittlichen Haarwachstum von einem Zentimeter pro Monat ausgeht, also jeder Zentimeter Haare einen Monat Alkohol- oder Drogenfreiheit belegen kann. Da man auf dem Kopf auch Haare hat, die gar nicht mehr wachsen bzw. in einer Ruhephase sind, und weil die Haare individuell unterschiedlich schnell wachsen, ist es nicht möglich, mit einer Haaranalyse genau bis zum letzten Tag des Konsums zurückzugehen: Es besteht die Gefahr, dass in der Analyse noch EtG bzw. Drogensubstanzen gefunden werden, obwohl man in dem Zeitraum, den man damit eigentlich belegen könnte, schon nicht mehr konsumiert hat.

Es ist weiter zu beachten, dass die Haare vom Zeitpunkt ihrer Entstehung in der Haarwurzel noch ca. 9–14 Tage benötigen, bis sie aus der Kopfhaut hervorsprießen.

Körperbehaarung kann unter gewissen Umständen auch zur Probengewinnung herangezogen werden, hierbei ist aber insbesondere zu beachten, dass in der Körperbehaarung ein wesentlich höherer Anteil von Haaren eine Wachstumspause einlegt als beim Kopfhaar. Dementsprechend ist das Ergebnis weniger aussagefähig und tendenziell eher zum Nachteil des Betroffenen, da es mehr Altmaterial enthält.

Haaranalysen auf EtG

Da EtG wesentlich schneller abgebaut wird als viele Drogen, ist eine Karenzzeit von 4 bis maximal 6 Wochen in der Regel ausreichend, um zu gewährleisten, dass das nicht mehr durch Alkohol belastete Haar gebildet und von der Haarwurzel durch die Kopfhaut emporwachsen kann. Das heißt: Haben Sie zuletzt am 31.12.2013 getrunken, können Sie ab 1.5.2014 entspannt eine 3 cm lange Probe entnehmen lassen. Möchten Sie durch die Haarprobe den Alkoholverzicht oder die Abstinenz belegen, muss der Befund in jedem Fall negativ sein, das heißt, weniger als 7 pg/mg EtG enthalten.

Gefärbte (blondierte oder anders colorierte) Haare sind für Haaranalysen auf EtG grundsätzlich nicht verwertbar. Dies gilt auch, wenn Sie die Färbung verschweigen, diese aber später im Labor festgestellt wird. Es können auch keine Achselhaare verwendet werden, da durch den Schweiß das EtG relativ schnell ausgewaschen wird. Im Unterschied zum Drogennachweis darf die maximale Länge der Haarprobe auf EtG nur 3 cm betragen (Abnahme muss direkt über der Kopfhaut erfolgen). Das liegt daran, dass EtG wasserlöslich ist. Wollen

Sie also einen 12-monatigen Zeitraum nachweisen, benötigen Sie 4 Haarproben zu je 3 cm im Abstand von jeweils 3 Monaten. Eine Haaranalyse auf EtG kostet derzeit rund 200 €. Eine kombinierte Haarprobe auf EtG und Drogen schlägt mit ca. 300 € zu Buche. Dabei ist es aber bei entsprechender Haarlänge möglich, dass in derselben Probe 3 cm auf EtG und 6 cm auf Drogen getestet werden.

Haaranalysen auf Drogen

Anders als beim Alkohol sind Abbauprodukte von illegalen Drogen zumeist deutlich länger im Organismus nachzuweisen. Das gilt insbesondere für regelmäßige Cannabiskonsumenten. Hier sollte man immer mindestens drei Monate Sicherheitsabstand einbauen. Ein Beispiel: Wenn Sie am 31.12.2013 das letzte Mal Cannabis geraucht haben, besteht am 31.6.2014 bei der Untersuchung von 6 cm Haaren eindeutig die Gefahr, dass noch Drogensubstanzen gefunden werden. Sie sollten daher also erst frühestens Anfang Oktober 2014 Haare von maximal 6 cm Länge analysieren lassen. Waren Sie ein regelmäßiger Konsument, sollten Sie besser noch einige Wochen länger warten.

Wollen Sie ganz sichergehen, lassen Sie besser zwei Analysen durchführen, um die erste Phase des Drogenverzichts zu belegen; die erste Analyse von 3 cm ca. 6 Monate nach dem letzten Konsum. Ist diese Analyse bereits negativ (kein Drogennachweis), können Sie anschließend 6 Monate später relativ entspannt zum nächsten Test gehen (6 cm) und haben so bereits 9 Monate nachgewiesen. Um den Nachweis für ein ganzes Jahr zu erbringen, können Sie den letzten Test dann z. B. weitere 3 Monate später in der MPU machen lassen (wieder mindestens 3 cm).

Gefärbte, insbesondere blondierte Haare gelten für Haaranalysen auf Drogen als nicht oder nur eingeschränkt verwertbar. Nur in bestimmten Fällen können Haarproben von colorierten Haaren als Nachweis anerkannt werden. Bei einem Einjahresnachweis der Drogenabstinenz können maximal nur die ersten 6 Monate mittels gefärbter Haare untersucht werden, für das 2. Halbjahr müssen dann entweder 6 cm ungefärbte Haare abgegeben werden oder alternativ vier Urinproben. Verschweigen Sie die Färbung der Haare und dies wird später im Labor bemerkt, ist die Probe ungültig. Bei Kosten von 200 bis 300 €

(einfaches oder erweitertes Screening, falls Opiatkonsum vorlag) für einen Haartest ist von solchen Versuchen abzuraten.

Urinproben zum Nachweis von Alkohol- und/oder Drogenverzicht

Der Nachweis der Alkohol- oder Drogenfreiheit über Urinproben geht so vonstatten, dass Sie mit dem Institut, das das Kontrollprogramm durchführt, einen Vertrag über eine vorher festgelegte Laufzeit und Zahl von Proben abschließen (z. B. mindestens 4 Proben in 6 Monaten oder mindestens 6 Proben in 12 Monaten). In diesem Vertrag sind alle wichtigen Bedingungen zum ordnungsgemäßen Ablauf aufgeführt:

- Beginn und Dauer des Programms.
- Anzahl und Umfang der Untersuchungen.
- *Bei Alkohol:* Der Klient wird auf den notwendigen Verzicht auf alle alkoholhaltigen Lebensmittel, Medikamente, Mundhygienemittel und Kosmetika sowie auch auf alkoholfreies Bier/alkoholfreien Wein/Sekt hingewiesen.
- *Bei Drogen:* Der Klient wird auf mögliche Verfälschungen der Testergebnisse durch den Konsum von Mohnsamen, von Cannabis- oder Hanfprodukten sowie den Aufenthalt in Räumen mit Cannabisrauch oder Kokainstäuben in der Umgebungsluft hingewiesen.
- Bedingungen für den Abbruch des Programms (z. B. wenn man nicht erreichbar ist ohne entsprechende vorherige Abmeldung, wenn EtG oder Drogen gefunden worden sind, wenn der Urin zum wiederholten Male zu stark verdünnt ist).
- Information über die Verpflichtung zur Verfügbarkeit, insbesondere zum Vorgehen bei Abwesenheits- und Verhinderungszeiträumen sowie deren zeitliche Beschränkung.
- Bestätigung der Kenntnis und des Einverständnisses des Kunden zu den Konditionen.
- Kontaktdaten und Festlegung der Erreichbarkeit (z. B. Mobilfunknummer, E-Mail) des Kunden und Verpflichtung zur täglichen Kontrolle des Post-/Nachrichteneingangs.

Innerhalb der Vertragslaufzeit werden Sie also ungefähr alle anderthalb bis zwei Monate einbestellt, um Urin abzugeben. Die Einbestellung erfolgt nach dem Zufallsprinzip, das heißt sie kann ebenso z. B. zweimal innerhalb weniger Wochen erfolgen, dann wieder längere Zeit nicht. Aus dem Vertrag muss hervorgehen, dass Sie jeweils kurzfristig, das heißt maximal 24 Stunden vor der Urinprobe, und für Sie unvorhersehbar einbestellt werden und die Abgabe unter Sichtkontrolle stattfindet, um manipulierte Proben ausschließen zu können. Die Einbestellung darf auch nicht immer am gleichen Wochentag erfolgen (z. B. immer mittwochs), damit Sie sich nicht darauf einstellen können. Wenn Sie im Laufe eines 12-Monats-Programms mehr als 6 Wochen am Stück oder insgesamt mehr als 8 Wochen nicht erreichbar sein sollten (z. B. beruflich bedingte Auslandsaufenthalte) oder zur Probensicherung regelmäßig oder häufig nicht zur Verfügung stehen, sollten Sie besser Haarproben analysieren lassen. Das Gleiche gilt für 6-monatige Kontrollzeiträume, innerhalb derer Sie in der Summe über mehr als 4 Wochen nicht einbestellt werden können.

Die Kosten für einen Urintest auf EtG betragen rund 80–100 €, der Drogentest kostet ca. 100–120 €, der erweitere Drogenurintest (bei bekanntem Opiatkonsum) rund 140 €, die kombinierte Untersuchung Drogen und EtG ca. 180 €.

9.2 Anforderungen in der Alkohol-MPU

Sofern man in der MPU einen inzwischen kontrollierten Alkoholkonsum deutlich machen will, sollten die für den Zeitraum der angegebenen Verhaltensänderung vorliegenden Blutwerte (insbesondere GGT und CDT) im Normbereich liegen. Zwingend erforderlich ist es zwar nicht, im Vorfeld der MPU diese Werte prüfen zu lassen, aber doch sehr dringend zu empfehlen.

Denn wenn die Leberwerte in der MPU (überraschend) erhöht sind, kann dies zu einer negativen Beurteilung führen, wenn keine anderen Ursachen als starker Alkoholkonsum ersichtlich und plausibel sind. Daher ist es sehr leichtsinnig, sich nicht in gewissen Abständen (z. B. alle 6–8 Wochen) selbst davon zu überzeugen, dass sich die Werte auch tatsächlich im Normbereich bewegen. Wenn die Werte z. B. 2 Wochen vor der MPU in Ordnung sind, ist es unwahrscheinlich, dass sie am Begutachtungstag auf einmal deutlich höher sind. Sind die Werte auch bei länger andauerndem geringen Alkoholkonsum trotzdem auffällig hoch, kann man rechtzeitig vor der MPU den

Tabelle 5: Wesentliche Anforderungen in der Alkohol MPU

Problematik gemäß Beurteilungskriterien	Hypothese A 1: Abhängigkeit, extern diagnostiziert oder aktuell festzustellen	Hypothese A 2: Kein dauerhaft kontrollierter Konsum möglich	Hypothese A 3: Gefährdung, kontrollierter Konsum erreichbar
Nötige Verhaltensänderung	Nachvollziehbar anhaltende Abstinenz (Getränke, Speisen, Medikamente usw.)	Konsequenter Verzicht auf Alkohol, nicht regelmäßig oder größere Mengen alkoholfreies Bier	Kontrollierter Konsum (Menge, Häufigkeit, Trinksituationen), Rauschvermeidung, Trennvermögen (auch Wissen hierzu)
Therapie/Maßnahmen Rückfallprophylaxe	In der Regel suchttherapeutische Unterstützung, ggf. Entgiftung, stationäre und/oder ambulante Therapie, Selbsthilfegruppe	Unterstützende psychologische Maßnahme bei einem qualifizierten Psychologen oder einer Beratungsstelle	Nicht ausdrücklich gefordert, aber sinnvoll: vorbereitende verkehrspsychologische oder andere fachlich angemessene Maßnahme
Mindestzeitraum nach Maßnahme bis zur MPU	Stationär: 12 Monate, ambulant: 6 Monate, sofern vorher nachvollziehbar längere Zeit Abstinenz bestand, bei Nachsorge und Selbsthilfegruppe keine Frist	6 Monate, sofern vor Maßnahme schon länger nachvollziehbar verzichtet, noch „mehrere Monate“	MPU sofort möglich
Zeitraum der Verhaltensänderung vor MPU	Nennenswert länger als 1 Jahr	In der Regel 1 Jahr, mindestens jedoch 6 Monate	Mindestens mehrere Monate, spätestens nach Ablauf eines Jahres
Erforderliche Mindestnachweise *) **)	1 Jahr über Urin (mindestens 6 Proben) oder Haare (mindestens 4 Proben zu 3 cm im Abstand von je 3 Monaten)	In der Regel 1 Jahr, mindestens jedoch 6 Monate über Urin oder Haarproben (siehe Hypothese A 1)	Keine Erhöhung von Leberwerten (GGT, GOT, GPT) in der MPU
Alternative Nachweise	Sofern erhöhte Leberwerte aus Trinkphase vorliegen, anschließende Normalisierung der Werte über mindestens 1 Jahr, dabei mindestens alle 2 Monate neue Messung	Sofern erhöhte Leberwerte aus Trinkphase vorliegen, anschließende Normalisierung der Werte über mindestens 1 Jahr, dabei mindestens alle 2 Monate neue Messung	Empfohlen: GGT und CDT mehrfach vor der MPU z. B. beim Hausarzt messen lassen (Befund mit Stempel und Unterschrift) oder Haarprobe auf EtG 3 cm mit unter 30 pg/mg
§ 70 Kurs (Alkohol)	Nicht möglich	Möglich, wenn Belege für Verzicht und Stabilisierungszeitraum ausreichend	Möglich

*) Sofern bei A 1 seit vielen Jahren nachvollziehbar kein Alkoholkonsum mehr besteht, mindestens 6 Monate; bei A 2 einzelfallabhängige Entscheidung.

**) Wenn ein einjähriger Abstinenznachweis aus einem bereits länger als 4 Monate zurückliegenden Zeitraum vorliegt (und somit eine große Nachweislücke vor der MPU besteht), können bei ansonsten glaubhaft beibehaltener Abstinenz die Analyse einer Haarprobe von 3 cm auf EtG oder alternativ 3 Urin-Screenings innerhalb von 4 Monaten vor der MPU als Ergänzung ausreichen.

Hausarzt mit der Ursachenforschung beauftragen, da es auch alternative Ursachen zu hohem Alkoholkonsum gibt (z. B. Fettleber, Gallensteine, Fett-Stoffwechsel-Störung, Hepatitisinfektion), die für länger anhaltende hohe Werte sorgen können. Um die Zweifel zu zerstreuen, dass Ihre hohen Leberwerte auf Alkohol zurückzuführen sind, können Sie ergänzend eine Haaranalyse auf EtG durchführen lassen. So eignen sich Haaranalysen auf EtG nicht nur als Abstinenznachweis, sondern auch als Beleg für ein moderates Trinkverhalten; pro Haaranalyse allerdings nur für die letzten drei Monate (entsprechend einem Haarwachstum von ca. 1 cm/Monat). Der in einer solchen Haaranalyse gemessene EtG-Wert sollte aber keinesfalls 30 pg/mg oder gar mehr betragen. Ansonsten würde man doch von einem regelmäßigen und gewohnheitsmäßigen Alkoholkonsum ausgehen müssen.

Was den Zeitraum der Verhaltensänderung und des bereitzustellenden Nachweises betrifft, variiert dieser auch hier je nach Ausmaß der früheren Problematik und beinhaltet, analog zu den Drogenfällen, häufig die Notwendigkeit eines sogenannten Stabilisierungszeitraums nach Abschluss einer Therapie.

Die Tabelle 5 fasst die wesentlichen Voraussetzungen für ein positives Gutachten im Alkoholbereich zusammen. Aufgrund der nur bei Bestätigung der Hypothese A 3 (kontrollierter Umgang mit Alkohol möglich) vorzunehmenden Prüfung der Hypothese A 4, die das Trennvermögen Alkohol/Fahrzeugbenutzung behandelt, wird dabei nur auf die Hauptgruppen A 1 (Alkoholabhängigkeit), A 2 (kein kontrollierter Umgang mit Alkohol erreichbar) und A 3 (Alkoholgefährdung, kontrollierter Umgang mit Alkohol erreichbar) eingegangen.

Hypothese A 1 beschäftigt sich mit alkoholkranken Menschen, die zumeist den kleinsten Anteil der Alkohol-MPUs ausmachen (ca. 15–20 %). Hier werden die höchsten Anforderungen gestellt. Ohne Therapie ist es fast unmöglich, in der MPU positiv beurteilt zu werden. Nach Therapieende muss eine länger andauernde Phase der Festigung ohne Rückfall erfolgen. Im Normalfall kommen so inklusive vorangegangener (ggf. Entgiftung) stationärer und/oder ambulanter Therapie schnell 18 Monate zusammen, für welche die Abstinenz zu belegen ist und bis eine MPU nach dem Delikt sinnvoll ist. Sind aus der Vorgeschichte bereits mehrere Rückfälle und längere Zeiten der letztendlich erfolglosen Abstinenz bekannt, können gut und gerne auch 2 Jahre und mehr vergehen, bis eine echte Stabilität unterstellt werden kann.

Hypothese A 2 befasst sich mit der „fortgeschrittenen Alkoholproblematik", die sich in einer nicht mehr vorhandenen Fähigkeit, dauerhaft kontrolliert mit Alkohol umzugehen, ausdrückt (deutlicher Missbrauch, hohe Promillezahlen, ohne dass bereits Sucht vorliegt, mehrere Trunkenheitsfahrten mit hohem Promillewert). Diese macht gut 30 % der MPU-Fälle aus. Auch hier ist ein Alkoholverzicht erforderlich, allerdings in der Regel von kürzerer Dauer als bei der Abhängigkeit. Eine Therapie in einer qualifizierten Einrichtung, z. B. beim Verkehrspsychologen, sollte stattgefunden haben, die anschließende Festigungsphase ist kürzer als bei Alkoholkranken (siehe Tabelle 5).

Hypothese A 3 ist vorgesehen für Betroffene, bei denen lediglich eine „Alkoholgefährdung" vorliegt. Hier wird davon ausgegangen, dass ein verantwortungsbewusster Umgang mit Alkohol noch erlernt und gefestigt werden kann. Die Anforderungen an die Nachweise, Zeiträume und ggf. Schulungs- oder Therapiemaßnahmen sind entsprechend geringer. Eine Verhaltensänderung sollte in der Regel jedoch zum Zeitpunkt der MPU keinesfalls weniger als „mehrere Monate" betragen, bei hohen Promillezahlen gerne auch zwischen 6 und 12 Monaten.

Generell lässt sich sagen, dass ohne Verkehrstherapie immer erstmal der Regelfall gilt, z. B. im Bereich Missbrauch mindestens 12 Monate Verzicht zu beweisen. Mit Therapie ergeben sich neue positive Gesichtspunkte für eine beschleunigte Rehabilitation, sodass hier unter Umständen vom Regelfall abgewichen werden kann, z. B. bereits 6–9 Monate Verzicht ausreichen können, um ein positives Gutachten zu erhalten. Auch lässt sich durch die Verkehrstherapie bei Fällen der „Alkoholgefährdung" (Hypothese 3) der Zeitraum bis zur MPU verkürzen. Dies ist besonders wichtig, wenn Sie beispielsweise als Inhaber einer Fahrerlaubnis (z. B. Radfahrer mit 1,6 ‰ oder mehrfach mit unter 1,1 ‰ Auto gefahren) kurzfristig zur MPU bestellt werden oder ansonsten den Führerschein abgeben müssten.

9.3 Anforderungen in der Drogen-MPU

Die Anforderungen im Drogenbereich sind im Wesentlichen analog zu denen in der Alkohol-MPU gestaffelt.

Eine Beratung/Schulung/Therapie kann nur im Falle der Drogengefährdung auch noch kurz vor einer MPU durchgeführt werden; es gibt keine Fristen (Stabilisierungszeiträume nach Abschluss einer Maßnahme), die hier zu beachten sind. Bei einer Drogenabhängigkeit oder fortgeschrittenen Drogenproblematik fordern die Vorschriften dagegen recht deutlich die Inanspruchnahme einer suchttherapeutischen Maßnahme, einer Psychotherapie oder eines fachlichen Beratungsprozesses. Eine solche Maßnahme ist zunächst erfolgreich abzuschließen, anschließend müssen in der Regel nochmals 12 Monate verstreichen (in denen kein Rückfall passiert), bis man in einer MPU positiv beurteilt werden kann. Nur in Ausnahmefällen kann eine MPU bereits frühestens 6 Monate nach Abschluss einer therapeutischen Maßnahme positiv beurteilt werden, nämlich nur dann, wenn ein Drogenfreiheitsnachweis bereits für mindestens ein halbes Jahr vor Beginn der Maßnahme vorliegt oder wenn andere besonders günstig gelagerte Umstände plausibel gemacht werden können (z. B. nur sehr kurze Phase des Drogenmissbrauchs ohne wesentliche Persönlichkeitsveränderungen und soziale Probleme).

Bei einer Drogenabhängigkeit sollte der nachgewiesene Drogenverzicht aber stets deutlich mehr als ein Jahr betragen, es sei denn, der letzte bekannte Drogenkonsum liegt bereits viele Jahre zurück und es liegen weitere Befunde vor, die nachvollziehbar ergeben, dass bereits seit vielen Jahren Abstinenz besteht, die durch stabilisierende Veränderungen gestützt wird. Hier kann unter Umständen auch ein Minimalnachweis von 6 Monaten vor der MPU als ausreichend bewertet werden. Bei fortgeschrittener Drogenproblematik wird einzelfallabhängig entschieden, ob ein verkürzter Nachweis ausreicht.

Da bei Drogenkonsumenten immer der Verdacht besteht, dass diese auch einen Hang zum Alkoholrausch haben oder aber zumindest durch den Verzicht auf Drogenkonsum verstärkt auf Alkohol ausweichen, empfiehlt es sich, in den Monaten vor der MPU zumindest ein- bis zweimal auch diesbezügliche Blutuntersuchungen zu machen.

Diese können beim Hausarzt durchgeführt werden. Das Attest über die Ergebnisse muss mit Stempel und Unterschrift des Hausarztes versehen sein, Sie selbst müssen als getestete Person aufgeführt sein und die sogenannten Normwerte müssen enthalten sein. Im Blut sind die folgenden Werte zu bestimmen: GGT, GOT, GPT und CDT. Eine solche Messung kostet zwischen 40 und 70 €.

Liegen neben diesem „Generalverdacht" zusätzliche Hinweise auf übermäßigen Alkoholkonsum in der Vergangenheit (z. B. durch die Akte) oder eine Suchtverlagerung vor, sind Abstinenznachweise auch für Alkohol zu erbringen (Urin- oder Haarproben auf EtG), wie sie für die Hypothese A 2 (siehe Tabelle 5) gefordert werden.

Liegt eine Drogenabhängigkeit vor, wird automatisch auch konsequenter Alkoholverzicht gefordert. Dieser muss auch durch Urin- oder Haaranalysen auf EtG belegt werden, wenn es zusätzliche Hinweise auf übermäßigen Alkoholkonsum in der Vergangenheit (z. B. durch die Akte) oder eine Suchtverlagerung gibt. Sofern eine Substitutionsbehandlung stattfand, muss in jedem Fall für einen Zeitraum von 3 Monaten vor der MPU mittels EtG-Bestimmung Alkoholfreiheit nachgewiesen werden, bei Hinweisen auf Alkoholmissbrauch/Suchtverlagerung sind sogar 12 Monate nachzuweisen.

Bei einer bereits diagnostizierten Drogenabhängigkeit (Hypothese D 1), insbesondere bei Opiatkonsum und Substitutionsbehandlung, gelten vergleichbare Anforderungen wie im Bereich der Alkoholabhängigkeit. Bei substituierten Personen sind daneben zahlreiche weitere Anforderungen zu erfüllen, z. B. darf innerhalb des Substitutionszeitraums keine Beschaffungskriminalität vorliegen und es müssen Verlaufskontrollen nachgewiesen werden. Wenn Sie sich in einer Substitution befinden, sollten Sie sich besser umfassend zu diesen und anderen Anforderungen beraten lassen.

Liegt ein regelmäßiger Konsum auch härterer Drogen als Cannabis vor (z. B. öfter Kokain oder Amphetamine genommen), gelten Anforderungen der Hypothese D 2 (für eine „fortgeschrittene Drogenproblematik"). Im Unterschied zum Alkohol wird hier jedoch auf eine noch entschiedenere Abkehr vom früheren Milieu geachtet, um Rückfällen vorzubeugen.

Bei ausschließlichen Cannabiskonsumenten kommen zumeist Anforderungen zum Tragen, die der Alkoholhypothese 3 entsprechen, mit dem Unterschied, dass hier ein „kontrollierter Konsum“ von Cannabis nicht ausreicht, sondern Verzicht über mindestens 6 Monate zu belegen

Tabelle 6: Wesentliche Anforderungen in der Drogen-MPU

Problematik gemäß Beurteilungskriterien	Hypothese D 1: Abhängigkeit, extern diagnostiziert oder aktuell festzustellen	Hypothese D 2: Fortgeschrittene Drogenproblematik	Hypothese D 3: Drogengefährdung
Nötige Verhaltensänderung	Nachvollziehbar anhaltende Abstinenz Drogen und Alkohol, Distanzierung von Drogenszene, bei Substitution: Zuverlässigkeit, kein Beikonsum, Integration, ausreichendes Anpassungs- und Leistungsvermögen	Konsequenter Verzicht auf Drogen, allenfalls kontrollierter Alkoholkonsum, sofern keine Alkoholdelikte, Ablösung vom drogenkonsumierenden Umfeld	Konsequenter Verzicht auf Drogen, Ablösung vom drogenkonsumierenden Umfeld, eindeutige Absicht, auch künftig drogenfrei zu bleiben
Therapie/ Maßnahmen, Rückfallprophylaxe	In der Regel suchttherapeutische Unterstützung, ggf. Entgiftung, stationäre und/oder ambulante Therapie, Selbsthilfegruppe	In der Regel suchttherapeutische Maßnahme, Psychotherapie oder fachlicher Beratungsprozess	Nicht ausdrücklich gefordert (aber empfohlen), ausreichend nachvollziehbarer Einsichtsprozess ist aber überzeugend darzustellen
Mindestzeitraum nach Maßnahme bis zur MPU	Stationär: 12 Monate, ambulant: 6 Monate, sofern vorher nachvollziehbar längere Zeit Abstinenz bestand, bei Nachsorge und Selbsthilfegruppe keine Frist	12 Monate, sofern vor Maßnahme schon länger nachvollziehbar verzichtet, noch mindestens 6 Monate“	MPU sofort möglich
Zeitraum der Verhaltensänderung vor MPU	Nennenswert länger als 1 Jahr	In der Regel 1 Jahr	Mindestens 6 Monate, bei langjährigem Konsum länger
Erforderliche Mindestnachweise*	1 Jahr über Urin (mindestens 6 Proben) oder Haare (mindestens 2 Proben zu 6 cm im Abstand von je 6 Monaten, 1. Probe kann coloriert sein)	1 Jahr über Urin (mindestens 6 Proben) oder Haare (mindestens 2 Proben zu 6 cm im Abstand von je 6 Monaten, 1. Probe kann coloriert sein)	6 Monate über Urin (mindestens 4 Proben) oder Haare (mindestens 1 Probe zu 6 cm)
Weitere Nachweise bei Hinweisen auf Alkoholproblematik	Urinkontrollen oder Haarproben alternativ Blutwerte möglich für 1 Jahr wie in Tabelle 5 für Alkoholverzicht dargestellt	Urinkontrollen oder Haarproben u. alternativ Bluttests möglich für 1 Jahr wie in Tabelle 5 für Alkoholverzicht dargestellt	Nicht gefordert, aber empfehlenswert: GGT und CDT mehrfach vor der MPU z. B. beim Hausarzt messen lassen (Befund mit Stempel und Unterschrift)
§ 70 Kurs (Alkohol)	Nicht möglich	Möglich, wenn Belege für Verzicht und Stabilisierungszeitraum ausreichend	Möglich, wenn Belege für Verzicht und Stabilisierungszeitraum ausreichend

* Sofern bei D 1 seit vielen Jahren nachvollziehbar kein Drogenkonsum mehr besteht, mindestens 6 Monate; bei D 2 einzelfallabhängige Entscheidung.

ist und auch künftig beibehalten werden soll. Handelt es sich jedoch um einen langjährigen Konsumenten, sollte der Nachweis der Abstinenz (Urinkontrollen oder Haartests gemäß CTU-Kriterien) über mehr als 6 Monate, also besser 9–12 Monate geführt werden. Gab es jedoch auch bei reinen Cannabiskonsumenten wiederholt Ärger mit Polizei, Justiz oder Behörden, schwerwiegende zwischenmenschliche Probleme und ähnliche Hinweise auf ein beharrliches Festhalten am Drogenkonsum trotz deutlicher Widerstände von außen, werden sie unabhängig vom eigentlichen Konsumverhalten der fortgeschrittenen Drogenproblematik zugeordnet.

9.4 Anforderungen in der Punkte-/Strafrecht-MPU

Auch wenn mehrere Verkehrsverstöße und/oder Straftaten (innerhalb oder auch außerhalb des Straßenverkehrs) die Bedenken der Fahreignungsbehörde auslösen, werden drei Gruppen unterschieden (nach Schweregrad wie bei Alkohol und Drogen).

Bei „eher leichten" Fällen (Hypothese V 3) geht man im Wesentlichen von einer mangelnden Bereitschaft aus, sich an bestimmte Regeln zu halten. Die Fähigkeit hierzu ist durchaus vorhanden. Außerhalb des Straßenverkehrs gibt es bei diesen Personen im Wesentlichen keine Probleme, sich im Einklang mit den Gesetzen sowie anderen Werten und Normen der Gesellschaft zu bewegen. Sie haben zumeist gewohnheitsmäßig nur gegen bestimmte Regeln verstoßen (z. B. wiederholte Geschwindigkeitsüberschreitungen im Bereich 20–30 km/h, wiederholtes Telefonieren ohne Freisprecheinrichtung, Rotlichtmissachtung), ohne dass sich hierin eine erhöhte Aggressionsbereitschaft oder weitreichende Störung der Persönlichkeit ausdrückte.

In den Beurteilungskriterien, 3. Auflage, heißt es hierzu im Hinblick auf eine gelungene Problembewältigung unter Kriterium V 3.4 N: *„Der Klient hat, in der Regel mit verkehrspsychologischer oder ggf. anderer fachlich angemessener Unterstützung, die Problematik des eigenen Verhaltens bzgl. Ausprägung oder Häufung erkannt und richtig bewertet. Er kann die frühere Gewohnheitsbildung reflektieren, Zusammenhänge zwischen seinen Grundhaltungen bzw. seinem Lebensstil und den Delikten erkennen."*

Dazu gehört im Übrigen auch, dass der Betroffene in der Lage sein sollte, konkrete und plausible Strategien zu benennen, wie er künftig Verstöße vermeiden will.

Je schwerwiegender die Vorgeschichte jedoch ist, desto dringender ist eine therapeutische Maßnahme erforderlich, um in der MPU überzeugen zu können. Als „schwerer Fall" (Hypothese V 2) wird jemand eingestuft, der z. B. folgende Merkmale zeigt:

- wiederholte Verkehrsauffälligkeit trotz einer früheren positiven MPU
- Auffälligkeit nach früheren Maßnahmen zur Verbesserung der Fahreignung (Kurs nach § 70 FeV für Punktetäter/Verkehrstherapie)
- wiederholte Entziehung der Fahrerlaubnis
- eine Vermischung von sehr unterschiedlichen Verkehrsdelikten, aber auch Straftaten
- Hinweise auf wiederholt massive Ausprägungen von Abweichungen von den Vorschriften (z. B. innerorts mit 90 km/h statt 50 km/h gefahren)
- Vorliegen einer schweren Straftat (mit Haftstrafe, auch zur Bewährung) und erneuter Auffälligkeit danach
- Hinweise auf besonders hartnäckige Änderungsresistenz bzw. auf unzureichende Erfahrungsbildung durch Verdrängung und Verleugnung
- Delikte unter Alkohol- oder Drogeneinfluss
- aufsteigender Schweregrad der Delikte.

Die Beurteilungskriterien, 3. Auflage, beschreiben diese Tätergruppe in der Hypothese V 2 folgendermaßen:
„Der Klient hat aufgrund problematischer und verfestigter Verhaltensmuster bei verminderter Anpassungsfähigkeit vermehrt oder erheblich gegen verkehrs- und/oder strafrechtliche Bestimmungen verstoßen."

Für eine positive MPU fordern sie unter anderem Folgendes:
„Er ist sich mittlerweile, zumeist mit fachlicher verkehrspsychologischer Unterstützung, dieser Zusammenhänge bewusst geworden und konnte angemessene alternative Bewältigungsstrategien entwickeln

und stabilisieren, sodass er nun über eine ausreichende Selbstkontrolle bei der Einhaltung von Verkehrsregeln verfügt."

Hierzu gehört, dass der Betroffene ein „plausibles und nachvollziehbares Erklärungsmodell" darlegen kann (was vielen Betroffenen ohne therapeutische Hilfe kaum gelingen dürfte) sowie einen Veränderungsprozess, der auch Bereiche berührt, die außerhalb des Verhaltens im Straßenverkehr liegen.

Wenn Sie als „V 2-Fall" eine therapeutische Maßnahme in Anspruch genommen haben, sollten Sie sich diese bescheinigen lassen und die Bescheinigung bzw. den entsprechenden Therapiebericht bei der MPU vorlegen. Auch an die Therapien selbst sowie die Bescheinigungen bzw. Berichte gibt es Anforderungen:

- Sie sollten von einem „fachlich qualifizierten Psychologen" durchgeführt worden sein.
- Die Therapie umfasst in der Regel die Elemente der Zielformulierung, Motivationsarbeit, Diagnostik, Problemanalyse, des Kompetenzerwerbs, Vermeidungsverhaltens, der Stabilisierung und Rückfallprophylaxe.
- Aus der Bescheinigung geht hervor, dass die Maßnahme in allen Qualitäten vollständig abgeschlossen ist, dass es zu keinem vorzeitigen Abbruch kam, über welchen Zeitraum und welchen Umfang sie sich erstreckte und dass es sich keinesfalls um eine reine „Informationsveranstaltung" handelte.

Um bei einer MPU erfolgreich sein zu können, müssen sich neue Einstellungen und Verhaltensweisen zunächst einmal für einen längeren Zeitraum festigen können, was konkret bedeutet, dass zunächst einmal „in der Regel mehrere Monate" ohne Auffälligkeiten verstrichen sein müssen. Sofern jemand keine therapeutische Hilfe in Anspruch genommen hat, beträgt die Frist jedoch in der Regel 6 Monate.

Zuletzt gibt es unter der Kennziffer V 1 auch „sehr schwere" Fälle (i. d. R. mit einer fachkundig diagnostizierten Persönlichkeitsstörung oder deutlichen Hinweisen auf eine solche Störung), die nur nach einer erfolgreichen Psychotherapie als rehabilitiert zu betrachten sind. Zumeist findet sich hier ein sehr breites Muster unterschiedlicher Verhaltensauffälligkeiten innerhalb und außerhalb des Straßenverkehrs. Oft beginnt der Prozess des wiederholten Auffälligwerdens bereits in jungen Lebensjahren. Sofern (wie in dieser Gruppe zumeist üblich) Haftstrafen verbüßt worden sind, wird ein deutlicher Zeitraum der „Legalbewährung" gefordert, bis eine positive Beurteilung in der MPU möglich wird. Die Zeit also, in der jemand nach seiner Haftentlassung keine neuen Delikte mehr begangen haben darf, beträgt zwischen 6 und 12 Monaten, abhängig davon, wie lang und schwerwiegend die Vorgeschichte ist. Bei gelockertem Strafvollzug kommt unter Umständen auch eine kürzere Zeitspanne der Bewährung nach Haftende in Betracht.

Tabelle 7: Wesentliche Anforderungen in der Punkte- und Strafrecht-MPU

Problematik gemäß Beurteilungskriterien	Hypothese V 1: Generalisierte Störung der emotionalen und sozialen Entwicklung, extern diagnostiziert oder aktuell festzustellen	Hypothese V 2: Problematische, verfestigte Verhaltensmuster bei verminderter Anpassungsfähigkeit	Hypothese V 3: Fehleinstellung gegenüber Regelbeachtung bei verminderter Anpassungsbereitschaft, problematische Fahrverhaltensgewohnheiten
Nötige Verhaltensänderung	Keine antisoziale Einstellung mehr, Motivation zur Einhaltung von sozialen Normen und Gesetzen. Erfolgreiche Umsetzung über einen längeren Zeitraum	Bewusstsein über Zusammenhänge (Persönlichkeitsmerkmale – auffälliges Verhalten), Bewältigungsstrategien entwickeln und stabilisieren, sodass ausreichende Selbstkontrolle bei Einhaltung von Verkehrsregeln	Weitreichende Einstellungs- und Verhaltensänderung, ausreichende Selbstkontrolle bei Einhaltung von Verkehrsregeln
Therapie/ Maßnahmen, Rückfallprophylaxe	In der Regel therapeutische Unterstützung	In der Regel verkehrspsychologische Therapie oder Psychotherapie (Anforderungen an die Bescheinigungen beachten)	In der Regel verkehrspsychologische, ggf. andere fachliche Unterstützung
Mindestzeitraum nach Maßnahme bis zur MPU	MPU sofort möglich	MPU sofort möglich	MPU sofort möglich
Zeitraum der Verhaltensänderung vor MPU	6–12 Monate nach einer Haft Bei gelockertem Vollzug und positiver Entwicklung vor 6 Monaten möglich	Mit Therapie: In der Regel mehrere Monate Ohne Therapie: In der Regel 6 Monate	Kurzfristig möglich, auch für Fahrerlaubnisinhaber
§ 70 Kurs (Alkohol)	Nicht möglich	Nicht möglich	Nicht möglich

9.5 Was für die Eignung noch wichtig ist

Es ist an dieser Stelle nochmals darauf hinzuweisen, dass sich die Einordnung in diese Fallgruppen für den Laien sehr schwierig gestaltet. Wenigstens hierfür sollten Sie eine ausführliche Beratung in Anspruch nehmen!

Die Abstinenzkontrollprogramme bei Alkohol und Drogen unterliegen wie beschrieben strengen Anforderungen, damit sie von den Gutachtern überhaupt verwertet werden können. Immer wieder kommt es vor, dass Menschen zur MPU gehen, nachdem sie eine langwierige Maßnahme bei einer Beratungsstelle in Anspruch genommen haben, während der auch stichprobenartige Abstinenzkontrollen durchgeführt wurden, die aber den festgelegten Kriterien (CTU-Kriterien für chemisch-toxikologische Untersuchung) nicht entsprachen. Somit haben die Gutachter keine andere Wahl, als von einer nicht korrekt belegten Abstinenz auszugehen. Das ist mehr als ärgerlich, denn die betreffenden Personen haben aus ihrer Sicht alles getan, was sie für notwendig erachteten, und erhalten trotzdem ein negatives Gutachten.

Die Einschätzung der persönlichen Rückfallwahrscheinlichkeit, die daraus abgeleitete Art der Veränderungen, die Art der Belege und Zeiträume, in denen diese Belege vorgelegt werden müssen, sollten Sie nicht auf die leichte Schulter nehmen, sondern mithilfe von fachkompetener Beratung absichern.

Ein weiteres wichtiges Thema ist, wie bereits angesprochen, die Analyse Ihrer Vorgeschichte (Aktenlage). Hieraus ergeben sich bereits sehr entscheidende Weichenstellungen hinsichtlich erforderlicher Nachweis- und Stabilisierungszeiträume und auch des Bedarfs an therapeutischen Maßnahmen. Diese Einschätzung der Sachlage überfordert den Laien zumeist, selbst wenn er Akteneinsicht nimmt.

Die Faustregel lautet: Je länger und schwerwiegender meine Vorgeschichte (je höher auch der gemessene Promillewert) ist, desto langfristiger und intensiver muss die Problematik aufgearbeitet werden und desto dringender brauche ich auch fachkundige Beratung und Hilfe, um eine realistische Chance auf einen positiven Ausgang der MPU zu haben.

Habe ich z. B. bereits einmal eine Gruppenmaßnahme durchlaufen, hinterher ein positives Gutachten in der MPU erhalten und bin doch wieder rückfällig geworden, wird das gleiche Programm dieses Mal zu wenig sein, um zu überzeugen. Also sollten es doch besser die intensiveren Einzelgespräche sein und ggf. auch ein längerer Zeitraum der Stabilisierung geänderter Verhaltensweisen vor einer neuen MPU.

Habe ich das kontrollierte Trinken nicht lange durchgehalten und bald wieder zu viel getrunken, lohnt es sich diesmal, einen kompletten Verzicht auf Alkohol in Erwägung zu ziehen. Bin ich trotz ernsthaften Bemühens in meinem Alkoholverzicht rückfällig geworden, benötige ich vermutlich eine intensivere Rückfallprophylaxe wie z. B. eine Selbsthilfegruppe.

Aber auch die Eindrücke und Erfahrungen in Selbsthilfegruppen sollten im Rahmen verkehrstherapeutischer Gespräche aufgearbeitet und richtig eingeordnet werden. Solche Gruppen sind höchst unterschiedlich. Zumeist befinden sich in diesen Gruppen viele schwer alkoholkranke Menschen mit oft jahrzehntelangen Alkohol-„Karrieren". Hierdurch kann bei einem minder schweren Fall schnell der Eindruck entstehen, hier falsch zu sein oder gar, dass man selbst überhaupt kein echtes Alkoholproblem hat. Welche Folgen eine solche irrtümliche Wahrnehmung dann hat, kann man leicht vorausahnen.

9.6 Verwertbarkeit von Delikten

Abschließend noch einige Informationen zur Verwertbarkeit von Delikten sowie den Tilgungsfristen für bestimmte Delikte. Welche Delikte in einer MPU thematisiert werden (sofern mehrere Vorfälle über Sie aktenkundig sind), hängt im Wesentlichen von der behördlichen Fragestellung ab. Bei einer reinen Alkohol-MPU z. B. werden nur Delikte angesprochen, bei denen Alkoholeinwirkung im Spiel war. Entsprechendes gilt für die Punkte- oder Drogen-MPU. In der reinen Verkehrsrecht-MPU werden die in Flensburg eingetragenen Verkehrsdelikte angesprochen. Sofern auch Alkohol- oder Drogenverstöße eingetragen sind, wird nicht in der Tiefe darüber diskutiert wie in einer Drogen- oder Alkohol-MPU. In einer Drogen-MPU werden Verkehrsverstöße ohne Drogenbeteiligung eher nicht angesprochen (Beschaffungskriminalität schon), wohl aber der Umgang mit Alkohol. Bei einer kombinierten Fragestellung (z. B. Alkohol und Punkte) müssen Sie sich auf beide Bereiche vorbereiten. Vorfälle, welche im aktuellsten Auszug aus Flensburg sowie im letzten Führungszeugnis noch aufgelistet sind, kommen für das MPU-Gespräch auf jeden Fall in Betracht.

Die Reform des Punktsystems trat zum 1.5.2014 in Kraft. Bis zum 30.4.2019 werden nun „alte Delikte", die vor dem 1.5.2014 eingetragen wurden, noch nach altem Recht getilgt, Verstöße, eingetragen ab dem 1.5.2014, parallel dazu nach neuem Recht, selbst wenn diese vor dem 1.5.2014 begangen worden sind. Weitere Erläuterungen der neuen Regelungen, auch der neuen Tilgungsfristen, finden Sie im Kapitel 12 und auf der Webseite des Bundesministeriums für Verkehr und digitale Infrastruktur (BMVI) unter www.bmvi.de/SharedDocs/DE/Artikel/LA/neues-fahreignungs-bewertungssystem-ueberblick.html?nn=84752

Bei „alten Delikten" (die in den meisten Akten heute noch eine Rolle spielen) verhält es sich so, dass Ordnungswidrigkeiten (z. B. Geschwindigkeitsüberschreitungen, abgefahrene Reifen) 2 Jahre lang (ab dem Datum der Rechtskraft eines Verstoßes – nicht des Tattages selbst) in Flensburg als Punkte gespeichert wurden; bei Straftaten (wie z. B. Nötigung, Fahren ohne Fahrerlaubnis) waren es 5 Jahre und bei Führerscheinentzug wegen Alkohols oder Drogen 10 Jahre. Ein weiteres Jahr kam hinzu als sogenannte Überliegefrist. Hier war das Delikt zwar noch gespeichert, wurde aber schon nicht mehr mit Punkten gewertet. Es trat nur in dem Fall wieder hervor, wenn innerhalb der Löschungsfrist für einen früheren Verstoß noch ein weiteres Delikt begangen wurde (hier zählte dann allerdings der Tatzeitpunkt). Da auch für dieses neue Delikt oft noch Monate vergingen, bis es tatsächlich rechtskräftig wurde (vorher kann es in Flensburg nicht eingetragen werden), hielt man die alten Taten sicherheitshalber noch ein Jahr vor.

Durch das Hinzukommen weiterer Delikte wurde im alten Verkehrszentralregister (VZR) somit die Tilgung vorheriger Verstöße verhindert, wodurch die Punktezahl über die Jahre beträchtlich anwachsen konnte. Ein Beispiel, wie sich dies rechnerisch auf den Punktestand im Zeitverlauf auswirken konnte, finden Sie ebenfalls im Kapitel 12. Dieses macht auch deutlich, weshalb eine Vereinfachung des Punktsystems geboten war.

Wer nach Alkohol- oder Drogenfahrten, aufgrund derer der Führerschein gerichtlich entzogen wurde, sichergehen will, dass er deshalb nicht mehr zur MPU bestellt wird, muss mindestens 16 Jahre warten. Hier beträgt nämlich die Zeit der Löschung 10 Jahre ab der ersten gerichtlichen Entscheidung, zusätzlich zu der Zeit, in der die Fahrerlaubnis entzogen war (maximal jedoch weitere 5 Jahre). Kamen bis zum 30.4.2014 allerdings zwischenzeitig neue Eintragungen hinzu (z. B. Fahren ohne Fahrerlaubnis, Radfahren unter zu viel Alkohol), verlängert sich die Wartezeit entsprechend.

Vorgänge in der Führerscheinakte, die älter als 10 Jahre sind, sollen in der Regel in einer MPU nicht mehr verwertet werden. Dies ist in der Praxis allerdings oft nicht so einfach. Fahrerlaubnisakten reichen oft indirekt doch noch länger in die Vergangenheit zurück. Enthält die Akte z. B. ein 9 Jahre altes MPU-Gutachten, enthält dieses Gutachten wiederum Informationen zu der damaligen Aktenlage, die ab heute gerechnet wesentlich älter als 10 Jahre sein können. Enthält die Akte z. B. einen Flensburg-Auszug von vor 8 Jahren, wird dieser die Punkte für viele Jahre davor widerspiegeln. Ebenso sind, wie oben beschrieben, mitunter auch Alkohol- oder Drogenfahrten bzw. Straftaten noch über 10 Jahre hinaus verwertbar.

Auch in diesem Kontext ist es wichtig, seine eigene Aktenlage zu kennen, um hier ggf. auch darauf hinweisen zu können, wenn die Akte überalterte Informationen über Sie enthält. Unabhängig davon gilt der Grundsatz: Stehen Sie zu Ihrer Vergangenheit und beschönigen Sie nichts.

10 Verkürzung der Sperrfrist durch Verkehrstherapie

Die Inanspruchnahme einer Verkehrstherapie kann dazu führen, dass eine vom Gericht angeordnete Führerscheinsperrfrist um mehrere Monate reduziert wird. Dies ist im § 69a StGB geregelt.

Eine Verkürzung der Führerscheinsperre kann beim Gericht formlos oder aber auch unter Mithilfe eines Rechtsanwalts nach bestimmten Fristen (bei Ersttätern 3 Monate nach Rechtskraft des Urteils, bei Wiederholungstätern zumeist nach 12 Monaten) beantragt werden. Als Wiederholungstäter gilt aber hierbei i. d. R. nur derjenige, der innerhalb von 3 Jahren mindestens zweimal aufgefallen ist. Rund 80 % der Anfragen werden erfahrungsgemäß positiv beschieden, womit das Gericht vielfach das Engagement des Auffälligen um eine schnellere Rehabilitation eindeutig belohnt.

Insofern kann es in vielen Fällen sinnvoll sein, einen Strafbefehl z. B. zur Trunkenheitsfahrt zu bezahlen und keinen Widerspruch einzulegen. In dem Fall, dass man den Strafbefehl nicht akzeptiert, folgt oft erst Monate später eine Verhandlung vor Gericht. Dies bewirkt dann automatisch, dass erst viele Monate nach der Tatzeit ein rechtskräftiges Urteil gefällt wird.

Viele Betroffene profitieren letztendlich davon, sehr zeitnah nach einer Auffälligkeit eine verkehrstherapeutische Maßnahme aufzunehmen, schnell ein rechtskräftiges Urteil zu bekommen und dann wenige Monate später, nach Abschluss der Maßnahme, die Sperre verkürzt zu bekommen. Die Maßnahme hat somit doppelten Nutzen: Sie zeigt Ihnen sehr zeitnah richtige Wege zur Rehabilitation auf, sodass Sie die führerscheinlose Zeit optimal nutzen; sie hilft, die Sperre zu verkürzen und steigert Ihre Erfolgschancen in der späteren MPU, sofern eine solche bei Ihnen erforderlich wird.

Wenn es bei Ihnen um Alkohol oder Drogen geht, sollten parallel zur therapeutischen Maßnahme auch medizinische Nachweise für eine Verhaltensänderung mit in das Antragsverfahren zur Sperrfristverkürzung eingebracht werden. Lassen Sie sich auch hierzu verkehrspsychologisch beraten.

11 Negative MPU – was tun?

Negatives Gutachten erhalten – jetzt ist guter Rat meist teuer. Viele Betroffene sind zunächst einmal sehr enttäuscht, manchmal auch erbost. Sie fühlen sich zu Unrecht negativ begutachtet. Dies ist aus Sicht des Gescheiterten auch verständlich. Die meisten sind zunächst der Meinung, genug für ein positives Ergebnis getan zu haben, und verstehen erstmal nicht, dass die Gutachter dies anders gesehen haben. Viele zweifeln an, dass der Psychologe überhaupt in der Lage sein kann, einen Menschen innerhalb von höchstens einer Stunde richtig einzuschätzen.

Erster guter Rat: Keine Panik, keine Kurzschlussreaktionen, wie Gutachten verbrennen, in der MPU-Stelle Alarm schlagen oder von der Brücke springen. Schlafen Sie ein bis zwei Nächte darüber und versuchen Sie dann, wieder nach vorne zu schauen und das Beste aus der neuen Situation zu machen.

Die Fahrerlaubnisbehörde bekommt meist ein bis zwei Tage später, als Sie Ihr negatives Gutachten erhalten haben, die Fahrerlaubnisakte vom MPU-Institut zurückgeschickt. Beiliegend ein neutrales Anschreiben ohne nähere Informationen. Das bedeutet, die Behörde weiß nicht genau, ob überhaupt eine MPU durchgeführt wurde, wenn ja, mit welchem Ergebnis, oder ob Sie den Auftrag z. B. storniert haben bzw. die Untersuchung aus anderen Gründen nicht zustande gekommen ist. Wenn Sie dann aber nicht umgehend mit Ihrem Gutachten in der Führerscheinstelle vorstellig werden, geht die Behörde zunächst einmal von einem negativen Befund aus. Melden Sie sich auch in den kommenden Tagen nicht, wird man sich schriftlich mit Ihnen in Verbindung setzen, um herauszufinden, ob Sie Ihren dort laufenden Antrag auf Neuerteilung einer Fahrerlaubnis aufrechterhalten möchten.

Sofern Sie noch Inhaber einer Fahrerlaubnis sind, wird die Behörde massiver auftreten. Es geht ihr jetzt um eine rasche Abgabe Ihres Führerscheins. Mit einer negativen MPU möchte man dort keinesfalls verantworten, Sie weiter fahren zu lassen. Auch wenn Sie die MPU gar nicht haben durchführen lassen, ist dies Grund genug, auf Ihre Nichteignung zu schließen und den Führerschein einzuziehen.

Lesen Sie Ihr Gutachten in Ruhe und genau durch. Es enthält in aller Regel am Ende auch Empfehlungen, die es Ihnen ermöglichen sollen, in der nächsten MPU ein positives Resultat zu erzielen. Häufig wird dabei auch die Konsultation eines therapeutisch tätigen Verkehrspsychologen nahegelegt. Die meisten MPU-Träger bieten auch eine kostenfreie Erläuterung des Gutachtens an, ohne dass allerdings das Ergebnis hierdurch verändert wird. Bevor Sie gegenüber der Führerscheinstelle oder der MPU-Stelle aktiv werden, sollten Sie umgehend einen seriösen Verkehrspsychologen aufsuchen, um sich über folgende Punkte beraten zu lassen:

- Ist das Gutachten gegen Sie fachkundig erstellt worden? Enthält es ggf. gravierende Mängel, die Ihnen eine berechtigte Aussicht auf Erfolg geben, sofern Sie dagegen angehen möchten?
- Welches sind die zentralen Aspekte Ihrer im Gutachten vorgenommenen Negativeinstufung? Was sollten Sie tun, um die festgestellten Defizite abzubauen?
- Ist es sinnvoll, das Gutachten bei der Fahrerlaubnisbehörde abzugeben oder nicht?
- Sollten Sie den Antrag auf Erteilung einer Fahrerlaubnis bei der zuständigen Behörde zurückziehen oder auf den Ablehnungsbescheid (die „Versagung der Fahrerlaubnis") warten? Sollten Sie als Inhaber einer Fahrerlaubnis freiwillig den Führerschein abgeben oder auf die Entziehung warten?
- Ist es sinnvoll, einen Anwalt hinzuzuziehen? Wie sind Ihre Chancen, wenn Sie gegen die Führerscheinstelle klagen?
- Welche Möglichkeiten eröffnen sich Ihnen, in der nächsten MPU besser abzuschneiden, wenn Sie das negative Gutachten akzeptieren?
- Welcher Zeitraum wird für eine Rehabilitation benötigt, welche Nachweise werden von Ihnen erwartet, ist eine Verkehrstherapie für Sie sinnvoll oder sogar im Grunde notwendig? Benötigen Sie ggf. weitere Hilfe, die über die Möglichkeiten einer ambulanten Verkehrstherapie hinausreicht (z. B. stationäre Behandlung)?

Zu diesen Aspekten lässt sich vorab erfahrungsgemäß Folgendes anmerken: Viele Gutachten enthalten zwar kleinere, z. B. formale

Mängel, nur sehr wenige aber ganz gravierende Fehler. Die Chance, dass in Ihrem Gutachten ein so großer Fehler begangen wurde, der das ganze negative Ergebnis ins Positive umwandelt, ist daher recht gering. Zudem sind die MPU-Stellen im Allgemeinen gerne bereit, kleine Fehler im Gutachten auszubessern, das Gesamtergebnis ändert sich aber nur äußerst selten. In diesem Zusammenhang soll nicht unerwähnt bleiben, dass die Gutachten regelmäßig einer Qualitätsüberprüfung durch die Bundesanstalt für Straßenwesen (BASt) unterzogen werden.

Sind die gefundenen Negativaspekte in Einklang mit den Beurteilungskriterien zu bringen, haben Sie kaum eine realistische Chance, das Gutachten anzufechten. Besser ist es oft, seine Energie in den Abbau von Defiziten zu investieren und hierbei keine unnötige Zeit zu verlieren.

Niemand kann Sie zwingen, das Gutachten bei der Behörde abzugeben. Es ist Ihr Eigentum, Sie haben es bezahlt, es gehört ausschließlich Ihnen. Ausnahme: Sie haben die MPU-Stelle schriftlich der Schweigepflicht entbunden und veranlasst, dass die Behörde ein Gutachten direkt zugeschickt bekommt.

Abgeben oder nicht? Das hängt nun wieder sehr stark vom Inhalt des Gutachtens selbst ab. Ein knapp negatives Gutachten in der Akte bringt Ihnen möglicherweise Vorteile für den nächsten Versuch. Ein klar negatives Gutachten, womöglich noch mit positivem Drogen- oder Alkoholfund, sollten Sie unbedingt von einem Verkehrspsychologen beurteilen lassen, bevor Sie es bei der Behörde einreichen und es damit für viele Jahre zum integralen Bestandteil Ihrer Führerscheinakte wird. Das aktenkundige Gutachten ist dann eine neue Tatsache, die für Ihre weitere Fahrerlaubnisangelegenheit genauso zu berücksichtigen ist wie z. B. Ihre Vorstrafen.

Wenn Sie schon vor der MPU keine Fahrerlaubnis mehr hatten und dementsprechend einen Antrag auf Neuerteilung gestellt hatten, ist es in den meisten Fällen sinnvoll, diesen Antrag sehr bald nach der negativen MPU freiwillig wieder zurückzuziehen. Eine formlose Erklärung gegenüber der Fahrerlaubnisbehörde reicht hierzu in der Regel völlig aus. Damit ist das Verfahren dann abgeschlossen – alles bleibt, wie es ist, bis Sie einen neuen kostenpflichtigen Antrag auf Neuerteilung einer Fahrerlaubnis stellen. Der Vorteil dieses Vorgehens ist, dass Sie sich erstmal die förmliche Versagung der Fahrerlaubnis ersparen. Diese würde Sie rund 180 € kosten. Viel Geld nur für den Brief, in welchem steht, dass man Ihnen aufgrund der Gefahren für die Verkehrssicherheit den Führerschein nicht wiedererteilt.

Etwas anders kann die Angelegenheit bei Inhabern einer Fahrerlaubnis aussehen. Verzichten Sie freiwillig auf die Fahrerlaubnis, nehmen Sie sich die letzte Chance, mit dem Führerschein „in der Tasche" gegen einen Fahrerlaubnisentzug rechtlich anzugehen. Dies ist in der Regel ausgesprochen kompliziert und hat im Grunde nur dann Aussicht auf Erfolg, wenn die Behörde im Verfahren gegen Sie rechtliche Fehler gemacht haben sollte – oder eben, wenn das Gutachten sehr gravierende Mängel aufweist. Aber auch in diesen Fällen ist es ohne spezialisierten Anwalt und Verkehrspsychologen aussichtslos, für seinen Führerschein zu kämpfen.

Das Klagen gegen die Führerscheinstelle ist ein mühseliges und kostspieliges Unterfangen, welches nur in begründeten Einzelfällen sinnvoll ist. Es sollte Ihnen letztendlich weniger um einen „Kreuzzug" für Ihre Vorstellung von Gerechtigkeit gehen als um einen pragmatischen Weg, Ihre Mobilität und Ihr verkehrssicheres Verhalten schnellstmöglich wiederherzustellen. Wenn Sie eine Rechtsschutzversicherung haben, bleiben Sie zumeist von Kosten verschont, dafür werden Sie aber genau wie jeder andere, der klagt, einiges an Zeit einkalkulieren müssen, bis das Verwaltungsgericht in Ihrer Sache entscheidet.

Vor Gericht geht die Sache dann oft aus wie das „Hornberger Schießen". Es wird z. B. auf Ihre Kosten eine neue MPU angesetzt, und beide Seiten (sowohl die Fahrerlaubnisbehörde als auch Sie) erklären sich bereit, dieses neue Gutachtenergebnis zu akzeptieren. Ein schöner Erfolg, oder? Und Sie sparen zumeist sogar noch die Gebühr für eine Neubeantragung. Allerdings sind bis dahin mindestens 6, eher 12 Monate verstrichen, in welchen Sie im Regelfall zu Fuß gegangen sind.

Daneben macht es für die nächste MPU auch nicht den allerbesten Eindruck, wenn Ihre Akte durch das Verwaltungsgerichtsverfahren um mehrere Zentimeter angewachsen ist. Es könnte der Eindruck entstehen, dass Sie Ihre ganze Kraft in eine Verteidigung alter Standpunkte investieren und nicht in eine persönliche Veränderung und positive Weiterentwicklung.

In der Zusammenschau aller Vor- und Nachteile lohnt es sich für die meisten Klienten mehr, ein negatives Gutachten zu akzeptieren, kurzfristig nach dem Gutachten einen seriösen Verkehrspsychologen zu konsultieren und entsprechende Schritte zur möglichst raschen Rehabilitation zu vollziehen. Denn eines liegt auf der Hand: Wenn Sie in der nächsten MPU im Wesentlichen das Gleiche vortragen wie im letzten Versuch, müssen Sie auch mit dem gleichen Ergebnis rechnen.

12 Die Punktereform zum 1.5.2014

Das alte Punktsystem, bei welchem die Verstöße eines Verkehrsteilnehmers im Verkehrszentralregister (VZR) gespeichert wurden, galt bis zum 30.4.2014. Es erschien vielen zu kompliziert und zu wenig transparent, wie das folgende Beispiel zeigt:

Sie sind am 1.1.2011 zu schnell gefahren, bekamen dafür ein Bußgeld und seinerzeit 3 Punkte in Flensburg angeschrieben. Da Sie mit dem Anwalt zunächst gegen den Vorwurf angegangen sind, wurde die Tat erst am 1.6.2011 rechtskräftig. Die Punkte wären dann zum 1.6.2013 erloschen, sofern zwischenzeitlich keine neue Auffälligkeit (Ordnungswidrigkeit oder Straftat im Straßenverkehr) hinzugetreten wäre. Nun kam es aber am 1.5.2013 zu einem erneuten Vorfall mit 3 Punkten, der aber erst zum 1.7.2013 Rechtskraft erlangte. Ihr Punktestand betrug dann am 30.5.2013 erstmal noch 3 Punkte. Zwischen dem 1.6. und dem 30.6.2013 hatten Sie dann vorübergehend 0 Punkte, ab dem 1.7.2013 aber plötzlich schon

Bild 10: Altes und neues Punktsystem (Quelle: BMVI, 2014)

6 Punkte, denn die alten 3 Punkte, die vorläufig getilgt waren, lebten durch die neu hinzugekommenen Punkte wieder auf (Tilgungshemmung).

Nach 5 Jahren (gerechnet ab der Rechtskraft) verschwand dann aber jede alte Ordnungswidrigkeit unwiderruflich (außer in gewissen Fällen bei Alkohol- oder Drogenfahrten). Bei solchen Ordnungswidrigkeiten unter Alkohol- und Drogeneinfluss (begangen vor dem 1.5.2014), die nicht unmittelbar zum Führerscheinentzug führten, sondern nur zum Bußgeld und Fahrverbot, wurde es richtig kompliziert. Diese wurden als Ordnungswidrigkeiten frühestens 3 Jahre nach Eintreten der Rechtskraft in Flensburg vollständig gelöscht, sofern nicht in den ersten 2 Jahren nach Eintreten der Rechtskraft neue Delikte hinzukamen. Anders als bei anderen Ordnungswidrigkeiten (ohne Alkohol/Drogen) jedoch, wurden diese Eintragungen nicht zwingend nach spätestens 5 Jahren gelöscht. So konnten sie im alten Punkterecht (ebenso wie Straftaten) mitunter jahrzehntelang weiter bestehen, solange

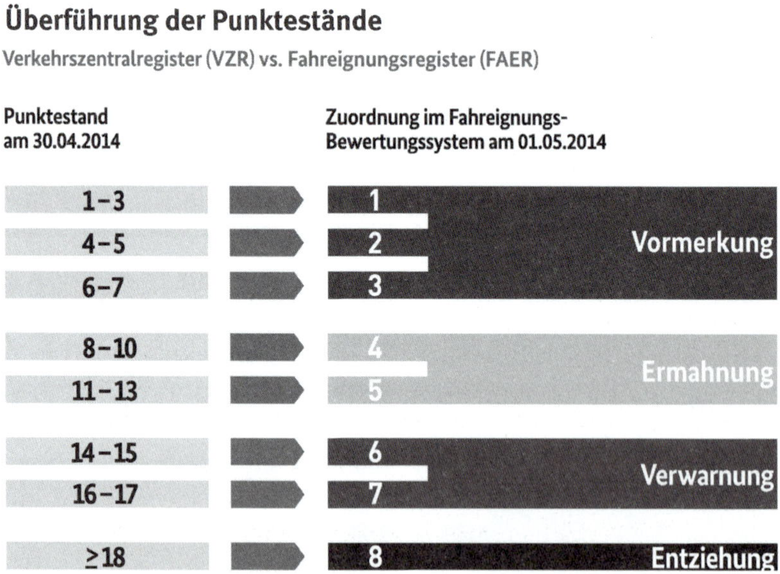

Bild 11: Umrechnung alter in neue Punkte (Quelle: BMVI, 2014)

immer nur regelmäßig neue Delikte hinzukamen, welche eine Tilgung des Alkohol- oder Drogenverstoßes bzw. einer alten Straftat hemmten.

Durch die Punktereform gelten für alle ab dem 1.5.2014 begangenen Delikte feststehende Löschungszeitpunkte, unabhängig davon, wie viele neue Punkte hinterher noch hinzukommen. Ab dem 1.5.2014 neu hinzukommende Delikte hemmen nun die Löschung alter Vorfälle nicht mehr. Daher verschwinden nun auch alle ordnungswidrigen Fahrten unter Alkohol- oder Drogeneinfluss unwiderruflich nach 5 Jahren, sodass es zum 1.5.2019 im Fahreignungsregister keine Delikte mehr geben kann, die vor dem 1.5.2014 begangen wurden. Alte Straftaten im Straßenverkehr können allerdings ggf. noch einige Jahre länger aufscheinen. Ab dem 1.5.2014 begangene Straftaten werden nun aber unwiderruflich nach 11 Jahren gelöscht. Ab dem 1.5.2019 wird dann auf alle Einträge wegen Straftaten vor dem 1.5.2014 ebenfalls neues Recht angewendet.

Tilgungsfristen im Vergleich

Verkehrszentralregister (VZR) vs. Fahreignungsregister (FAER)

	Punktsystem bis 30.04.2014	Fahreignungs-Bewertungssystem ab 01.05.2014
Ordnungswidrigkeiten (Schwere Verstöße)	2 Jahre	2,5 Jahre
Ordnungswidrigkeiten (Besonders schwere Verstöße)	2 Jahre	5 Jahre
Straftaten (Ohne Entziehung der Fahrerlaubnis)	5/10 Jahre	5 Jahre
Straftaten (Mit Entziehung der Fahrerlaubnis)	10 Jahre	10 Jahre
Fristbeginn	Unterschiedlich	Einheitlich/Rechtskraft
Tilgungshemmung	Verlängerung der Tilgungsfrist bei wiederholten Verstößen	Jeder Verstoß verjährt einzeln
Überliegefrist	+ 1 Jahr	+ 1 Jahr
Punkteabbau	bis zu 6 Punkte können abgebaut werden innerhalb von 5 Jahren	1 Punkt kann abgebaut werden innerhalb von 5 Jahren

Bild 12: Tilgungsfristen alter und neuer Punkte (Quelle: BMVI, 2014)

Die Punktereform führt vermutlich auch dazu, dass mehr Menschen als bislang aufgrund des Erreichens der Punktegrenze von nun 8 „neuen" Punkten ihre Fahrerlaubnis entzogen bekommen. Nach der obligatorischen 6-Monats-Sperre müssen auch sie (wie im alten Punktsystem) zuerst ein positives Gutachten in einer MPU erhalten, bevor sie die Fahrerlaubnis zurückbekommen können. Vorsichtige Schätzungen gehen von ca. 10 % mehr Betroffenen aus, verschiedene Experten rechnen aber auch mit höheren Zahlen.

In dem neuen Punktsystem macht sich die Anzahl der Verstöße nun deutlicher bemerkbar als die Art der Vergehen. Einer Studie des Kraftfahrt-Bundesamtes zufolge bestimmt nämlich die Häufigkeit des Auffälligwerdens deutlich stärker das Unfallrisiko als die Form der Regelabweichung an sich.

Das bedeutet in der Praxis, dass jemand, der bis zum 30.4.2014 z. B. durch zweimaliges Fahren ohne Versicherungsschutz aufgefallen ist (2 x 6 „alte" Punkte) und einmal wegen Beleidigung einer „Politesse"

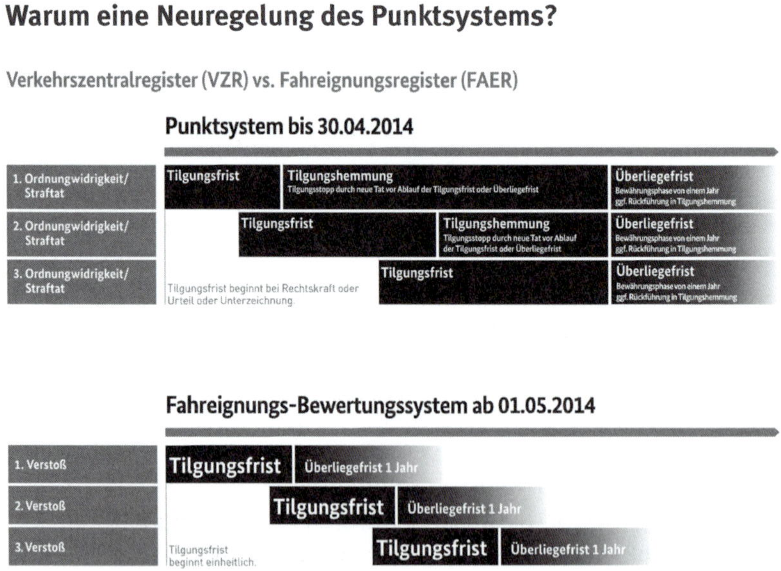

Bild 13: Tilgungsfristen alter und neuer Punkte (Quelle: BMVI, 2014)

(5 „alte" Punkte), im früheren System kurz vor dem Entzug der Fahrerlaubnis stand (insgesamt 17 „alte" Punkte mit 3 Verstößen, bei 18 „alten" Punkten wäre der Führerschein bis zum 30.4.2014 entzogen worden). Ein anderer hingegen, der bis zum 30.4.2014 fünfmal das Handy beim Fahren benutzt hat (5 x 1 „alter" Punkt) und daneben noch dreimal die Geschwindigkeitsbegrenzung mit jeweils 21–25 km/h überschritten hat (3 x 1 „alter" Punkt), wies im damaligen System mit 8 Delikten gerade einmal 8 „alte" Punkte auf, sodass er noch weit entfernt war von negativen Konsequenzen. Die besagte Studie stellt hierzu aber fest, dass gerade der achtfache Täter gegenüber dem dreifach Auffälligen ein deutlich höheres Unfallrisiko trägt. Daher verliert im neuen Punktsystem der achtfache Täter die Fahrerlaubnis, der nur dreimal Auffälliggewordene darf sie dagegen noch behalten. Wenn heute jemand seit dem 1.5.2014 achtmal mit einer Geschwindigkeitsüberschreitung im ordnungswidrigkeitsrelevanten Bereich aufgefallen ist, erreicht er nämlich mindestens 8 „neue" Punkte und somit den Grenzwert zum Entzug der Fahrerlaubnis. Der dreifache Täter hat im jetzigen System weniger als 8 „neue" Punkte, u. a. da es für die Beleidigung inzwischen gar keinen Punkt mehr gibt (weil hier kein Bezug zur Unfallgefahr besteht).

Durch die freiwillige Teilnahme an einem Fahreignungsseminar besteht weiterhin die Möglichkeit, einen „neuen" Punkt abzubauen. Allerdings nur dann, wenn der Punktestand nach der Umrechnung nicht mehr als 5 „neue" Punkte beträgt und innerhalb der letzten 5 Jahre kein Punkteabbau erfolgt ist. Hierzu sind 2 Sitzungen in einer zugelassenen Fahrschule (jeweils mindestens 90 Minuten) und auch 2 Sitzungen bei einem hierfür zugelassenen Verkehrspsychologen (zu je 75 Minuten) erforderlich.

Aufbauseminare und Verkehrspsychologische Beratung zum Punkteabbau bestehen nur noch im Rahmen der Probezeit weiter.

Neu gegenüber der alten Regelung ist auch, dass für jedes Delikt eine klar definierte Tilgungsfrist gilt. Jedes Delikt verjährt für sich, und zwar unabhängig davon, ob später noch weitere Delikte hinzukommen (siehe auch Kapitel 9.6). Das sehr komplizierte System der bis zum 30.4.2014 geltenden Tilgungshemmung wurde dadurch abgelöst, worin auch die wesentliche Vereinfachung des neuen Ansatzes liegt (Bilder 12 und 13). Allerdings bleibt das „Tattagsprinzip" erhalten. Der Punktestand berechnet sich demnach weiter so, dass das Datum der Tatbegehung für die Wertung der Gesamtpunktesumme herangezogen wird und nicht das Datum, an welchem neue Verstöße tatsächlich Rechtskraft erlangen. Also kann es auch weiterhin passieren, dass sozusagen im Nachhinein (wenn die Rechtskraft eines neuen Deliktes eingetreten ist) eine Punktesumme entsteht, die zu Maßnahmen der Behörde führt. Zu beachten ist auch, dass bis zum 30.4.2019 eine Kombination aus alten und neuen Tilgungsprinzipien gilt.

13 Literatur- und Quellenverzeichnis

Altmannsberger, W.: Der MPU-Ratgeber – Hilfe bei Führerscheinentzug und MPU. 2. Auflage 2012. Göttingen: Hogrefe Verlag.

Brenner-Hartmann, J.; Wagner, T.; Mußhoff, F.; Hoffmann-Born, H.; Löhr-Schwaab, S.; Müller, A.: Grundriss Fahreignungsbegutachtung. 2011. Bonn: Kirschbaum Verlag.

DGVP und DGVM (Hrsg.): Urteilsbildung in der Fahreignungsbegutachtung – Beurteilungskriterien. 3. Auflage 2013. Bonn: Kirschbaum Verlag.

Höcher, G.: CAR. Begleitheft zu den Rehabilitationsmaßnahmen für alkoholauffällige Kraftfahrer der SLPA, Luxemburg und der IVT-Hö®, BRD. 5. Auflage 2005. Köln.

Höcher, G.: Gefühls-Verbalisierungs-Training für alkoholauffällige Kraftfahrer. 2007. IVT-Hö®. Köln.

Höcher, G.: IRIS. Maßnahmenbegleitheft für Klienten und Verkehrstherapeuten aller Nachschulungen und Psychotherapien mit illegalen Drogen auffällig gewordener Kraftfahrer. 5. Auflage 2005. Köln.

Höcher, G.: PUMA. Begleitheft zu den Rehabilitationsmaßnahmen für mehrfach auffällige Kraftfahrer der SLPA, Luxemburg und der IVT-Hö®, BRD. 3. Auflage 2005. Köln.

KBA, 1991 Heft 2: Untersuchung zum Rückfallrisiko bei Geschwindigkeitsdelikten im Straßenverkehr, zitiert nach Becker: Geschwindigkeitsüberschreitungen im Straßenverkehr.

Kiegeland, P.: Praxishandbuch der Exploration – Arbeitstechniken für die medizinisch-psychologische Begutachtung. Sektion Verkehrspsychologie im BDP e. V. (Hrsg.). 2011. Berlin: Deutscher Psychologen Verlag GmbH.

Lenhart, U.; Ziegler, H.: MPU – Was man wissen muss. So bestehen Sie die Medizinisch-Psychologische Untersuchung. 2012. München: Verlag C. H. Beck.

Lindenmeyer, J.: Kontrolliertes Trinken und Punktabstinenz – Neue Therapieziele in der Behandlung von Alkoholproblemen? In: Mann, K. (Hrsg.): Neue Therapieansätze bei Alkoholproblemen. 2002. Lengerich: Pabst Publishers.

Lindenmeyer, J.: Lieber schlau als blau. Entstehung und Behandlung von Alkohol- und Medikamentenabhängigkeit. 6. Auflage 2001. Weinheim: Psychologie Verlagsunion, Verlagsgruppe Beltz.

Schubert, W.; Schneider, W.; Eisenmänger, W.; Stefan, E. (Hrsg.): Begutachtungs-Leitlinien zur Kraftfahrereignung – Kommentar. 2. Auflage 2005. Bonn: Kirschbaum Verlag.

Schubert, W.; Mattern, R. (Hrsg.): Urteilsbildung in der Medizinisch-Psychologischen Fahreignungsdiagnostik – Beurteilungskriterien. 2. Auflage 2009. Bonn: Kirschbaum Verlag.

Dauer, P.; Glowalla, P.; Brauckmann, J.: Handbuch des Fahrerlaubnisrechts. 4. Auflage 2013. Bonn: Kirschbaum Verlag.

Sohn, J.-M.: Lebensgeschichte als Zeitstrahl. 2013. Verkehrspsychologische Praxis, Hamburg.

Statistisches Bundesamt: Unfallgeschehen im Straßenverkehr 2005 (erschienen 2006). Herausgeber Pressestelle Wiesbaden.

Statistisches Bundesamt: Verkehrsunfälle 2011 (erschienen 2012). Unfälle unter dem Einfluss von Alkohol oder anderen berauschenden Mitteln im Straßenverkehr. Herausgeber Pressestelle Wiesbaden.

Statistisches Bundesamt. Pressemitteilung vom 6.7.2012. Herausgeber Pressestelle Wiesbaden.

Internetquellen

www.bast.de/DE/Presse/2014/presse-19-2014.html

www.bast.de/mpu

www.bmvi.de/SharedDocs/DE/Artikel/LA/neues-fahreignungs-bewertungssystem-ueberblick.html

www.dpa-bdp.de/register_verkehr

www.kba.de

www.destatis.de/DE/ZahlenFakten/Wirtschaftsbereiche/Transport Verkehr/Verkehrsunfaelle/Tabellen/UnfaelleVerunglueckte.html